国家自然科学基金资助项目（批准号：51478439；51378476；50978236）
中国城市规划设计研究院科研基金资助项目

城市规划历史与理论丛书

城·事·人

CITYS, PLANNING ACTIVITIES AND WITNESSES

新中国第一代城市规划工作者访谈录 （第二辑）

INTERVIEWS WITH THE FIRST GENERATION URBAN PLANNING WORKERS OF P. R. CHINA

李 浩 访问／整理

中国建筑工业出版社

图书在版编目（CIP）数据

城·事·人：新中国第一代城市规划工作者访谈录．
第二辑 / 李浩 访问整理．—北京：中国建筑工业出版社，
2016.12
城市规划历史与理论丛书
ISBN 978-7-112-20237-9

Ⅰ．①城…　Ⅱ．①李…　Ⅲ．①城市规划 – 城市史 – 中
国 Ⅳ．① TU984.2

中国版本图书馆 CIP 数据核字（2016）第 322597 号

本访谈录是城市规划史研究者访问城市规划老专家的谈话实录，访谈对象以新中国第一代城市规划工作者为主体，谈话内容围绕"一五"时期的"八大重点城市规划"工作而展开，包含城、事、人等三大类，对 60 多年我国城市规划发展的各项题议也有较广泛的讨论。通过亲历者的口述，生动再现了新中国城市规划工作起源与发展的曲折历程，极具鲜活性、珍贵性、稀缺性及学术价值，是极为难得的专业性口述史作品。

本访谈录按照老专家的年龄由高到低排序，分四辑出版。本书为第二辑，共收录赵瑾、常颖存、张贤利、赵士修、夏宁初、高殿珠和迟顺芝先生 7 位前辈的 10 次谈话。

责任编辑：李 鸽 毋婷娴
责任校对：焦 乐 姜小莲

城市规划历史与理论丛书

城·事·人

新中国第一代城市规划工作者访谈录（第二辑）

李 浩 访问／整理

＊

中国建筑工业出版社出版、发行（北京海淀三里河路 9 号）
各地新华书店、建筑书店经销
北京方舟正佳图文设计有限公司制版
北京雅昌艺术印刷有限公司印刷

＊

开本：880×1230 毫米 1/16 印张：16½ 字数：351 千字
2017 年 1 月第一版 2017 年 1 月第一次印刷
定价：**85.00 元**
ISBN 978-7-112-20237-9
（29660）

序

清代学者龚自珍曾云："欲知大道，必先为史"，"灭人之国，必先去其史"[①]。以史为鉴，"察盛衰之理，审权势之宜"[②]，"嘉善矜恶，取是舍非"[③]，从来都是一种人文精神，也是经世济用的正途要术。新中国的缔造者毛泽东同志，在青年求学时期就曾说过："读史，是智慧的事"[④]。习近平总书记也告诫我们："历史是人类最好的老师"，"观察历史的中国是观察当代的中国的一个重要角度"[⑤]。由于城市工作的复杂性、城市发展的长期性、城市建设的系统性，历史研究对城市规划工作及学科发展显得尤为重要。

然而，当我们聚焦于城市规划学科，感受到的却是深深的忧虑。因为一直以来，城市规划的历史与理论研究相当薄弱，远远不能适应当今学科发展的内在要求；与当前规划工作联系最为紧密的新中国城市规划史，更是如此。中国虽然拥有历史悠久、类型多样、极为丰富的规划实践，但却长期以西方规划理论为主导话语体系。在此情况下，李浩同志伏案数年、严谨考证而撰著的《八大重点城市规划——新中国成立初期的城市规划历史研究》一经出版，立刻在城市规划界引发极大反响。现在，该书的姊妹篇《城·事·人——新中国第一代城市规划工作者访谈录》（以下简称《访谈录》），也即将面世。作为一名对中国历史和传统文化有着浓厚兴趣的城市规划师，我有幸先睹为快，感慨良多，并乐意为之推荐。

历史，有着不同的表现形式，口述为其重要表现形式之一。被奉为中国文化经典的《论语》，就并非孔子所撰写，而是他应答弟子，弟子接闻、转述等的口述作品。与孔

---

① 出自龚自珍著《定庵续集》。
② 出自贾谊著《过秦论》。
③ 出自司马光著《资治通鉴》。
④ 1920 年 12 月 1 日，毛泽东致好友蔡和森等人的书信。
⑤ 2015 年 8 月 23 日，习近平致第二十二届国际历史科学大会的贺信。

子处于同一时代的一些西方哲学家，如希腊的苏格拉底等，情形也大致相似。目前可知的人类远古文明，大多都是口口相传的一些故事。也可以说，口述是历史学的最初形态。近些年来，国内外正在迅速兴起口述历史的热潮，但城市规划方面的口述作品，尚较罕见。《访谈录》一书，堪称该领域的一项探索性、开创性的重大成果。

读罢全书，我的突出感受有三个方面。

第一，这是一段鲜为人知，不可不读的历史。数十位新中国第一代城市规划工作者，以娓娓道来的访谈方式，向我们讲述了新中国成立初期参与新中国建设并投身城市规划工作的时代背景、工作经历、重要事件、历史人物及其突出贡献等，集中展现了一大批规划前辈的专业回顾与心路历程，揭开了关于新中国城市规划工作起源与初创的许多历史谜团，澄清了大量重要史实。这些林林总总的细节与内情，即便对于我们这些已有30多年工作经历的规划师而言，很多也都是闻所未闻的。《访谈录》极具鲜活性与稀缺性。

第二，这还是一段极富价值，引人深思的历史。与一般口述历史作品截然不同，本书的访谈是由规划史研究者发起的，访谈主题紧扣新中国城市规划史，特别是"八大重点城市"规划工作这一中心议题，访谈内容极具深度与学术价值。关于计划经济时期和借鉴苏联经验条件下的城市规划工作，历来都是学术界认知模糊并多有误解之疑难所在，各位前辈对此问题进行了相当全面的回顾、解读与反思，将有助于更加完整、客观、立体地建构新中国城市规划发展史的认识框架，这是《访谈录》的一大亮点。不仅如此，各位老前辈在谈话中还提出了不少重要的科学命题，或别具一格的视角与认知，这对于深化关于城市规划工作内在本质的认识具有独特科学价值，对于当前我们正在推进的各项规划改革也有着重要的启迪意义。

第三，这更是一段感人肺腑，乃至催人泪下的历史。老一辈城市规划工作者，大多并非城市规划专业的教育背景，面对国家建设的紧迫需要，响应国家号召，毫无怨言地投身城市规划事业，乃至提前毕业参加工作，在"一穷二白"的时代条件下，在苏联专家的指导下，"从零起步"，开始城市规划工作的艰难探索。正是他们的辛勤努力和艰苦奋斗，开创了新中国城市规划事业的基业。然而，在各位前辈实际工作的过程中，他们一腔热血、激情燃烧的奉献与付出，与之回应的却是接连不断的"冷遇"：从1955年的"反浪费"[①]，到1957年的"反四过"[②]，从1960年的"三年不搞城市规划"，到1964年城市规划研究院[③]被撤销，再到1966年城市规划工作全面停滞……一个又一个的沉重打击，足以令人心灰意冷。更有不少前辈自1960年代便经历频繁的下放劳动或工

---

① 即1955年的"增产节约运动"，重点针对建筑领域，城市规划工作也多有涉及。
② 反对规模过大、占地过多、标准过高、求新过急等"四过"。
③ 中国城市规划设计研究院的前身，1954年10月成立时为"城市设计院"（当时属建筑工程部城市建设总局领导），1963年1月改称"城市规划研究院"。

作调动，有的甚至转行而离开了城市规划行业。当改革开放后城市规划步入繁荣发展的新时期，他们却已逐渐退出了历史的舞台，而未曾分享有偿收费改革等的"红利"。时至今日，他们成为一个"被遗忘"的特殊群体，并因年事已高等原因而饱受疾病的煎熬，甚至部分前辈已经辞世……这些，更加凸显了这份访谈录的珍贵性、抢救性和唯一性。

可以讲，《访谈录》一书，是我们走近、感知老一辈城市规划工作者奋斗历程的"活史料"，是我们学习、研究新中国城市规划发展历史的"活化石"，是对当代城市规划工作者进行人生观、世界观和价值观教育的"活教材"！任何有志于城市规划事业或关心城市工作的人士，都值得加以认真品读。

最后，不能忘记的是，我们之所以能够聆听各位规划前辈的谈话，得益于邹德慈院士所主持开展的新中国规划史研究，得益于各位老前辈对此项工作的倾力支持。在这里，要衷心感谢各位老前辈！并感谢李浩同志的辛勤访问和认真整理！期待有更多的机构和人士，共同关心或支持城市规划的历史理论研究，积极参与城市规划口述历史工作，推动城市规划学科的不断发展与进步。

杨保军

二〇一六年八月十一日

杨保军，博士，教授级高级城市规划师，中国城市规划设计研究院院长

前言

一、"八大重点城市规划"历史研究的老专家访谈工作

新中国城市规划史最重要特点之一，即当年亲历这些历史活动或事件的当事人许多仍然健在，这使得这段历史研究工作颇为敏感，涉及相关历史人物的论述，必须慎之又慎。另一方面，这也恰恰为史学研究提供了诸多有利条件，特别是通过这些历史见证人的陈述，能够弥补纯文献研究之不足，以便解开很多历史的谜团。与古代史或近代史相比，此乃当代史研究工作的鲜明特色之处。

以此认识为基础，在对新中国成立初期八大重点城市规划工作进行历史研究的过程中，笔者投入了大量时间与精力，拜访了一大批数十年前从事城市规划工作的老专家。这项工作的开展，实际上也发挥了多方面的积极作用：通过老专家的访谈与口述，对有关规划档案与历史文献进行了校核、检验，乃至辨伪；老专家所提供的一些历史照片、工作日记和文件资料等，对规划档案起到了补充和丰富作用；老专家谈话中不乏一些生动有趣的话题，使历史研究不再是枯燥乏味之事。同时，对于城市规划工作过程中所经历的一些波折，一些重要人物的特殊贡献等，只有通过老专家访谈才能深入了解；在一些老专家的谈话中，还逐步澄清一些重要"史实"，或提出一些十分重要的科学命题或研究线索；等等。

更为重要的是，通过历史当事人的参与解读和讨论，通过一系列学术或非学术信息的供给，生动再现出关于城市规划发展的"历史境域"，可以显著增强历史研究者的历史观念或历史意识，有助于对有关历史问题的更深度理解，其实际贡献是不可估量的。

因而，通过访谈实践笔者认识到，对于新中国城市规划史研究而言，老专家访谈和口述历史是一项必不可缺的关键工作，它能提供出普通文献档案所不能替代的、第一手的鲜活史料，为历史研究贡献出"二重证据"乃至"多重证据"。所谓老专家访谈和口述历史，当然不是要取代档案研究，而是要与档案研究互动，相互印证，互为支撑，从而推动历史研究走向准确、完整、鲜活与生动。

二、结集出版老专家谈话的动机

对近年来所拜访的各位老专家的谈话进行专门整理并结集出版，是《八大重点城市规划——新中国成立初期的城市规划历史研究》（以下简称《八大重点城市规划》）[①]一书成稿过程中突发奇想的一个"冲动"之举。之所以如此，主要有如下考虑：

首先，在对《八大重点城市规划》研究报告进行修改完善的过程中，尽管已经引用了部分老专家的一些谈话，但由于专家谈话极为丰富、书稿篇幅局限等原因，无法做到较为全面的引用，这就无法充分体现各位老专家精彩谈话的应有价值。而书稿中的一些少量引用，也存在着断章取义、词不达意等弊端。只有完整呈现各位前辈的谈话，才能真正反映老专家的思想或观点。

其次，各位老专家的谈话非常精彩，十分宝贵，是比技术文件或档案更加鲜活、生动的历史素材，对规划档案具有不可替代的弥补、丰富和深化的作用。如果能将各位老专家的谈话结集出版，这将是《八大重点城市规划》的重要补充，是《八大重点城市规划》的姊妹篇。由于其特殊的稀缺性和人文特色等因素，其价值甚至将远在已出版的《八大重点城市规划》一书之上。

再者，就近年来的老专家谈话而言，数十位60年前的亲历者，在不同时间、不同地点，围绕同一主题，展开往事回忆与个人思考，以不同视角、不同立场，共同讲述新中国第一代规划工作者的一段可歌可泣的奋斗史，这本身就是极为难得的一个"奇迹"。如果能将各位前辈的谈话结集出版，必将形成具有开创意义的城市规划口述历史成果，这将是对城市规划历史与理论研究工作的极大推动。

当然，近年来的老专家访谈，属于即兴的口语交谈，在公开出版之前，需要进行大量细致而谨慎的编辑工作，以使其尽可能做到准确、得体，而又不失其真实、生动的特点。为此，在《八大重点城市规划》一书交稿后，笔者即根据访谈时的现场录音，开展了对老专家谈话的专门整理工作。

三、老专家谈话整理的基本原则

对老专家谈话的整理，主要遵循了三项基本原则：

第一，如实反映。明确"口述历史"的基本定位，最大限度地如实反映专家访谈的有关内容，保持口语风格与特点，原则上不对谈话内容作大的修改或文字修饰，同时也不对各次谈话进行综述或评论。

---

① 李浩著 . 八大重点城市规划——新中国成立初期的城市规划历史研究 [M]. 北京 : 中国建筑工业出版社 , 2016.

图 1　老专家对谈话文字稿的审阅和授权（部分）

第二，适当编辑。为便于从整体结构上把握访谈的主要内容，适当增加一些概括性的标题，并采用特殊字体予以区别。为便于理解，对某些谈话内容增加一些注释或说明。对于某些口语表述不到位或容易引起误解的谈话内容，进行一些必要的修订。对于某些围绕同一主题的多次谈话，适当加以归并。

第三，斟酌精简。对于谈话中的一些语义重复的内容，适当予以删减。对于某些敏感性问题，或涉及个人隐私等有关内容，适当予以回避（属于不同学术观点或看法的内容，不在此列）。对于与城市规划工作关系不大的某些内容，适当予以删除（属于专家讲述个人经历的，不在此列）。

在谈话的文字稿整理出来后，笔者又专门逐一呈送给各位老专家审阅、修改，最终认可后再请各位前辈予以签名确认（图 1）。

四、需要说明的几个问题

1. 关于访谈对象

近年来的老专家访谈，主要基于八大重点城市规划历史研究的目的，因而在访谈对象的选择上，重点考虑八大重点城市规划活动的实际参与者。由于这一原因，访谈对象以在规划设计单位工作的老专家居多，高校或研究机构的学者相对较少。同时，在访谈工作的后期，逐渐增加了一些虽然未曾参加八大重点城市规划工作，但属同一时代并对有关历史情况相对了解，以及部分年纪相对稍轻，但在规划史研究方面颇有造诣的专家学者，共同参与口述与讨论。

访谈对象的职业身份或社会地位，也可能是读者关心的事项之一。现有的一些口述史作品，较多关注杰出人物、重要领导或社会知名人士，这样做自然有其合理性，因为他们大多处于历史舞台的中心，占据着大众并不了解的诸多信息，经历过他人所不曾体会的别样感受。然而，大众同样也是历史的参与者和推动者，他们同样也会掌握一些颇具价值的信息，他们的视角、认识和体悟，同样是弥足珍贵的，口述历史应当发出并留下他们的声音。基于这一认识，本访谈录全面收录了身份各不相同的诸多老专家的谈话，读者将能聆听到多样化的声音。

由于个人精力所限，近年来拜访的老专家，大都是现居住在北京地区的。在这次整理工作完成后，笔者还计划赴杭州、上海、武汉、深圳等老专家比较集中的地方，抓紧进行持续的补充访谈。此外，港、澳、台地区是中华人民共和国不可或缺的重要组成部分，且由于相同的文化根基，其在不同政治制度条件下所积累的城市规划历史经验，较欧美等西方国家更具实际借鉴价值，是中国城市规划历史研究不可或缺的重要内容，老专家访谈也应考虑到这一因素。最近，借"第二十三届海峡两岸城市发展研讨会"在台湾举行的契机，笔者即提前约请并专门拜访了几位台湾的规划前辈，部分谈话将一并纳入（第四辑）。

2. 关于访谈内容

由于工作性质所决定，近年来的老专家访谈，主要针对"八大重点城市规划"的有关情况。但是，本访谈录的有关内容，却并不局限于八大重点城市规划工作。这是因为，对八大重点城市规划工作的深化理解，需要置身于新中国城市规划发展历史的整体环境；八大重点城市规划的历史研究，也正是新中国城市规划发展史的重要组成部分，并以其为根本目标。

另一方面，访谈录内容也不局限于城市规划工作的专业技术范畴，因为访谈中所谈及老专家本人的一些人生经历、生活逸事或思考感悟等，也是我们全面理解城市规划历史的重要方面，并且是更富人性化的鲜活内容。各位老专家的专业历程，与新中国城市规划事业发展大致同步，通过各位前辈的回忆和口述，向我们呈现了二十多个别样的"规划人生"，这正是书名"城·事·人"的其中一项含义所在。

3. 访谈录的编排

各位老专家的访谈，大多是一对一进行的，个别情况属于两位或多位老专家共同参与的集体访谈。本访谈录的编排，主要以不同类别的专家访谈为基本单元，按照老专家的年龄由高到低进行排序，分专辑出版。同一老专家的多次谈话，则以谈话时间先后为序。另外，书中的图片、照片和表格等，按照各个谈话单元分别编号；有关插图大多与正文内容呼应，但也有部分插图是为了阅读调节的需要而编入，与正文内容并不直接相关，特予说明。

截至目前，笔者已拜访过五十余位老专家，其中，访谈相对深入并获得老专家授权出版的，共有近三十位老专家，拟分四辑出版。本书为访谈录的第二辑，共收录赵瑾、常颖存、张贤利、赵士修、夏宁初、高殿珠和迟顺芝先生等 7 位前辈的 10 次谈话。

4. 专家口述的分歧

读者可能会注意到，在谈及某一历史情况时，不同的老专家所讲述的内容，有时会有一些不一致之处。对此，应从"史实"和"认知"两个方面加以解读。

就认知而言，不同的老专家对某项史实持有各不相同的视角、态度与评价，乃学术观点之不同，属于正常现象。对于这些分歧，不仅不可强求统一，反而应鼓励多样化的争鸣，从而发挥其思辨、启发的功能。

就史实而言，影响老专家谈话的重要方面，即个人记忆的准确性；当然，个人情感或价值倾向等也可能会产生某些影响。凡遇此类问题，在谈话稿整理过程中，通过查询相关文献档案资料，作进一步的核实。对于简单问题，直接予以修正，进而呈老专家审阅和确认（有的在访谈过程中即已及时解决）；对于关键性内容，与老专家做进一步沟通后，再做具体处理。除此之外，仍有一些史实，属于文献或档案资料中并无相关记载，笔者也不可妄下论断的情形。对此，只能求同存异，维持各位专家的不同表述。实际上，城市规划历史发展的不少问题，往往也是相当复杂的，并且处于不断发展变化之中，不存在唯一性的答案，简单力求统一恐怕也并非明智之举。

五、反思与展望

口述历史的兴起，是当代史学发展的重要趋向，越来越多的人开始关注口述历史，电视、网络或报刊上纷纷掀起形式多样的口述史热潮，图书出版界也出现了"口述史一枝独秀"的新格局[①]。不过，从既有成果来看，较多属于近现代史学、社会学或传媒领域，专业性的口述史仍属少见。本访谈录作为将口述史方法应用于城市规划史研究领域的一项探索，具有专业性口述史的内在属性，并表现出如下两方面的特点：

---

① 周新国. 中国大陆口述历史的兴起与发展态势 [J]. 江苏社会科学，2013(4):189–194.

首先，以大量历史档案的查阅为基础，并与之互动。各位老专家在正式谈话前，大都仔细阅读了"八大重点城市规划"研究报告或有关成果，其中包括大量图文档案信息，这对老专家的回忆起到了重要的提示、触动、启发或联想等帮助作用；有关历史事件、时间、地点、人物等信息的相对准确提供，也使老专家的回忆更加准确。同时，各位老专家在正式谈话之前，均进行了较充分的酝酿，不少老专家还准备了谈话提纲或讲稿；在谈话文字稿出来后，老专家又进行了较充分的审阅和修改。另外，对老专家的拜访、谈话录音的整理，以及呈送专家审阅等各个环节的工作，均由规划史研究人员"亲力亲为"，这种工作方式，除了访谈中的一些疑问之处可以及时提出或查证之外，在谈话稿的整理过程中，也融入了不少史料查阅与研究工作。由于这些因素，本书在很大程度上规避了一般口述史作品中常见的信息错误，从而提升了口述历史的准确性。

其次，老专家为数众多，且紧紧围绕同一个中心议题谈话。本访谈录所收录的老专家谈话，达数十人次之多，并且均针对八大重点城市规划工作，访谈目的比较明确，谈话内容比较深入。另外，各位老专家早年参与城市规划工作的身份各不相同，有的属于行政干部，有的是专业技术人员（专业教育背景又不尽相同），有的在给苏联专家当专职翻译，有的则担任过某些重要领导的秘书，他们具体参与规划实践的城市也各不相同。各位老专家以不同视角进行谈话，互为补充，使访谈录在整体上表现出相当的丰满度。而对于某些同样议题，不同的专家或持近似的观点，或有不同的看法，呈现出"百花齐放"、"百家争鸣"的局面，这对城市规划有关科学问题的深入认识也具有开阔思路的特别意义。

有关学者曾经指出："口述史学能否真正推动史学的革命性进步，取决于口述史的科学性与规模"，如果"口述成果缺乏科学性，无以反映真实的历史，只可当成讲故事；规模不大，无力反映历史的丰富内涵，就达不到为社会史提供丰富材料的目的"[1]。若以此标准而论，本访谈录似乎是合格的。但是，究竟能否称得上口述史之佳作，还要由广大读者来评判[2]。

---

① 朱志敏. 口述史学能否引发史学革命 [J]. 新视野，2006(1):50-52.

② 毫无疑问，口述历史可以有不同的表现形态。就本访谈录而论，相对于访谈现场原汁原味的原始谈话而言，书中的有关内容已经过一系列的整理、遴选和加工处理，因而具有了一定的"口述作品"性质。与之对应，原始的谈话记录及其有关录音、录像文件则可称之谓"口述史料"。
然而，如果从专业性口述史工作的更高目标来看，本访谈录在很大程度上仍然是史料性的，因为各位老专家对某些相近主题的口述与谈话，仍然是一种比较零散的表现方式，未作进一步的归类解读。目前，笔者关于新中国规划史的研究工作刚开始起步，在后续的研究工作过程中，仍将针对各不相同的研究任务，持续开展相应的口述历史工作。可以设想，在不远的未来，当有关新中国城市规划史各时期、各类型的口述史成果积累到一定丰富程度的时候，也完全可以按照访谈内容的不同，将有关谈话分主题作相对集中的分析、比较、解读和讨论，从而形成另一份风格截然不同的，综述、研究性的"新中国城市规划口述史"。

不难理解，口述历史是一项十分繁琐、复杂的工作，个人的力量实在过于有限，而当代口述史工作又极具其抢救性的色彩；因此，迫切需要有关机构或单位引起高度重视，发挥组织的力量来推动此项事业的蓬勃发展。真诚呼吁并期待更多的有志之士共同参与。

　　最后，要特别声明，本访谈录以反映老专家本人的观点为基本宗旨，书中凡涉及有关事件、人物或机构的讨论和评价等内容，均不代表老专家或访问者所在单位的立场或观点。

李浩

2016 年 7 月 9 日，初稿于北京

2016 年 9 月 3 日，定稿于台北

总目录

第四辑

目录

序

前言

总目录

赵瑾、常颖存、
张贤利先生访谈

现在回想起来，其实以前的城市规划工作是比较科学的，后来城市规划有点商品化了。当然，对规划人员来说，这就有利了，修改一次规划再拿钱。这个"衣服"不合适，你修改吧。重做也行，还得掏钱。

（拍摄于 2016 年 06 月 12 日）

赵瑾

专家简历

赵瑾，1931 年 2 月生，云南昆明人。

1952 年 7 月毕业于云南大学经济系，分配到人事部工作。同年 12 月转调至建工部城建局。

1954～1959 年，在城市设计院工作。

1960～1969 年，先后在国家建委、计委、经委城市规划局和国家建委综合局工作。

1969～1972 年，在江西清江"五七"干校劳动。

1973～1979 年，在武汉铁路局工作。

1980～1982 年，在国家城建总局城市规划设计研究所工作。

1982 年 8 月起，在中国城市规划设计研究院工作，曾任经济研究所所长、历史及理论研究所所长、院副总经济师、顾问总规划师、科技委主任等。

1997 年离休。

"一五"时期，曾参与包头、西安等地区的联合选厂，西安、宝鸡、兴平等新工业城市的初步规划，并担任西安、宝鸡、兴平等规划工作组经济工种负责人。

（拍摄于 2016 年 06 月 14 日）

常颖存

专家简历

常颖存，1932 年 10 月生，河北抚宁人。

1954 年 7 月毕业于哈尔滨工业学校土木科道桥专业，分配到建工部城建局工作。

1954 年 10 月起，在城市设计院工作。

1961 年 1～6 月，在中共中央西北局工作。

1961 年 7 月起，先后在陕西省城市设计院、西北工业设计院、陕西省工业与民用建筑设计院等工作。

1979～1982 年，在国家城建总局城市规划设计研究所工作。

1982 年 8 月起，在中国城市规划设计研究院工作。1988 年 4 月聘任为高级工程师。从事规划设计中之工程规划及城市总体规划设计总负责人等工作。

1993 年退休。

"一五"时期，曾参与太原、西安、兰州等重点新工业城市的初步规划工作，具体负责用地评定、道路交通规划、地下管线规划、竖向设计和土方平衡等规划工作。

（拍摄于 2016 年 06 月 07 日）

专家简历

张贤利，1935 年 8 月生，湖北武汉人。

1954 年 7 月毕业于中南建筑工程学校建筑设计专业，分配到建工部城建局工作。

1954 年 10 月起，在城市设计院工作。

1957～1959 年，在南京工学院建筑系进修。

1963～1964 年，在国家经委基建办公室工作。

1965～1969 年，在建工部设计局专业室工作。

1969～1970 年，在河南修武建工部"五七"干校。

1971～1984 年，先后在湖南省柳州市基建局、湖南省建筑设计院等工作。

1984 年起，在中国城市规划设计研究院工作。

1991 年退休。

"一五"时期，曾参与西安、武汉、包头等重点新工业城市的联合选厂、初步规划和详细规划工作。

2014 年 8 月 21 日谈话

访谈时间：2014 年 8 月 21 日上午

访谈地点：北京市海淀区厂洼街 1 号院，中国城市规划设计研究院离退休干部活动室

参加人员：赵瑾、常颖存、张贤利等

谈话背景：2014 年 8 月初，论文《"一五"时期城市规划技术力量状况之管窥——60
　　　　　年前国家"城市设计院"成立过程的历史考察》①的草稿完成后，由中国城
　　　　　市规划设计研究院离退休办帮助，呈送给赵瑾、常颖存、张贤利等先生审阅。
　　　　　各位老专家阅读这篇论文后，与访问者进行了本次谈话。

整理时间：2016 年 3 月 6 日

审阅情况：赵瑾、常颖存、张贤利先生分别于 2016 年 6 月 12 日、5 月 25 日、6 月 7 日
　　　　　初步审阅，赵瑾先生于 2016 年 6 月 18 日审定，张贤利先生于 2016 年 6 月
　　　　　21 日审定，常颖存先生于 2016 年 6 月 23 日审定

李　浩（下文以"访问者"代称）：各位前辈好，今年是中国城市规划设计研究院（以
　　　　下简称"中规院"）的 60 周年院庆，晚辈对 60 年前院的成立过程，查了些档
　　　　案资料，前些天委托院离退休办呈送给各位前辈审阅了。今天过来，主要是想
　　　　听听各位前辈的一些指导意见。

赵　瑾：你写的这份材料挺不错的，我说一些参考意见。研究这个问题，指导思想应该

---

① 该文对应于《八大重点城市规划——新中国成立初期的城市规划历史研究》以下简称《八大重点城市规划》一书
　　的第 7 章 "规划技术力量状况：国家'城市设计院'成立过程的历史考察"。

是很清楚的。那个时候，我们的城市规划工作就是一句话：城市规划是国民经济计划的继续和具体化。这一点你已经抓住了，但因为你没有参加过当年的工作，我给你补充一点情况，供你考虑，可以加深你对当年城市规划工作的认识，也就加深了对成立城市设计院这个事件的认识。

一、重点工业项目的联合选厂

赵　瑾：我们国家的第一个五年计划是 1953 年开始的，主要的任务是苏联帮助援建的 156 个重点工业项目。同时，也给它们配套了 694 个项目，这 694 项是中国自己配套的[①]。

这些项目被提出来以后，首先碰到的问题，就是各个项目要放在哪里？工人镇、小城市和城市怎么组织安排？这样的一些实际问题。这是当时国家计划中的一个大问题。

开始的时候，国家确定了这些项目，苏联还没做好工厂设计的时候，中央各个工业部门就已经去选厂了。比如要建钢铁厂、化肥厂，各个工业部门都有一些工业建设项目，自己去选厂了。在选厂的过程中，就发生了一些突出问题，也就是各个工业部门都是按照自己的想法或要求去选厂，因而条件好的一些城市，好多厂都要集中往那个地方去放，这就产生了矛盾。

最典型的案例就是西安的纺织城。西安的纺织厂，自己搞一个纺织城，不考虑与其他工厂的关系，不考虑与城市的关系，生产过程中遇到的矛盾就比较大。1953 年我们去西安做规划的时候，西安纺织城已经建成了。

另外，西安的南郊也有两个厂子，军工厂，一个是生产皮鞋的，还有一个大概是制革的，都已经建成了。其他地方，或者其他工业项目，也有同样的问题。

访问者：西安纺织城离城市的距离太远，很多方面的配套跟不上。我查资料时，看到《人

---

① 　"一五"计划的主要内容，即"集中主要力量进行以苏联帮助我国设计的一百五十六项建设单位为中心的、由限额以上的六百九十四个单位组成的工业建设，建立我国的社会主义工业化的初步基础"。参见：中华人民共和国发展国民经济的第一个五年计划(一九五三——一九五七)[M].//中共中央文献研究室.建国以来重要文献选编(第六卷).北京：中央文献出版社，1993.p410.
　　"一五"计划中的 694 个项目，主要是"限额"以上的一些大中型建设项目(实际施工的达到 921 个)。所谓限额，是国家为了便于管理和掌握重大的基本建设单位，而规定的一个分级管理的投资数量界限。当时的具体规定是：钢铁、汽车、拖拉机、船舶、机车等工业，投资限额为 1000 万元；有色金属、化工、水泥等投资限额为 600 万元；电站、采煤、石油、机械、纺织等投资限额为 500 万元；橡胶、造纸、制糖、卷烟、医药等工业投资限额为 400万元；陶瓷、食品和其他轻工业投资限额为 300 万元。凡在限额以上的，都是由国家直接投资的一些重大项目。参见：金春明.中华人民共和国简史（1949-2007）[M].北京：中共党史出版社，2008：41-42.

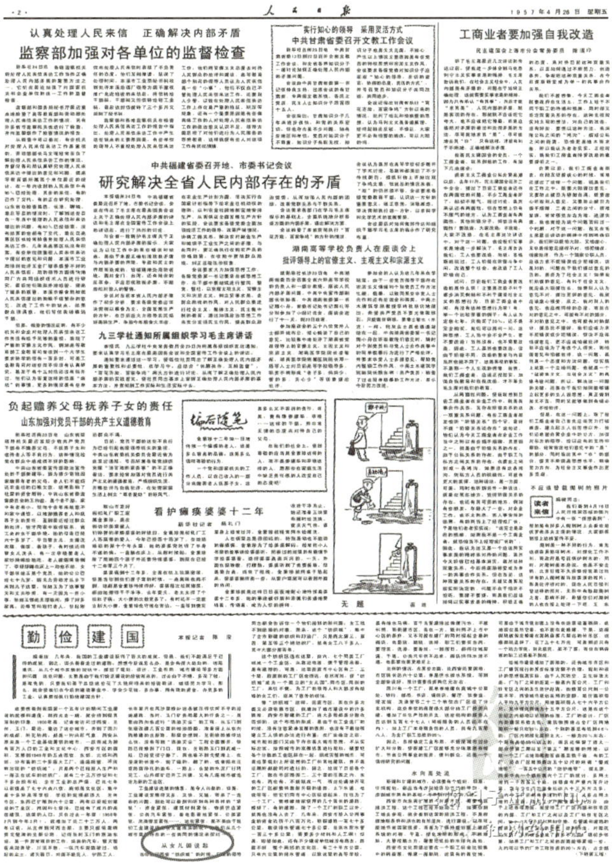

·2· 人民日报 1957年4月26日 星期五

认真处理人民来信 正确解决内部矛盾

监察部加强对各单位的监督检查

实行知心的领导 采用灵活方式

中共甘肃省委召开文教工作会议

工商业者要加强自我改造

中共福建省委召开地、市委书记会议

研究解决全省人民内部存在的矛盾

湖南高等学校负责人在座谈会上

批评领导上的官僚主义、主观主义和宗派主义

九三学社通知所属组织学习毛主席讲话

负起赡养父母抚养子女的责任

山东加强对党员干部的共产主义道德教育

看护瘫痪婆婆十二年

无题

勤俭建国

从女儿国说起

水向高处流

图 1–1 1957 年《人民日报》文章：《勤俭建国》

资料来源：孙浚．勤俭建国 [N]. 人民日报，1957-04-26(2).

民日报》上刊登过的一篇文章，用“从女儿国说起”的标题①，批判了西安纺织城的职工比例失衡问题（图 1–1）。

赵　瑾：当时，西安的纺织城到了找不到对象的严重程度。最后没办法，到周末的时候，用车子把纺织城的职工拉到西安城里，或者其他一些工厂，给大家创造找对象的机会。都是些年轻姑娘。

这不是在说笑话，实际上真是如此。这个问题相当麻烦，后来他们［工厂方面］自己也感觉到错了，以前本来还很理直气壮的。

在这个时候，没有其他办法，李富春副总理就组织了联合选厂工作。李富春组织各个工业部门，包括卫生部门、城市建设部门、水利部门等，七八个部门，各个部的领导、中国的一些专家以及苏联的专家一起参加，组成上百人的大型联合选厂工作组，到各个地方去搞选厂工作。连公安部门都一起去了。

① 1957 年 4 月 26 日，《人民日报》刊发了题为《勤俭建国》的长篇文章，以“从女儿国说起”、“水向高处流”、“‘违章’建筑”、“锦上添花还是雪里送炭”和“大搬家所带来的”等“生动、形象”的标题，鲜明批判了西安市“纺织城”布局、市政工程规划等城市建设问题。

图 1-2　1955 年的一张留影
左起：赵士修（左 1）、赵瑾（左 2）、刘欣泰（右 1）。
资料来源：赵士修提供。

最早大概是 1953 年 4 月份前后，联合选厂组确定了郑州、洛阳、兰州、西安的 35 个重点工业项目。这项工作完成了以后，李富春觉得联合选厂的经验非常好，于是，国家计委就又组织了西北、华北、中南、西南联合选厂组，到大同、太原、包头、武汉、成都、重庆等地区去选厂，这些工作都是为"156 项工程"服务的。就联合选厂工作而言，我参加过包头地区的选厂，因为在白云鄂博发现了铁矿，所以就围绕它，在四周跑了一圈。当时，整个内蒙古地区，我们大致都跑遍了。那个时候没有铁路，我们坐吉普车跑。当时的中国太贫困了，连张像样的地形图都没有（图 1-2）。

当时我们选厂时使用的地形图，还是以前日本人测绘的中国地形图，只有这个地形图。这个图在军委。我记得局长叫我坐他的车去拿图，只有部长签了字，开了介绍信，图才可以拿出来。

但是，五万分之一的军用地形图，精度不行，看不清楚，所以到了地方上以后，主要还得靠现场看，现场踏勘。这块地比较平，看起来不错，可以建厂，面积有多大呢？开着吉普车，开一个十字，然后大体估算一下面积。如果是比较小一点的地方，主要靠步行，走一走，步量一下。

地质方面呢，工程人员带着三米多的手摇钻，这块地看起来可以，看看地下怎么样，然后就用手摇钻，往下钻个三米左右。其实，这是很粗糙的做法。但是，当时的现实条件也就那样。

图1-3 参加国庆十周年城市规划展览会的部分工作人员留影（1959年10月）
注：地点为建筑工程部南配楼前。前排左起：常颖存（右2）。后排左起：刘成（左1）、戴传芳（右2）、
陶冬顺（右1）。
资料来源：常颖存提供。

最后，大型钢铁厂的位置就确定放在包头。当时就是在这样的状况下，确定了重点工业项目的厂址。联合选厂就解决了工业项目的厂址问题。

在联合选厂过程中，矛盾比较大的，我感觉到就是城市规划与工业部门的矛盾，城市规划要对城市各项建设统一来进行布局，而工业建设自己搞一套，只考虑自己的利益。而且在选厂过程中，各个工业部门聘请的苏联专家，与城市规划的苏联专家，比如巴拉金，他们之间还要争论。当然，中国同志之间也要争论。最后，联合选厂只能是由城市规划方面来统一平衡，也就是究竟怎么布置，要提出一个厂址方案进行讨论，然后再决策，基本上也就解决了各方面的矛盾。通过联合选厂组的工作，确定了大同、太原、包头、武汉、成都、重庆的一些工业布局，像包头的包钢，武汉的武钢，太原的机械厂、化工厂，成都附近的电子工业。这是联合选厂工作的一些情况，主要解决了各个工业部门之间的一些相互矛盾（图1-3）。

1954 年前后，在联合选厂工作的基础上，国家计委先后批准了这些工厂的厂址方案。当时的那些重点工业项目，大部分是在京广线以西。

为什么选定京广线以西呢？我说的可能不太准确，这是我听说的，据说在研究这个问题的时候，毛主席曾问空军司令员刘亚楼：美国航空母舰上的飞机，以及台湾国民党的飞机，它们飞到中国大陆来，什么时候必须得转回去？毛主席问的是飞机的终点。刘亚楼说大致是京广线，到了京广线以后，就不能再往内陆飞了。如果再往西飞，飞机的燃料就不够用了，将来飞机就飞不回去了。

访问者：我也听说过，以台湾为中心，量距离。这样的一种布局，主要是出于国防安全的一些考虑。

赵　瑾：所以最后确定，绝大部分的工业项目放在京广线以西地区。就国家的 156 项工程来讲，基本上分布在 91 个城市和 116 个工人镇。其中，大约有 65% 的比例放在了京广线以西，一共有 45 个城市、61 个工人镇。京广线以东是 46 个城市、55 个工人镇，大约占 35%。

二、城市规划工作的出现

赵　瑾：在前期的选厂过程中，已经出现过很多的矛盾，后来进行联合选厂的过程中，又出现一个突出的问题。因为那么多厂子在一个城市里安排了以后，有很多问题是迫切需要城市建设来统一解决的。在工业项目的厂址确定了以后，就出现了厂外工程的建设需要统一安排的问题，这就牵扯到城市建设的组织与协调。

当时，为了要统一建设，中央就提出来一条办法，也就是"总甲方"和"总乙方"的制度。西安市在西郊有五六个厂子，东郊也有几个厂子，这些厂子共同组成"总甲方"。城市方面则是"总乙方"。城市方面承包了工厂以外的一些工程，比如城市道路、电力、铁路运输、给排水等，对于这些设施，城市方面统一进行安排。

另外，"156 项工程"的所有项目，都是苏联帮助援建的，也是苏联帮助设计的，在各个工厂的厂址确定了以后，苏联方面就提出来：厂子的四角坐标，你得给我；跟铁路接轨在什么地方，你得告诉我；还有给排水在什么地方，供电从哪里进来，交通运输怎么办，职工安排在什么地方，等等。

苏联方面表示，没有这些条件，做不了厂区的设计，当时就提出了这些要求，在 1954 年就必须解决这些问题。根据苏联专家的建议，这就必须搞好城市的规划工作，城市规划的任务就被突出出来了。

正因如此，在联合选厂组中，城市规划工作部门的这些人员，最后变成了选厂

图 1-4　参加国庆十周年全国工业交通展览会留影（1959 年 10 月）

注：地点在北京展览馆（原名苏联展览馆）。前排左起：戴传芳（左 1）、张友良（左 3）、刘成（右 3）、常颖存（右 2）、陶冬顺（右 1）。后排左起：赵清川（左 2）、刘文惠（右 4）。

资料来源：常颖存提供。

组的综合部门，城市规划的综合作用被突显出来了。苏联专家的建议，主要来自于他们的一些经验，但在我国工业建设的实践中，实际上也出现了这些问题，这就必须开展城市规划（图 1-4）。

所以，李富春在 1953 年就提出要求，重点的城市要做规划，到 1954 年就必须完成，得保证苏联专家设计工作的顺利进行。在 1954 年年底的时候（部分是在 1955 年），国家基本上就批准了这些重点城市的规划。

然而，在当年的时代条件下，我们国家城市规划工作的力量实际上是很薄弱的。那个时候，真正能搞城市规划工作的，只有上海和北京等个别城市，它们有自己的都市计划委员会；东北地区也有一些力量，其他地区根本连这样的一个委员会都没有。

就当时的一些重点工业城市而言，主要分布在京广线以西。可是，在京广线以西的地区，当时都是一些相当落后的城市。像包头，当时只有1个技术人员，还是搞水利的；西安的技术人员也很少；兰州还有任震英；太原、洛阳更是根本没有。

我从笔记本中摘抄了一些数字，可以作为参考。"一五"时期的八个重点城市，从1953年到1957年，在新建工业的基本建设总投资中，城市建设投资占17.6%的比重。从我们对各个城市的计算来看，也差不多：西安的城市建设投资占基本建设总投资的20%，西安的工业比较多；太原占18.05%；大同占12.2%；洛阳占15.78%。在这种状况下，原来的那些旧城市是很困难的，有大量的新工业项目需要去建设，而城市建设方面的技术力量又十分有限。

所以，在当时，李富春的办法就是号召沿海城市支援内地城市，洛阳是由上海、广州去支援，那时候洛阳市内还有两个"移民村"，一个叫广州村，一个叫上海村，不知道现在这两个村还在不在，因为生活习惯不一样。北京、天津支援包头。同时，广州还得支援武汉，上海还得支援西安。

当年的西安，连理发店等都是从上海搬去的。当时是这样一种状况，可以想象，那个时候内地落后到了什么程度。那个时候，我们到西安做规划，经常要打地铺，出差还要自己背行李。

三、参加规划工作之初

赵　瑾：那时候，能参与搞城市规划工作的人很少。于是，从四面八方调动，刚毕业的一些学生全给调过来。一些相关专业或相近专业的，都可以参与学习，一起搞规划。

常颖存：记得史克宁副院长说过这么一句话：老干部，苏联专家，再加上"儿童团"。史克宁他自己就算是老干部，大家在苏联专家的指导下开展工作，"儿童团"是指我们这帮人。

赵　瑾：当时，大家都是二十几岁的年轻人。

访问者：赵先生，您是从哪个学校毕业的？听说当年您还给领导当过秘书，对吗？

赵　瑾：对，我是云南大学毕业的（图1-5）。我加入城市规划这行，是糊里糊涂进来的。在学校时，我是学经济的，当时学的经济，偏重的是统计、会计。

1952年我大学毕业，分配到北京，先是在人事部，后来人事部的一个领导调走筹建城市建设机构，挑选我担任他的秘书。于是，我就跟着他，到刚成立不久

图 1-5 刚考入云南大学时的赵瑾
（1948 年前后）
资料来源：赵瑾提供。

的建筑工程部工作了。

我们到了建工部以后，正好苏联专家在讲城市规划。我接触到的第一个苏联专家，就是穆欣。我感觉到，穆欣对我们中国的城市规划工作，起到了非常重要的启发和启蒙的作用。当时的首要工作，是工业项目的选址，我跟的这位领导，以及中财委基建处的两个处长，另外还有一批人，我们和穆欣一起出去，搞城市现状调查，到外地去转了一圈。

在每个城市，穆欣都发表了城市规划的演讲。穆欣专家讲的一些内容，也就是为什么要搞城市规划，城市规划有什么作用，等等。另外，穆欣特别强调，中国的城市规划是非常精彩的，他到处讲的就是北京的规划。

记得当时穆欣讲过一个情况，让我对城市规划工作动心了。穆欣讲，北京城的规划是世界一流的，特别是故宫的这条中轴线。他说建筑艺术和城市布局是相当有作用的，甚至在思想上能够打通人的思想。穆欣就讲了一个例子，他说中国人见了皇帝都是要下跪的，可是外国人却不愿意。有个外国使者来朝贡，本来也不愿意下跪，他说我就是不下跪。有人给皇帝报告后，皇帝也同意了，说可以不跪。结果怎样呢，这个外国使节从永定门进来，过了前门以后是天安门广场，那个时候是红墙，两边排满了御林军，然后过金水桥、天安门、端门、午门，最后过太和门，到了太和殿。在这样一种建筑艺术的环境下，这条中轴线的建筑群让他感到震撼，外国使臣到了皇帝面前，扑通就跪下了（图 1-6、图 1-7）。

穆欣就讲城市规划的建筑艺术，整个城市的布局的作用。我觉得这个专家讲的很有道理，非常深刻，是建筑艺术的反映，这条中轴线反映了皇帝的至高无上，让外国人都感到非跪不可了。穆欣讲的这个情况深深打动了我，我没想到，城

图 1-6　北京中轴线建筑群（1955 年）
注：赵士修拍摄。资料来源：赵士修提供。

图 1-7　北京中轴线鸟瞰（部分，1955 年）
注：赵士修拍摄。资料来源：赵士修提供。

市规划还有那么大的作用，过去根本不懂。

总之，刚参加工作时，听了苏联专家穆欣的一些讲课后，我对城市规划工作好像有一点印象了。后来，建工部就要组成一个小组，试点搞一个规划，搞西安的规划。穆欣先是挑了两三个人，一个是我们后来的副部长、两院院士周干峙，一个是何瑞华，何瑞华是周干峙的同班女同学，也是清华大学建筑系毕业的，还有天津大学的一个人，搞给排水的。

后来，穆欣说还需要一个搞经济的。我是搞社会经济的，那天我在场，穆欣到我们领导那儿，他说我跟您要一个人，领导说你随便要，他说我要你的这个秘书，领导说干什么？他说有一个试点，带他去做一个规划方案。领导说，这个事行。最后我就跟着去参加西安的规划了。

记得在去西安之前，领导跟我讲过，他说城市规划这门科学，我们中国以前没有，党非常需要这门科学，现在派你去学习，你一定要把专家所讲的东西，都给学回来，这是党交给你的任务。我们这些老党员，听到说党的任务，那就是"天"啊。那时候，对于年轻的党员来说，能接受这个任务，实在太光荣了，当然也太困难了。我说我有好多东西都不懂，领导说没关系，你去学习，如果有什么问题，需要的话，还可以去学校旁听一些课程。

过去，培养干部是很下力气的，我曾经去清华大学旁听过，也去北京建工学院旁听过。那时候，我有具体任务了，就进入了城市规划这个行当，慢慢的也就开始有兴趣了。我说我不是科班出身，但我是行伍出身，在实践中，在专家的指导下去学习。

后来，我坚持在一线，一直干到 1997 年离休。1997 年以后，我还参加过部里的专家组，搞城市规划的审查工作。

访问者：您原来给他当秘书的那位领导，叫什么名字？是孙敬文吗？

赵　瑾：不是孙敬文，是贾震①（图1-8）。当时，孙敬文还没来城建局。城建局在前期主要是由贾震负责筹建，后来他曾担任国家城建总局的副总局长、城市建设部的部长助理。

---

① 贾震（1909.10～1993.05），曾用名贾振声，山东乐陵（今河北盐山）人。1932年1月加入中国共产党。曾任乐陵县农会干事、文书、县委书记，中共津南特委特派员、宣传委员，中共北方局交通科交通员。1937年6月到达延安，任中共中央组织部文书科干事，8月进中共中央党校学习。1938年1月后担任中共中央组织部地方科干事，后任陈云的机要秘书。1945年4月至6月作为山东代表团成员出席中共七大。解放战争时期，曾任张家口铁路局党委宣传部部长、党委副书记，中共冀中区委组织部副部长，中共中央华北局党校二部主任，中共中央组织部秘书处处长。新中国成立后，1950年任国务院人事部办公厅主任、机关党委书记，1952年调入建筑工程部，先后任城市建设局副局长、城市建设总局副局长，1955年任国家城建总局副总局长，1956年任城市建设部部长助理。1959-1963年任天津大学党委书记。1963-1966年任中共中央高级党校副校长。"文化大革命"期间受迫害。1977年平反后，任北京师范大学党委书记，后任该校顾问。1989年离休。第三届全国人大代表，第六届全国政协委员。1993年5月29日在北京逝世。

图 1-8 贾震
资料来源: http://a1.att.hudong.com/51/4
3/01200000002923413632343 5903886.jpg

访问者: 在城市设计院筹建的时候, 贾震还是筹建委员会的主任。

赵　瑾: 对。

四、关于城市设计院的筹建

赵　瑾: 说到这儿, 我先给你一个建议, 要想弄清楚 60 年前城市设计院的建立情况,
关键的人物, 现在只有一个人了, 这就是刘学海, 他是当年筹建组的成员。当
年的筹建组主要有三个人, 刘学海是其中之一。史克宁院长已经去世了, 朱贤
芬也去世了, 就剩下他了 (图 1-9)。

刘学海现在还健在, 你可以联系部老干部办公室, 问一下他的联系方式。他现
在变成"候鸟"了, 两口子冬天在海南, 夏天回北京, 不知道现在回来没有。
如果回来的话, 你去找他。他年轻, 记忆力也很好。

访问者: 有的老同志讲, 刘学海先生没到过咱们规划院, 他一直是城建局干部的身份。
但我查档案时, 城市设计院的人员名单上有他。

赵　瑾: 刘学海的关系主要是在局里, 但他是城市设计院筹建组的成员。那时候, 我也
是局里的干部, 主要关系也是在局里。

访问者: 档案中记载, 当时您是在建工部城建局的资料处, 对不对?

赵　瑾: 对。局里的资料处, 主要负责管理城市规划的一些相关资料。与八大重点城市
有关的, 主要是"156 项工程", 每个项目都有一个材料。这些材料是史克宁
亲自保管的, 每天锁在保险柜里, 要用的时候再拿出来。

当时, 史克宁把材料交给了我, 他说这些资料比你的生命还重要, 你就管这个
事情。每天如果有什么工作需要, 就从这里面拿出来查阅。

常颖存: 你查的这些资料, 是从哪儿来的?

图 1-9　在阜外大街城市设计院楼顶留影（1956 年前后）

注：照片中部左侧的背景是尚未拆除的阜成门城楼。前排左起：刘荣多（左1）、葛文英（左2）、马熙成（左3）、裴志坚（右2）、孙艳祯（右1）。后排左起：廖可勤（左1）、高淑英（左2）、申文成（左3）、习振昌（右2）、刘锡印（右1）。

资料来源：常颖存提供。

访问者：院①里没这些档案。主要是去中央档案馆查到的，在海淀区的温泉镇，以前建筑工程部、国家城建总局和城市建设部的一些档案。

常颖存：以前，我从来没听说过有个"附属工作室"②。我记得，当时我们叫工程室，后来叫工程准备室，再后来又分一室、二室，这都是后来的事。你这篇材料说的是规划院起源的时候，也就是山老胡同的时候。附属工作室的说法，我是今天才知道的（图 1-10）。

访问者：这是从档案上查到的，可能没有公开过，或者只是人事工作方面的一种设想（图 1-11）。

常颖存：好像当时我们都是临时性的组合，人员经常被抽调，调来调去，没有说这么严格。赵总是局里的干部。

---

① 指中国城市规划设计研究院。

② 1954 年 11 月时，城市设计院的组织机构分为技术系列和行政系列两大部分，其中技术系列包括"规划处"、"标准设计处"、"工程处"、"资料组"和"附属工作室"。资料来源：城市设计院人事组. 城市设计院编制情况与现有干部配备的初步意见（1954 年 11 月 23 日）[Z]. 建筑工程部档案，中央档案馆，档案号 255-3-245: 4.

图 1-10　参加工作之初的
常颖存（1954 年）
资料来源：常颖存提供。

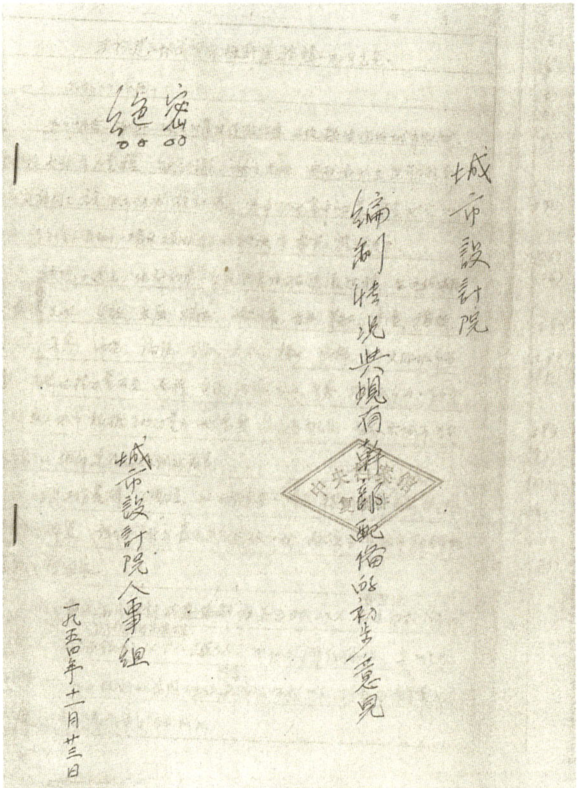

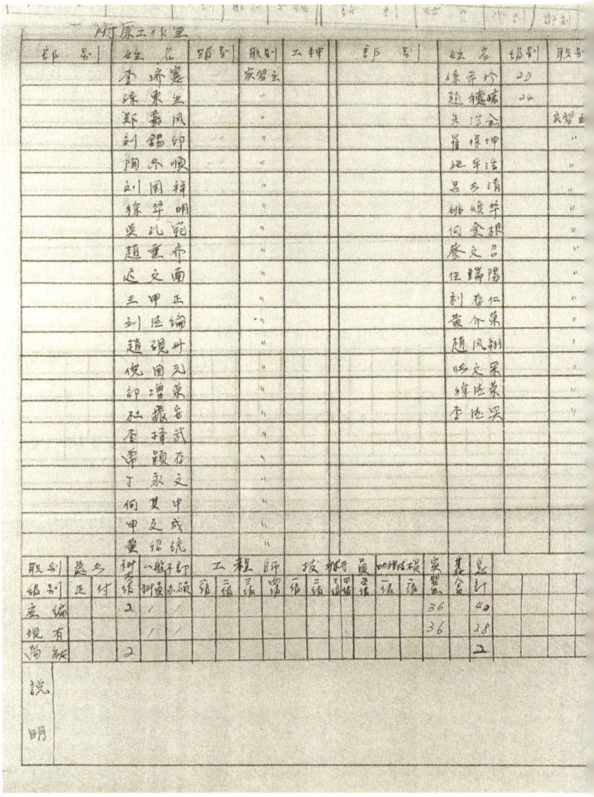

图 1-11　城市设计院编制情况与现有干部配备的初步意见（1954 年 11 月）
注：左图为档案封面，右图为"附属工作室"人员名册。
资料来源：城市设计院人事组 . 城市设计院编制情况与现有干部配备的初步意见（1954 年 11 月 23 日）[Z]. 建
筑工程部档案，中央档案馆，档案号 255-3-245：4.

图 1-12　规划工作者的留影（1955 年）
左起：赵士修（左 1）、冯良友（左 2）、高仪（右 1）。
资料来源：赵士修提供。

赵　瑾：我这个干部很特别。领导派我去跟苏联专家学习以后，我是局里的人，但却在院里工作。所以，如果你要查清的话，我在院里没有什么档案，我的档案都在局里，但我又的确是在院里工作过。

　　　　所以，如果你能找到刘学海，就能搞清楚了。另外还有两个人，可能也知道一些情况，一个是万列风，还有就是贺雨。他们两个都 90 岁了，他们两个人是被筹建的，不参加筹建，但筹建完了后，是院里主要的中层领导干部。

常颖存：要赶快去了解，赶紧去找刘学海，刘学海在老干部里面是最年轻的。

访问者：当时资料处的处长是史克宁，我查到万列风先生当时是规划科的科长，那么规划处的处长是谁？

常颖存：冯良友，他已经不在了。冯良友一直带着我。

赵　瑾：高仪是科长（图 1-12）。那时候，一共有四个规划组。最后，这些组都全部转到了城市设计院。

五、城市规划工作的"五图""三表"

赵　瑾：就城市规划工作来说，在"一五"时期，我主要参加了西安小组的规划工作。当时我们做规划，采用的是苏联的办法，可是我们也有改动，不是完全照抄。比如，苏联对总体规划的要求，一共要有 13 张图，其中 1 张是规划总图，它是最重要的，另外 12 张是副图。在当时的条件下，我们根本做不了这么多图。

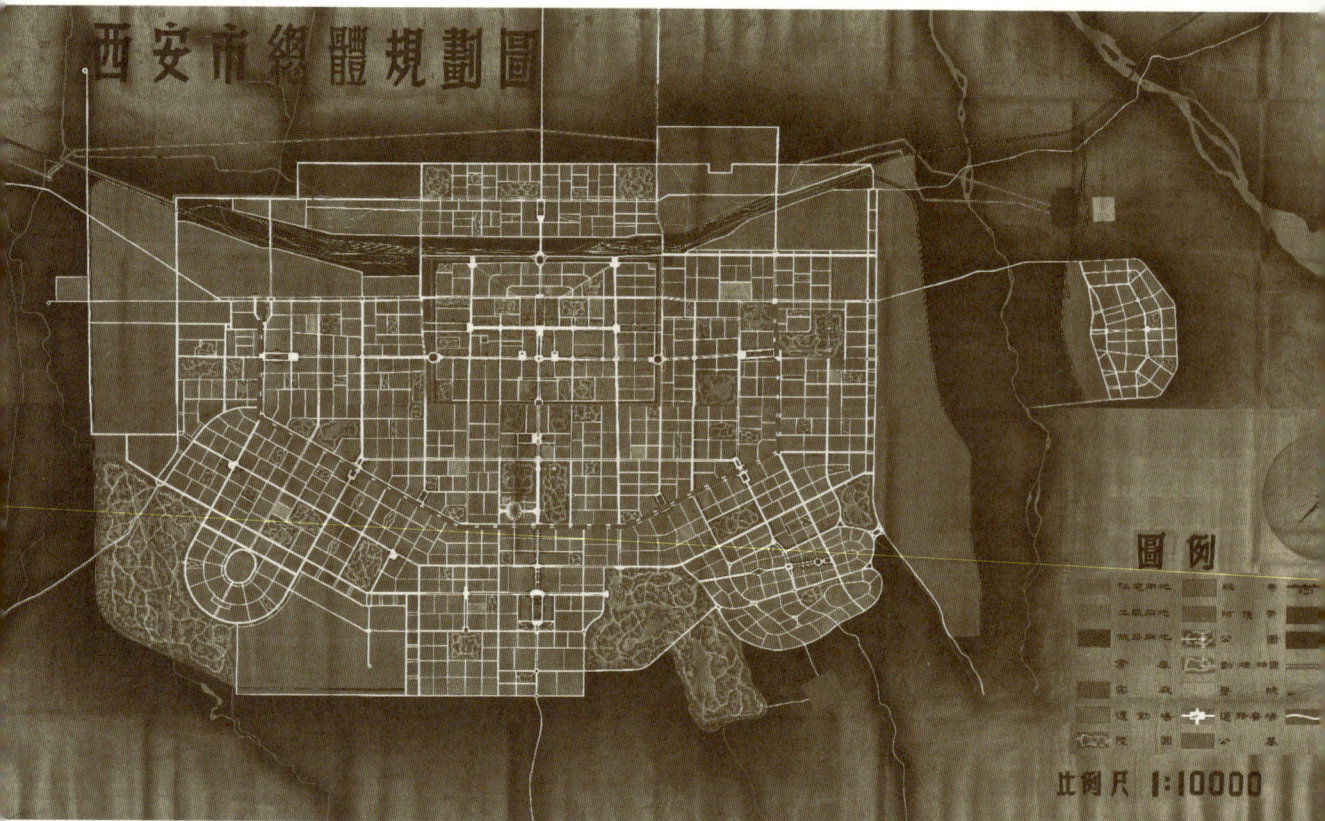

图 1-13 西安市总体规划图（远景）
注：图中虚线即何瑞华先生所加"半环"的示意。为便于阅读，对图例做了放大处理，指北针位置略有调整。
资料来源：西安市总体规划图（1954 年版）[Z]. 中国城市规划设计研究院档案室，案卷号：0967,0968.

那个时候我们挺可怜，不论哪个城市，连五千分之一的地形图都没有。我记得很清楚，包头根本没有五千分之一的地形图。怎么办？华北局派我们的王文克[①]副局长去天津，调来一百多位测量员，到包头搞地形图测绘，限期几个月，必须把包头这块地给测量出来。那些测量员，风餐露宿，硬是连年（春节）都没过，最后全部完成。

正是在这种困难的情况下，到 1954 年年底前后，基本上把城市规划做好了，国家批准了。苏联专家进行了无私的帮助，贡献了他们的才能。

所以，在这个时候，成立城市设计院，是很必然的事情。城市规划是国民经济

---

① 王文克（1918～2006 年），山东济南人。1934 年考入北平师范大学，曾参与"12.9"学生抗日救亡运动。新中国成立后，先后担任中共中央华北局组织部城市科科长、华北行政委员会财经委城市建设处处长、建筑工程部城市建设局副局长、城市建设总局副局长、城市建设部城市规划设计局副局长、建筑工程部城市规划局局长。1956 年第一届中国建筑学会城市规划学术委员会成立时，任主任委员。1964 年调离国家计委城市规划局。1978 年任国家工商行政管理总局副总局长、党组成员兼机关党委书记。1985 年离休。

计划的继续和具体化，就是"具体化"到城市规划工作，"具体化"在城市设计院。这是我亲身经历的，联合选厂工作我参加了，城市规划工作我也参加了，所以切身感觉到，的确是这样。

苏联要求的 13 张图，我们做不了那么多，我们的要求是 5 张图：一张现状图，一张初步规划图，一张近期修建图，一张工程综合平面图，还有一张是郊区规划图，总共就做这么 5 张图。所以，还是有区别的。我们的这个做法，也符合中国的实际情况。不仅如此，这样的做法，也是苏联专家点头同意了的。

说到规划图，你知道巴拉金这位苏联专家最欣赏的人是谁吗？是何瑞华。西安市规划的环河就是何瑞华的手笔，巴拉金喜欢得、高兴得不得了。当时，原来做的西安市规划方案，本来是个方格网的结构，何瑞华加了一个"半环"，再加上外围的放射线，把它联系起来了。巴拉金非常欣赏，他的意思就是说，原来的方案，整体布局有点死板，一旦加上这个环，就活了，规划图就活了，所以他非常欣赏（图 1-13）。

另外，当年洛阳市的规划，长时间内出不来理想方案，前面做了不少方案，都不满意。后来没办法，让每个人员都做一个方案，巴拉金也都没看上。最后把何瑞华调去了，何瑞华设计了一条放射线、一个公园，就搞定了。

刘学海知道洛阳市规划的有关情况，他是洛阳组的小组长。何瑞华很用脑子，框框少，敢突破，这是她最大的特点。巴拉金非常欣赏何瑞华，后来又把何瑞华调到了包头，参与了包头的规划。

在当年的规划工作中，除了上面讲的 5 张规划图以外，还要做出来 3 张平衡表。一张是人口平衡表。当时做规划和人口计算，要做很多调查工作，每家每户、每个胡同都要去调查。记得我在北京时，调查组正好调查到我们住的那一片。那时候的规划工作很辛苦，当然也很扎实，不像现在。现在都是在电脑上画图，很方便，也很随意。

第二个平衡表是用地平衡表，也就是各种用地的汇总统计和平衡表。第三个平衡表是城市建设总造价的平衡表。这张表也很关键，如果你做少了，国家批准的计划就会小，如果你做大了，国家计划就不会按这样批准。

所以，为什么说城市规划是国民经济计划的继续和具体化？也就是说，最后要由国家批准，要国家给钱。

访问者：在查阅当年的规划档案的时候，我注意到一个细节，当时在开展城市规划工作的过程中，还要跟相关部门签订协议。

赵　瑾：城市建设部门与各个工业部门，卫生、铁路部门等，都要签订协议，当时必须签订。

访问者：通过签订协议，与各个部门之间及时进行沟通，也就保证了城市规划能够实施

图 1-14　在湖北荆州参加
快速规划时留影（常颖存，
1958 年）
资料来源：常颖存提供。

和落实，体现了城市规划工作的严肃性。

赵　瑾：所以，那个时候的城市规划工作，跟现在的城市规划相比，连作用都不一样。
在那个时候，你只要认真做出来，就能实现，就能建起来。北京西郊百万庄的
那片住宅区，三里河的那片住宅区，还有西安市西郊、东郊的住宅区，全是苏
式的，都是完全按规划实际建起来的。

六、"一五"时期的工程规划和详细规划

访问者：常先生，在"一五"时期的规划工作中，您是具体做什么的？

常颖存：我是从哈尔滨工业学校毕业的，学的是道桥专业，参加工作后是搞工程的。比
如厂子定了，说要厂址坐标，那我就得想办法给它定坐标，"厂外工程"。这
些是我们搞的（图 1-14）。

我们接触的人也是搞工程的，有给排水、用地评定、坐标、标高，等等，我们
叫工程室。柴桐凤是室主任，这个人挺能干的，山西人，人也很好。

搞城市规划，在编制总体规划图之前，首先需要进行用地评定，绘制出一张用
地评定图，这和现在城市规划的做法不太一样。所谓用地评定，也就是分析规
划区内各个地段的用地条件，分析其作为修建用地的适用程度。

开展用地评定，首先需要搜集各种资料，比如去地质部了解地质情况，去水利

部了解水文情况，这方面的工作量很大。其次，把各方面的材料汇总起来，划出不同的用地条件类型，比如喀斯特地貌、洪水淹没区、有没有滑坡等等，洪水淹没还要区分百年一遇和五十年一遇等不同程度。把它们划出来，相当于界限似的，进行综合分析，提出哪里适合建设，哪里不适合建设。最后再把它画出来，标示在图纸上，形成一个用地评定图（图1-15）。那时候没有限制特高层，最高也就是三层或者四层的建筑。

用地评定，是城市用地工程准备的一项重要内容，我认为是城市规划中很重要的一项工作。只有在用地评定图的基础上，负责规划总图的人才能搞好城市规划的总体布局，哪些地区适不适合建厂，究竟适合建什么样的厂子，等等。后来不重视这个工作了，为什么现在经常会出现山体滑坡？就是因为现在不重视这个问题。除了用地评定，还有一项专门的工作，城市用地工程准备措施。所谓城市用地工程准备措施，简称"工程准备"，也就是对那些自然条件比较差的地段，提出一些合理的工程准备措施方案，比如地面排水、河道治理、滑坡和冲沟防治等，从而改善用地的某些缺陷。搞工程准备，也要绘制出一张专门的城市用地工程准备示意图（图1-16）。

赵　瑾：以前，在搞城市规划工作之前，是要先做工程准备的，工程准备是先行者。

张贤利：工程准备是第一重要的工作，如果没有工程准备图，其他工作不好做。

常颖存：我还从事过管线综合工作，主要是跟着苏联专家马霍夫学习。所谓管线综合，主要就是地下管网，包括给水、排水、电缆等这些工程项目，比较理想的办法就是搞地下管廊。像北京天安门地区，在长安街的底下就有地下管廊，我下去看过。搞成地下管廊，有利于各种管道的维修管理，避免开挖道路（图1-17、图1-18）。当年我们是学习苏联，苏联不论搞什么建设，都是有计划、有步骤的搞。据我了解，其他国家也有类似的做法，美国是随着形势的变化搞，法国搞过地下河。后来，我们国家由于大的形势变化，都不重视了。现在又开始搞这项工程了，比如现在媒体中经常提到的城市地下综合管廊建设，这主要是由于经济力量的原因。

访问者：常先生，刚才您说到，曾经跟苏联专家学习管线综合，具体是怎么学习的呢？

常颖存：我跟马霍夫搞管线综合，主要是给他画图。马霍夫说过，有几个画图比较细心的人。他问我：这张图是不是你画的？我画的图比较细致，字写得也比较凑合。后来为什么我去搞建筑了？本来我是学交通的，土木系毕业的，就因为搞设计还比较仔细。我曾经在陕西省建筑设计院等单位搞过十来年的建筑设计，搞了几个地区级医院设计。

在"一五"时期，我还参加过西宁地区的区域规划。这是在八大重点城市规划之后，当时我调到区域规划室去了。西宁地区的区域规划是由胡开华带队，当时的区域规划刚刚起步。

城市規劃
用地評定圖

图 1-15 城市规划用地评定图（示意）
资料来源：建筑工程部城市设计院资料室. 城市用地工程准备（城市规划知识小丛书之五）[M]. 北京：建筑工程出版社，1959. 附图（范图）.

图 1-16　城市规划工程准备图（示意）
资料来源：建筑工程部城市设计院资料室．城市用地工程准备（城市规划知识小丛书之五）[M].北京：建筑工程出版社，1959．附图（范图）．

图 1-17　参加人民大会堂建设留影（常颖存，1958 年）
资料来源：常颖存提供。

图 1-18　在刚建成的人民大会堂前留影（常颖存，1959 年）
资料来源：常颖存提供。

访问者：张先生，您是什么学校毕业的？在"一五"时期的规划工作中，您具体做哪方面的工作？

张贤利：我是从中南建筑工程学校毕业的，当时学的是建筑专业。那时国家急需城市建设方面人才。1954 年 5、6 月份，因为国家建设需要，我们提前毕业参加工作。在我们班挑选了十几名同学到西安报到，当时在万列风、周干峙指导下工作。在西安工作期间，我们做了大量具体工作。根据规划要求，踏勘地形，首先做好现状图，精确标注每个重要建筑物的位置，并作现状管线综合图（这些根据老同志的记忆，标址①出来，实属不易）。

当时强调功能分区、近期规划、用地平衡等等。详细规划，当时是在苏联专家指导下完成。

在包头期间，做以上同样工作。当时包头的特点是，分为好几个片区，我们要考虑片区之间的联系，它们的时间、项目，并要考虑分期、分批的实现，并与现状、近期、远期结合，等等。当时条件艰苦。

同时，我还参加了武汉的初步规划，也参加了兴平的选址。

赵　瑾：当时的背景大概就是这样。这些是我们亲身参与的一些认识。这是城市设计院成立的一些大背景。我们大概就给你说这些，让你有个感性的认识。你已经抓住了这一点，再把它继续深化。

七、城市设计院的副院长史克宁

访问者：各位前辈，城市设计院的副院长史克宁，大概是什么情况？因为在城市设计院和城市规划工作的过程当中，他是挺关键的一个人物，但在查档案的时候，却并没查到关于他的一些详细信息。

赵　瑾：史克宁挺关键，他是城市设计院筹建组的实际负责人。他是孙敬文局长带着，从察哈尔省②一起过来的（图1-19）。

在城市设计院的这些院长中，史克宁副院长是最有头脑的，跟着大家一起向苏联专家学习，学习城市规划。史院长学得非常快，我们那个时候叫他是中国的总工程师，苏联专家也是总工程师的角色。而且，史院长的思想也很活跃，1959年的越南小组就是他带队的。我们派了一个小组到越南去做规划，他是专家组组长。那个时候他大概是40岁左右，非常成熟。史院长的年龄比我大，但比万列风要小。

常颖存：在我的印象中，好像那时候主要是史克宁当院长，别的院长我都不清楚。因为别的院长都不怎么管事，大都是老干部。

访问者：我查档案时也注意到，当年城市设计院的很多规划工作，好多技术上的决策，都是史克宁院长拍板的。包括苏联专家的谈话记录，"首长批示"一栏，基本上都是史克宁签署的（图1-20）。

赵　瑾：而且史院长很和气，跟年轻人能说得上话。他在干校牺牲的时候，是1970年。

访问者：关于史院长去世这件事，我看到过一些资料，有的讲"某日收工，他照顾这帮

---

① 这里指在图纸上表示出具体位置。
② 察哈尔省，中国旧省级行政区，简称"察"，省会初驻直隶省张北县。1952年11月，根据察哈尔特殊的地理环境地广人稀、物产匮乏等原因，国家决定撤销察哈尔省建制。

图 1-19 察哈尔省政府领导成员合影

资料来源：《孙敬文传》编写组. 孙敬文传 [M]. 北京：石油工业出版社，1999. 文前插图.

孩子在水库洗澡。孩子们走了，他留下来自己洗。不料陷在水下深坑的软泥里，挣扎不出，不幸身亡"[①]，有的讲"为救溺水的学生而身亡"[②]，等等。当时究竟是怎么一回事？

赵　瑾：这些说法不准确。史克宁副院长到干校以后，干校那边把学员们的所有孩子都集合起来，办了一个学校，算是一个中学，请史克宁当校长。在那个学校的门口，刚好就有一个水库，这个水库是一个尾库，过去是农村的一个池塘，原来是片洼地，给汇集起来的。

那时候，年轻人都在水库那儿游泳，史院长看见孩子们也都在那儿游泳，就有点担心，他怕出事。但他又不会游泳，所以等人家都游完了，他一个人拿个铁锹去探底，想看看哪个地方深，让孩子们不要去那些地方游泳。结果他探到一

① 李桓. 回忆老城院 [R].// 流金岁月——中国城市规划设计研究院五十周年纪念征文集 [R]. 北京，2004. p41.
② "城乡规划"教材选编小组. 城乡规划（第二版）[M]. 北京：中国建筑工业出版社，2013. p6.

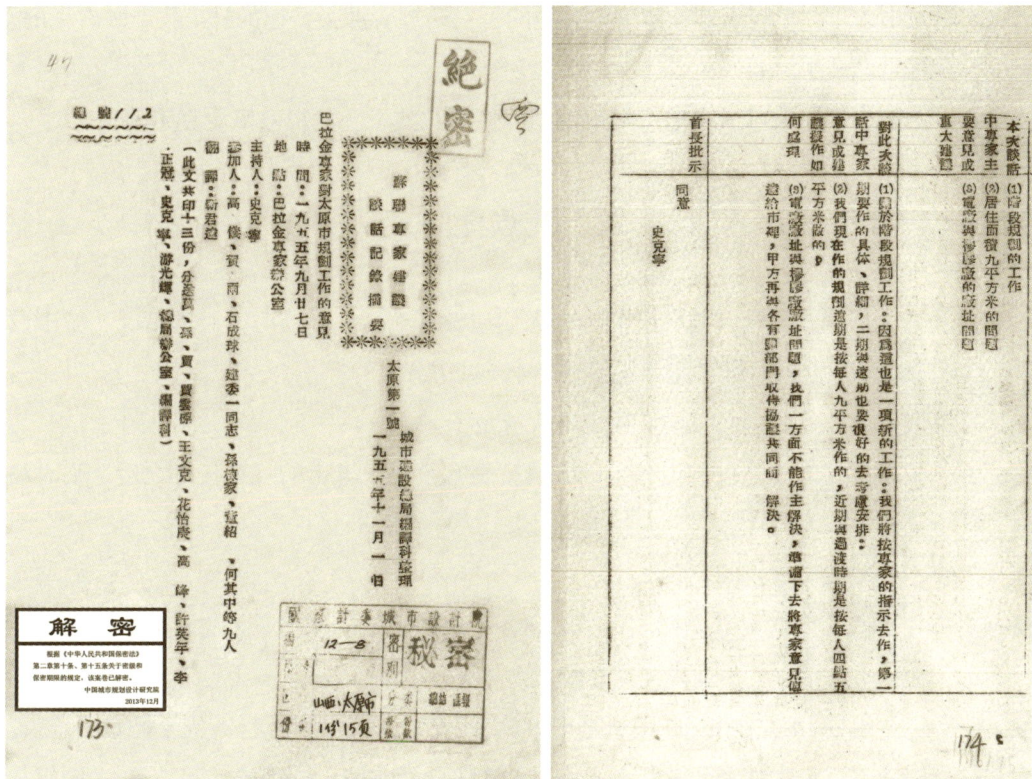

图 1-20　苏联专家指导太原市规划的谈话记录及领导批示
资料来源：专家建议记录 [Z].// 太原市初步规划说明书及有关文件 . 中国城市规划设计研究院档案室，案卷号：0195，p173-174.

图 1-21　史克宁副院长（1957 年）
注：截取自"城市设计院欢送米·沙·马霍夫专家回国留念"。
资料来源：高殿珠提供。

个地方，正好那个地方原来是个坑，一滑，人就下去了，他不会游泳，就这样淹死了（图 1-21）。

当时出了状况，有人发现以后，我们全体出动，会游泳的人全都下水去找，排成一个队，拉着手。最后是申文成[1]潜下去，摸到了史院长，三个人拿绳子给拴着，

---

① 档案显示，1954 年 11 月时，申文成先生在城市设计院附属工作室，"一五"时期曾参与西安、兰州等市初步规划工作。

拉出来了。史院长被拉出来时，他的手里还握着那个铁锹的杆。我亲眼看见的，这是第一手材料。

史院长实在太可惜，他对城市规划工作非常熟悉。我很敬佩史克宁院长。

八、几点提问

访问者：各位前辈，我还有几个疑问，向您们请教一下。一是当时分组的情况。城市设计院刚成立的时候，究竟是不是按主要城市分组的？

赵　瑾：城市设计院成立的时候，我记不太清楚了。

常颖存：我记得好像不是按城市分组的，也就是有了某个城市的规划任务之后，临时编排的。

张贤利：不是按城市分组的。

访问者：关于八大重点城市规划，我了解到各个规划组的一些组长信息，向各位前辈汇报一下，请你们看看对不对。

包头组，贺雨是组长，赵师愈是副组长。西安组，万列风是组长，周干峙是副组长。洛阳组，程世抚是组长，刘学海是副组长。太原组，陈慧君是组长。大同组，马熙成是组长（图1-22）。武汉组，吴纯是组长。据说成都的规划是以地方为主，不是城市设计院牵头。

赵　瑾：西安就是万列风。程世抚是我们院的高级工程师。成都不是城市设计院主导，但院里派了人参加。成都有自己的力量，有一个工程师是美国留学生，是他负责的，我们院参加的。

访问者：关于八大重点城市的名单，西安、洛阳、包头、太原、大同、武汉、兰州、成都，我有一个疑问。我查档案的时候，没查到大同的档案，其他7个城市的档案还比较完整。再有，从审批来讲，其他7个城市的规划，大部分都是由国家建委审批的，其中包头还是由中共中央批复的，但大同的规划却是由城建总局审批的，它的审批层次好像低一点。在八个城市中，为什么大同会比较特殊呢？

赵　瑾：对，就是这八个城市。相对其他7个城市，大同的项目比较少，主要就是一个机车车辆厂。而其他城市的一些项目，都是很重要的，比如包头，除了有包钢之外，还有两个机械厂。包头那个城市，原来是一个破破烂烂的小镇，发现铁矿以后，要建设包钢，一下子就成了一个大城市。可能主要是这方面的原因。

访问者：1954年9月时，有一个城市设计院筹备委员会的批复文件，名单中有一个委员是"王仙菊"，身份为"华北直属设计公司办公室副主任"。到1954年10月时，又有一个43人的人员调动通知，其中1人为"王仙居"，身份为"公用建筑

图1-22　夏宗玕和马熙成（1950年代）
资料来源：马赤宇（马熙成与夏宗玕之子）提供。

设计院"的"办公室付[副]主任"。这两个人是不是同一个人？"华北直属
设计公司"跟"公用建筑设计院"是不是同一个单位？

赵　瑾：对，你说的都对。华北设计公司就是建筑设计院的前身。在城市设计院刚成立
　　　　的时候，建筑设计院曾经与城市设计院合在一起，后来又分开了①。

访问者：民用建筑设计院分出以后，原来在城市设计院任副院长的李正冠，他是不是到
　　　　民用建筑设计院当院长去了？

赵　瑾：李正冠后来到北京市建筑设计院去了。花怡庚②是民用建筑设计院的院长，在
　　　　西直门桦皮厂。

访问者：另外一个疑问，咱们国家整个城市规划工作的开展，究竟是怎么样起源的？据
　　　　说是苏联专家建议的。刚才赵先生也讲到过，在选厂过程当中苏联专家提出来，
　　　　需要做规划。那么，有没有一个比较明确的时间和地点，或者比较重要的什么
　　　　事件？也就是说，什么时间、什么地点、在什么情况下，苏联专家提出来这项
　　　　建议，然后被国家采纳。

赵　瑾：这就说不清楚了。城市规划工作，最早是在中财委，苏联专家穆欣最早也是在
　　　　中财委的基本建设处。工作时间最早的应该是蓝田，他原来是中财委基建处的
　　　　副处长，主管城市规划工作。
　　　　但是，以前在中财委的那些人，蓝田、王兆拓、李增文、张正华，都已经去世了。

访问者：也就是说，原来在中财委工作，对这一段历史比较熟悉的老同志，现在已经没
　　　　有什么人健在的了，是这样吗？

---

① 1955年1月，民用建筑设计院并入城市设计院，院的名称仍沿用"城市设计院"。1956年2月，城市设计
　院又分为城市设计院和民用建筑设计院。参见：中国城市规划设计研究院四十年（1954～1994）[R]. 北京，
　1994. p4-5.
② 花怡庚（1908.3～2004.7），曾任华北行政委员会基建处处长、华北建筑规划设计院院长，城市建设部规划设计
　局副局长、部党委委员，建筑工程部设计总局副局长等。

赵　瑾：对。最后，以前担任基建处处长的吕克白①也去世了，他也是从中财委过来的。

访问者：各位前辈，在"一五"时期，还有一个重要事件——1957年的"反四过"。对此，您们有什么看法吗？

赵　瑾：所谓"四过"，是曹言行提出来的。当年，曹言行是国家计委城市建设局的局长，后来是国家计委委员。我记得，在一次城市建设会议上，他作过检讨，他说"四过"是他提的，这是"打错屁股"了。但是，对这个问题，现在没有人重视。

常颖存：当年，城市设计院本来要我们到西安去筹建分院，我是1961年1月7日到的西安。结果没有筹建成，后来变成了一个建筑设计院。前面城市规划很受重视，后面就变成这样了。

赵　瑾：本来要搞筹建，后来就留在那儿了。按照老贺（贺雨）的说法，1960年以后，城市规划被禁闭了。

访问者：常先生，我听说在1970年代末唐山震后恢复重建规划工作中，您曾负责过管线综合和工程规划工作，是这样吗？

常颖存：是的，这也是一个机遇。当时，主持整体工作的主要是贺雨，调动了很多地方的力量，河北省的好多规划人员都参与了，还有湖南、四川等地的一些规划人员。我是属于工程方面的，地上主要是定坐标和高程，坐标就是平面定位，高程就是竖向定位，还有地下管网，我的主要工作是搞这些，但地下管网没有怎么搞成。像城市用地的限制范围，都有坐标的，不能说就那么随便画一块，要每条路的坐标都给确定下来。

那时候，比如风向和马路怎么样开启，怎么样划分路网，也不是随便就画的，主要得根据风向、河流流向，风从哪儿来，水从哪儿来，哪里是上风上水，哪里是下风下水，等等，来进行城市布局。

再比如热电厂，现在叫核电站，热电厂要放在下风向，距离城市得有多远，这都是我们确定的，这就属于工程规划。要是把热电厂放到上风向，那就不对了（图1-23）。

现在回想起来，其实以前的城市规划工作是比较科学的，后来城市规划有点商品化了。当然，对规划人员来说，这就有利了，修改一次规划再拿钱。这个"衣服"不合适，你修改吧。重做也行，还得掏钱。

访问者：说到商品化，跟规划收费还有关系。我听说在1987年前后，搞城市规划的有

---

① 吕克白，曾用名吕士杰，河北宁晋人，1933年参加革命，曾任中央财政经济部科员，陕甘宁边区财政厅秘书主任，中共中央党务研究室研究员，中央财政经济部研究员等。1949年7月，任中财委计划局处长。1953年起，先后担任国家计委、国家经委、国家建委局长，1961年任国家计委党组成员、计委委员。1964年任国家经委党组成员。1965年任国家建委副主任。1981年后，先后任国家建委和国家计委副主任、国家计委顾问等。1999年10月逝世，享年82岁。

图 1-23　常颖存先生参加东营规划时留影（1988 年前后）
资料来源：常颖存提供。

偿收费改革，编制过《城市规划设计收费标准》（试行），您是主要负责人之一？

常颖存：当时，我们调动了好多人搞这个工作，上海、四川等，有很多人参与。这个收费标准，主要是在上海开会时定稿的。这个收费标准的编制，主要是由陈晓丽主持的，我是做具体工作的。

访问者：城市规划设计的收费，既是近 30 多年来城市规划行业快速发展的重要动力之一，也产生了一些负面的问题。现在，您怎么看这个问题？对未来改革有什么建议？

常颖存：有些类型的规划设计，还可以收费，比如搞个概念规划、城市设计等。但是，全都收费也不行。有一部分规划不应该收费。或者，也可以由国家来提供经费。比如大的宏观的区域规划、重点城市的总体规划等，这些规划怎么能随便收费呢？

访问者：张老，听说您曾经去南京工学院学习过，南京工学院的齐康先生也来城市设计院实习过，可否请您讲讲有关情况？

张贤利：齐康老师来规划院，不是实习。他每年都带学生来规划院实习。来多了，在一起活动时间多了，我们有人提出来：我们是否可到南京工学院学习提高？当时周干峙很支持。与齐康老师联系，经学校同意，我院派了五名同事学习，有赵淑梅、赵垂齐等人同去。我们的待遇非常好，基本上与老师们在一起，指导更方便。

访问者：在南京工学院的时候，您们上过一些什么课？齐康先生是偏建筑的吧？他是否
　　　　也讲一些城市规划方面的课？

张贤利：我们在南京工学院期间，凡是需要的课程，我们都选修。主要是建筑学及相关
　　　　学科、建筑史、美学、绘画、工业设计、城市设计、景观设计、园林造园设计等。
　　　　在校期间，有很多知名老师指导，连杨廷宝①先生都指导过我们。当时，主要
　　　　做一些建筑设计题目，有时他会过来看一下，给大家讲一讲课。刘敦桢②教授
　　　　的儿子也在校授课，经常指导我们。我们经常在教研室走动。经常得到老师们
　　　　的特殊教导。1959 年结业后，我们又回院工作。

常颖存：总之，你写的材料很好，要不然这些事儿就过去了，就没人知道了。不能忘记
　　　　历史，忘记历史就等于背叛。

张贤利：你做的这个工作挺不错的，应该总结一下，总要有个历史记载。

访问者：谢谢您们的指导！

（本次谈话结束）

---

① 杨廷宝（1901.10～1982.12），河南南阳人，1912 年，考入河南留学欧美预备学校（国立第五中山大学）英文
　科。1915 年，入清华学校，1921 年，赴美国留学，在宾夕法尼亚大学学习建筑。1926 年，离美赴欧洲考察建筑。
　1927 年，回国加入基泰工程司。1930 年代后，转向上海、南京一带。1940 年起，兼任中央大学建筑系教授。中
　华人民共和国成立后，历任南京大学建筑系教授、南京工学院建筑系教授、系主任、副院长、建筑研究所所长、
　江苏省副省长等。1955 年当选中国科学院技术科学部委员（院士）。1957 年和 1965 年，两次当选国际建筑师
　协会副主席。中国建筑学会第一届至第四届理事会副理事长、第五届理事会理事长。
② 刘敦桢（1897.9～1968.5），湖南新宁人，1913 年考取官费留学日本，1916 年入东京高等工业学校机械科，次
　年转入建筑科，1921 年获学士学位。1922 年回国任上海绢丝纺织公司建筑师，并与柳士英等创建华海建筑师事
　务所。1923 年，与柳士英等创设了苏州工业专门学校建筑科。1925 年，任湖南大学土木系讲师。1927 年，任中
　央大学建筑系副教授。1930 年，加入中国营造学社。1943～1949 年，在中央大学创办建筑系，任系主任、工
　学院院长。1952 年任南京工学院建筑系主任。1955 年当选中国科学院学部委员（院士）。曾多次组织并主持
　了全国性的建筑史编纂工作，出版《苏州古典园林》等重要著作。

赵瑾先生访谈

在城市规划行业方面，现在最缺少的一个成果，就是城市规划科学史。我觉得，中国的城市规划科学史还是应该有的，因为中国的城市规划太丰富了，从古代到现在都是如此。

2014 年 9 月 18 日谈话

访谈时间：2014 年 9 月 18 日下午

访谈地点：北京市海淀区厂洼街 1 号院，赵瑾先生家中

谈话背景：2014 年 8 月 21 日赵瑾、常颖存、张贤利等先生与访问者谈话后，访问者曾将
《苏联专家对新中国城市规划工作的帮助——以西安市首轮总规的专家谈话
记录为解析对象》和《1957 年"反四过"运动的历史考察》两篇论文的草稿①
呈送赵瑾先生审阅。赵先生阅读这两篇论文后，与访问者进行了本次谈话。

整理时间：2016 年 3 月 16 日

审阅情况：赵瑾先生于 2016 年 6 月 12 日初步审阅，2016 年 6 月 21 日审定

赵　瑾：你上次又给我看的这两篇材料，我看基本上可以了。因为你只能从正面去讲，
这是"正史"②的写法。假如说写科学史，就可以不这样写。我看现在只能这样写。
我再给你提供一些情况，供你参考。

一、对"反四过"问题的认识

赵　瑾：1957 年的"反四过"，对城市规划工作造成了相当大的损害。因为在"反四过"

---

① 两篇论文分别对应于《八大重点城市规划》一书中第 3 章"苏联专家的技术援助"和第 11 章"1957 年的'反
四过'：再论八大重点城市规划的实施问题"的部分内容。

② 通常指由官方编撰的相对正统的一些史书。

以后，特别是 1960 年又提出"三年不搞城市规划"以后，城市规划工作基本上就停滞了。而一旦规划工作停滞了，城市的建设也就杂乱无章了。

其实，就"四过"而言，从规划上来说，主要也就是规模过大，另外就是道路过宽了。因为别的一些规划内容，还都没有付诸实施，地都空在那儿呢。

我看你在这份材料中提到，当时的很多调查报告中，对企业讲了很多话。为什么企业会占地过多？当时在联合选厂的时候，苏联专家就曾指出企业用地的问题。我们也问过企业方面，他们说我们要预留使用，将来还要发展，这个规模，并不一定是我现在需要的最佳规模，我们现在并不用。但是，到后来，他们把它圈起来了。这样一来，不是就出问题了吗？

再有就是道路。"反四过"的时候，地方上发愁该怎么办呢，说我马路宽了，但我已经定线了，地也征够了。他们不愿意压缩，一旦压缩，红线一放，将来马路就窄了。

那个时候，有的地方就顶住上面的压力，市里也同意，道路还是按那么宽来修建。有的地方，一说马路过宽了，就要进行压缩，可一旦进行压缩以后呢，又发展成问题了——原来规划的道路本来是城市的主干道，现在成了一个"盲肠"，因为砍掉了一半。

也有的地方比较聪明一点，城市道路仍然是按原来规划的宽度定线，你不是说我太宽了吗，我先划出一半，先修这一半路，另一半路我先种上树。"减一半、建一半"。将来需要时，把树砍掉，还可以修成马路。这是比较动脑子的做法，不是那么生硬地执行。

总之，下面有各种各样的反应。

"四过"这个事情，在 1980 年代的一次城市规划会议上，原来国家计委城建局的局长曹言行有个发言，他就讲"反四过"，有的城市，没执行的，现在占了便宜了，执行的吃亏了。他说这个事情他有责任。当然他有责任，当年的那个报告，肯定是国家计委城建局给提出来的。

总之，对于"反四过"，我们有点冤枉，其实也就是马路宽了一点，别的没有什么太大的问题。至于人均居住面积 9 平方米的标准，是中央部门研究过，争论了半天才基本确定的，而且也不是针对近期的。

所以，我们这一帮规划人员认为，"板子"打错了，不该打在我们身上。规划人员基本上是很难接受的。它后续的一些影响，一直导致城市设计院最终被撤销。那个时候，我们就是四面八方飞了。

记得改革开放以后，第二次恢复城市规划工作的时候，开过一个城市规划座谈会，在这个会上，曹言行对"反四过"进行过检讨，他自己都承认错了。但是，我手上没有他这次讲话的文件。你可以去查一查那个时候的会议纪要。

图 2-1　十大建筑之一：全国农业展览馆（1961 年）
注：赵士修拍摄。
资料来源：赵士修提供．

李　浩（下文以"访问者"代称）：曹言行先生讲的这些话，是在哪一年的什么会议
　　　　上讲的？ 1978 年，国务院召开过第三次全国城市工作会议，1980 年，国家
　　　　建委又召开过一次全国城市规划工作会议，但我查相关资料，还没发现曹言
　　　　行先生讲话的材料。另外，我查到曹言行先生在 1984 年就去世了，去世的时
　　　　间还挺早。

赵　瑾：这是我亲耳听见的，他曾经这样检讨过。但具体的时间、会议场合，我已经记
　　　　不清了。如果你没有查到资料，就不能引用。你先心里有个数。

访问者：好的赵先生。

赵　瑾：还有一个情况，值得引起注意。1957 年开展以"反四过"为核心的增产节约运
　　　　动以后，还没多久，也就是 1958 年的时候，北京市就开始搞十大国庆工程了，
　　　　人民大会堂、北京火车站、美术馆等"十大建筑"①。这是中央批准的，因为
　　　　要迎接国庆 10 周年，属于政治上的需要（图 2-1）。但是呢，地方上的各个城市，
　　　　就都开始模仿了，地方上也纷纷开始搞一些大型工程，这一下，高层领导就火了。
　　　　那个时候，中央非常震怒，因为各个城市都开始修什么"十大建筑"、"三大建筑"，
　　　　国家哪有那么多钱？出现这些情况之后，有关领导就认为这是规划造成的，因
　　　　为各个城市搞大型建筑，当然首先是需要搞规划。所以，李富春最后就说了："三

---

①　包括人民大会堂、中国历史革命博物馆、军事博物馆、民族文化宫、民族饭店、钓鱼台国宾馆、中国美术馆、
　　华侨大厦（已被拆除，现已重建）、北京火车站、全国农业展览馆、北京工人体育场和工人体育馆等。

图 2-2　太原市新建路（城市副轴线）街景风貌（1961 年）

资料来源：太原市城市建设管理局编印. 太原城市建设现状图集(1961 年)[Z]. 中国城市规划设计研究院档案室，案卷号：0189, p44.

年不搞城市规划"。这就把城市规划给关了禁闭。"三年不搞城市规划"这件事，其实是十周年国庆给引出来的，这是一个客观的背景（图 2-2）。

我回忆一下，跟你讲这些情况，只能是给你一个当时的环境，让你有一个大概的印象。等你再写这段历史的时候，可能就有分寸了。假如是我们这些人来写这段历史的话，那就是当代人写当代史，那就可能会容易一点。但是，对历史规律的认识，却又可能会出现模糊。

二、城市规划工作对苏联经验的借鉴

赵　瑾：你写的这份材料中提到，有人批判我们当年的规划工作是全部照搬苏联的做法。关于这个问题，有三个重要的规划指标。如果单从数字来看，当年的规划工作，的确是采用了一些苏联的标准，但是，"照搬照抄"的说法，却并不妥当。

第一个指标是人均居住面积指标，这是城市建设部跟国家计委两家打架的一个问题。当年的住宅区建设，按苏联的标准，每个人的平均居住面积是 9 平方米。那时候，城市建设部主张每人平均 9 平方米，而国家计委要砍掉到 6 平方米，这是有争论的。最后，在做远景规划的时候，就按 9 平方米做规划，但是，第一期建设是按照 4.5 平方米来安排的。

第二个指标是人均 12 平方米的公共建筑指标。城市设计院做过一些调查，派了一个小组到株洲去调查过。株洲这个城市，规模比较小一点，按照苏联的那

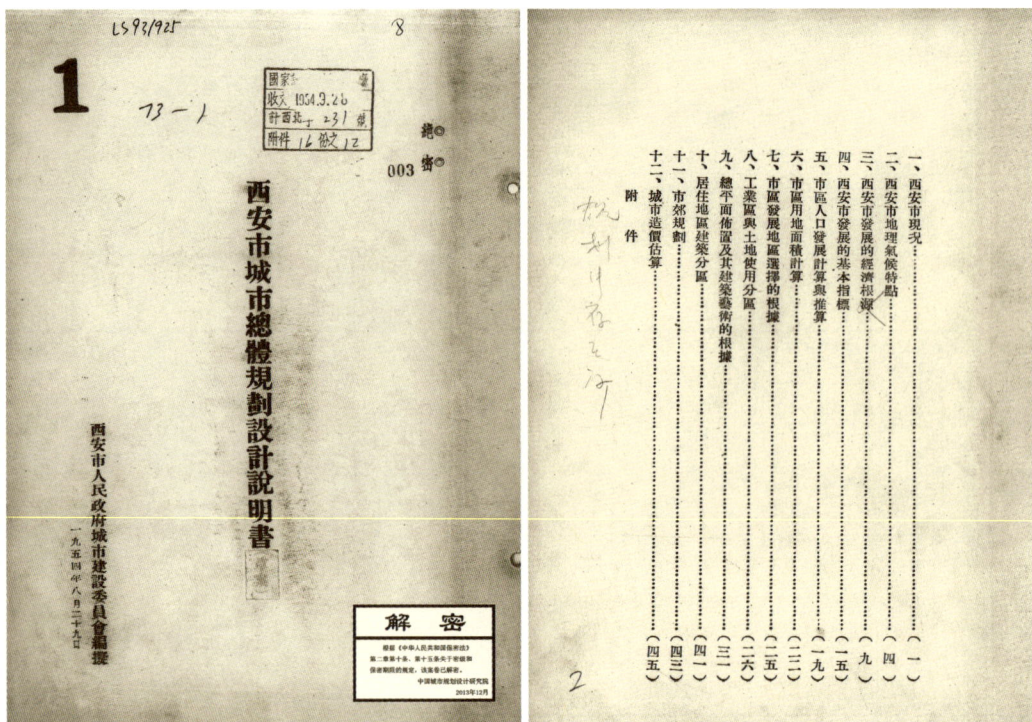

图 2-3　西安市城市总体规划设计说明书及内容目录（1954 年）

资料来源：西安市人民政府城市建设委员会. 西安市城市总体规划设计说明书（1954 年 8 月 29 日）[Z]. 中国城市规划设计研究院档案室，案卷号：0925. p1-2.

些项目，对株洲的公共建筑配置做了一个调查，调查出来的结果，跟 12 平方米的标准基本上是吻合的，所以才肯定了这个指标（图 2-3）。

另外，道路广场的指标，也是借鉴苏联的标准。我们做规划时，在规划图上测量过，道路面积加上广场面积等，整个占到规划用地总面积的 20% ～ 25%。这样实际算下来，规划出来的指标，跟苏联的标准差不多也是对应的。

所以，我们是有过一些研究的，规划人员的心里也都有数，并不是盲目的照搬照抄。所谓"照搬照抄"，这是在对规划工作进行批判的时候才开始出现的说法。

在那个时候，为什么我们要采用苏联的规划方法？当时，领导就曾讲过，你们做规划，要规划出社会主义的城市。什么是社会主义的城市？我们没见过。咱们国家的这些城市，都是半封建半殖民地社会的城市，是消费城市。只有苏联是社会主义，所以，就只能按照苏联的办法来进行规划。

但是，我们的规划工作，与苏联规划模式并不是完全一致的。比如城市总体规划，苏联对总体规划有十几张图纸的要求，我们达不到苏联的要求，我们的测量、图纸、勘探，都达不到要求。所以，后来就出现了初步规划的做法，这是我们中国自己的。

另外就是第一期修建计划，这也是苏联没有的。我们跟苏联不同，苏联没有第一期修建规划。总体规划需要解决那么大范围内的问题，怎么建设呢？重点就是第一期的建设范围和建设条件。

第一期建设在什么地方？我们是集中紧凑来建设。第一次修建的数字很明确。在当时做规划的时候，对于这个第一期修建计划，我们认为，我们做的数字可能是偏少的、偏紧的，而不是偏多的，是这样一种情况（图2-4）。

至于远期，就说不好了，因为国家的国民经济计划也只有五年的期限。

三、关于穆欣来华情况

访问者：关于苏联专家对西安市规划的谈话材料，信息不太全。比如有些时间、人物等，档案中并不明确；有一些说法是我推测和判断的。您看这份材料中有没有什么不属实的？比如，穆欣去没去过西安？

赵　瑾：你的这份材料中，谈到了穆欣对西安市规划的指导意见[①]，我现在回忆起来，这次谈话好像是在中财委汇报的，兰州、西安一起汇报，穆欣提意见。并不是到西安或者兰州去开的会，而是在北京组织的，苏联专家穆欣听取规划人员的工作情况汇报。但他的确去过一次西安。

穆欣是1952年从莫斯科中央城市设计院来到中国的，原来是受聘在中财委，1952年年底转调到建工部，担任城市规划顾问。巴拉金是从列宁格勒城市设计院过来的。

穆欣在西安，指导大家做过一个规划方案。之后，在规划工作还没有做完的时候，就又回北京了。1953年巴拉金也来了。后来穆欣走了。穆欣是10月份回国的，巴拉金大概是五六月份来的。正是在这一年，"一五"时期的大规模建设开始了。

访问者：我在中央档案馆查到的档案，穆欣的在华时间是1952年至1953年，具体月份不详，我从各方面信息推测，他可能是1953年10月前后回去的。巴拉金的来华时间，档案中有明确记载，是1953年5月30日。似乎他们两个人有过几个月的工作交接。

赵　瑾：我大体上也有这个印象，他们两个人好像有三四个月的交接时间。交接以后，好像就是在10月份左右，穆欣回去了。

访问者：这么说，我推测的穆欣回国时间，跟您的回忆就对上了。

赵　瑾：我印象中，穆欣就是在国庆节前后走的。以你查证的为准。

---

① 这里指的是1953年3月20日，穆欣对西安市规划工作进行指导。参见：专家对西安市规划工作的建议 [Z].// 1953～1956年西安市城市规划总结及专家建议汇集.中国城市规划设计研究院档案室,案卷号：0946,p135-148.

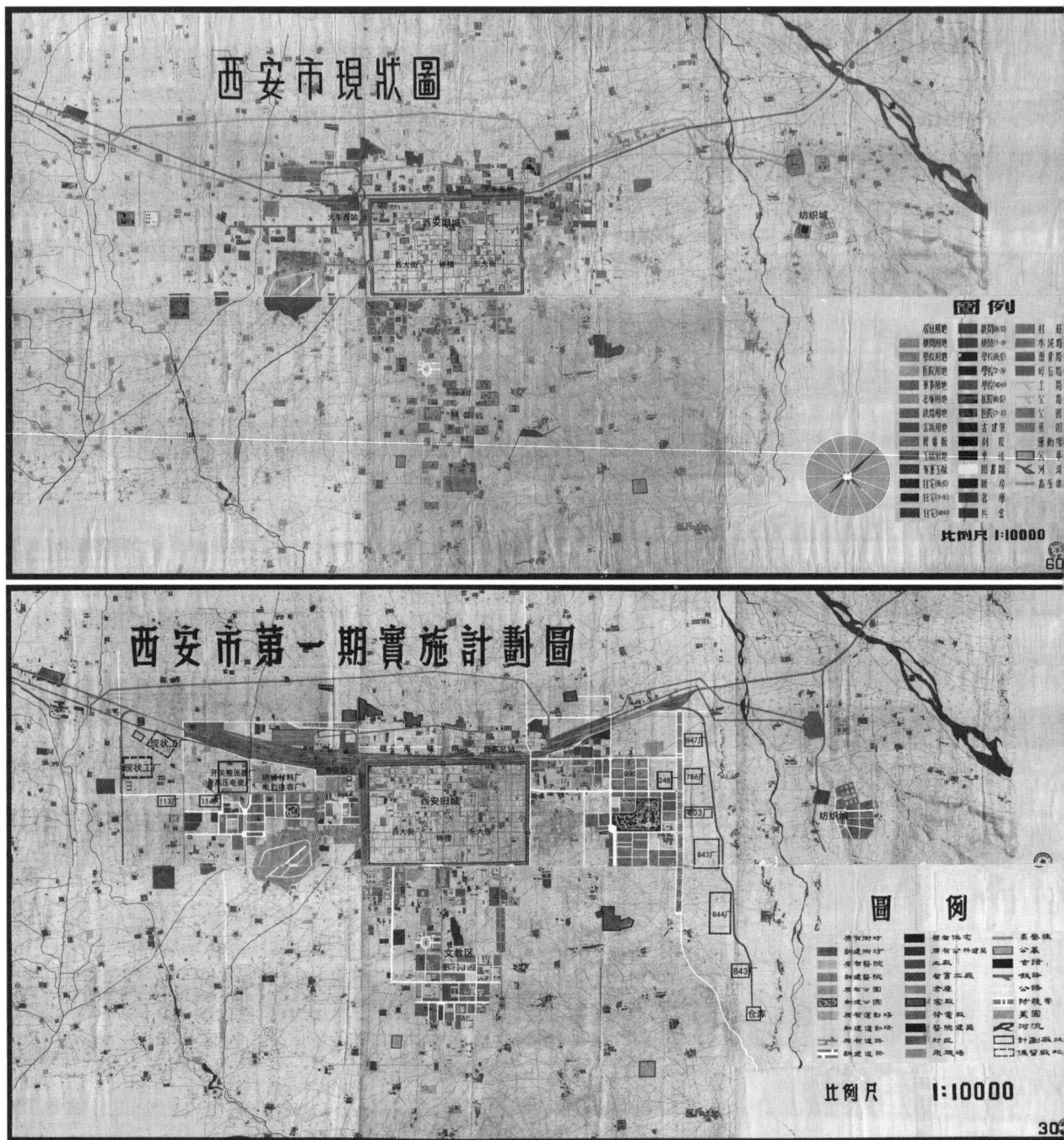

图 2-4　西安市 1953 年现状图（上）和第一期实施计划图（下）对比

资料来源：[1] 西安市人民政府城市建设委员会．西安市现状图[Z]．中国城市规划设计研究院档案室，案卷号：
0977,0978.

[2] 西安市第一期实施计划图[Z]．中国城市规划设计研究院档案室，案卷号：0975,0976,

四、苏联专家的重要贡献

赵　瑾：关于苏联专家对城市规划工作的指导，现在你的文章中，只是写了西安的情况。其他城市的材料还可以多搜集一些，写全面一些。我的基本看法是，苏联专家对我们城市规划工作的指导，是一个重要的启蒙的贡献（图2-5）。

在当年刚开始做规划的时候，我觉得苏联专家穆欣就起到了相当关键的引导作用，也就是说，让大家提高对规划工作的认识。穆欣讲得很清楚：我做报告，你把市委书记请来。他就是要积极宣传城市规划是怎么回事。

苏联专家不但指导城市规划怎么做，而且具体指导规划人员该怎么画图，比如道路网应该怎么画。我印象最深的是西安，因为我参加了西安规划组。

刚开始的时候，陶宗震参加过西安的规划，他根据唐长安城的特点，画过西安的规划图，保持了唐长安城的格局。巴拉金看了他的方案，就觉得有点死板。后来何瑞华也作方案，把护城河给利用起来了，加上两条放射线。巴拉金说这个好，这样一来，西安市的布局就活了。

苏联专家对中国城市规划帮助最大的时候，应该是1955年以后。1955～1956年，城市设计院先后来了五位苏联专家，包括经济专家什基别里曼、建筑专家库维尔金和玛娜霍娃、工程专家马霍夫、电力专家扎巴罗夫斯基，于是成立了苏联专家小组，我们的五个工种就随之而建立起来了。

这些苏联专家来了以后，是分门别类、各司其职的。对我们帮助最大的，是这五位专家。在他们的帮助下，培养了各种工种，把中国城市规划的工作体系完整地建立起来了。

在这个时候，城市规划工作逐步建立了经济工种。早期的规划工作中，是没有经济工种的，只有过资料组。资料组还是在城建局里产生的。

同时，苏联专家组成立了以后，才增加了用地评定这项工作，在正式搞规划以前，要先做用地评定。城市中各个地方的用地，哪些是可以使用的，哪些是会被水淹的，或者有什么别的问题而不能使用的。这些情况，是城市规划工作的前提。

就工程方面的苏联专家而言，主要是搞管线综合，在规划工作中的作用实际上是综合协调，因为那个时候有各种矛盾，地上、地下会打架。在那个时候，最好的方案是做一个管沟，把所有管线都放在这个管沟里面去。

苏联专家不仅经常讲课，还具体指导规划编制工作。在规划工作的初期，每一个规划小组搞完一段工作，都得给苏联专家汇报。只有在苏联专家点头同意以后，规划方案才能获得通过。苏联专家帮助我们培养了一大批专业人才。然后，大家才逐渐知道了各种工种该怎么协调，互相怎么配合，每个工种要做到什么深度。

苏联的这一套多工种配合的工作制度，还是很有道理的。搞计划经济，什么事

图 2-5 苏联展览馆（1955 年）
注：赵士修先生拍摄。1958 年以后更名为"北京展览馆"。
资料来源：赵士修提供。

情都要有计划，计划也就必须搞得比较精确。不像现在市场经济，只靠市场竞争就可以了，不行就淘汰，那个时候是根本不允许的。所以，在计划经济体制下，必然会出现"四过"的问题。委屈就委屈吧，这是必然的结果。

另外，苏联专家对规划工作的要求，是相当严格的。1956 年 5 月，经济专家什基别利曼来到了城市设计院。什基别里曼这位苏联专家也挺厉害的，他是城市设计院苏联专家组的组长。

记得有一个城市，因为一个工厂的影响，城市道路拐了弯，道路不能取直线，工厂的角正好压住了城市道路，而这条道路又是一条城市主干道。什基别里曼看了规划图，他问道：道路为什么要在这里拐弯？我们说有个工厂在这儿，工厂不同意。他说这是什么厂子？什基别里曼又看了半天，说：把它拿掉。他就拿起笔来，把这个工厂的一个角给划掉了。

我们说，这不能划掉吧？工业设计是工业部门确定的，人家搞的工业设计，我们不能改。什基别里曼说，没事，你别激动，不然麻烦。他说你知道吗，这个地方是一个变电站，是可以挪的，让他搬家，变电站挪个位置就行了，他对这个工业非常熟悉。后来，他跟工业部门的那位苏联专家去商量，工业部门的苏联专家说，可以这样处理。

记得当年什基别里曼说过：你们搞经济工作的，必须对各种工业生产过程，对各种工业的基本总平面，都要了如指掌，城市规划工作需要很广博的知识。他就教我们，必须对每个工业的生产过程做平面了解（图2-6）。

为此，我还真下了些功夫，积累了一大堆卡片，都是各个厂子、各类工业生产的平面布局，等等。我做了很多卡片，每天工作完了就是学习。那时候，晚上也没有电视。在一个礼拜内，如果能跑去看场电影，就很了不起了。那时候我喜欢游泳，礼拜天就去游游泳。

所以，苏联专家帮助我们，培养了很多技术人员。当年城市规划工作的一整套方法，基本上都是苏联专家教授给我们的。

五、"梁陈方案"

赵　瑾：除了上面讲的这些之外，苏联专家还特别强调过，一个城市的发展不能割断历史。现在，我们北京的历史已经被割断了。

1952年时，我第一次来到北京，那时的北京真叫漂亮，都是平房，没有高过故宫的房子。那些小胡同也非常有味道。而且胡同里的人，相互之间和睦相处，早上起来互相打招呼，气氛完全不同。现在全变了。将来，北京的二环里面可能要变成"鬼城"，因为全是商业用地，到了晚上，人们都回家去了。

访问者：最近这几年，"梁陈方案"又引起人们的热议了。

赵　瑾：对于"梁陈方案"，我倒同意它的基本思路。不过，我不太同意新北京的方案。新北京太靠近旧城了，也就是三里河这一带。过去这里是日本人计划发展的新区。日本人的房子很小，连着建设，一片一片的，后来全给拆掉了。

访问者：您是主张新区的位置离旧城再远一点？

赵　瑾：对。并且，我主张不要放在西边，而是要往东边发展，在东边发展新区要好一点。因为城市的发展有几个诱导因素，你必须分析清楚。西边太近了。

访问者：北京的西部地区，发展空间比较局促。在东边建设新区，还有利于整个区域的协调发展。

赵　瑾：这个事情很有意思。不过，我建议你，不要经常在办公室待着，要多接触实践。如果你不经常接触实践，很多事情就不能更深入地认识。

我们也曾研究过，为什么中国古代的城市都是方格形的？在古代的城市中，通常是以"里"为界，划分成"坊"，也就是用街道来划分各个城区，而"坊"是有围墙、有门的，晚上是要关门的。这种格局，可能是当时的井田制造成的，我们初步研究的感觉就是这样。

兰州石油化工机械厂总平面布置图

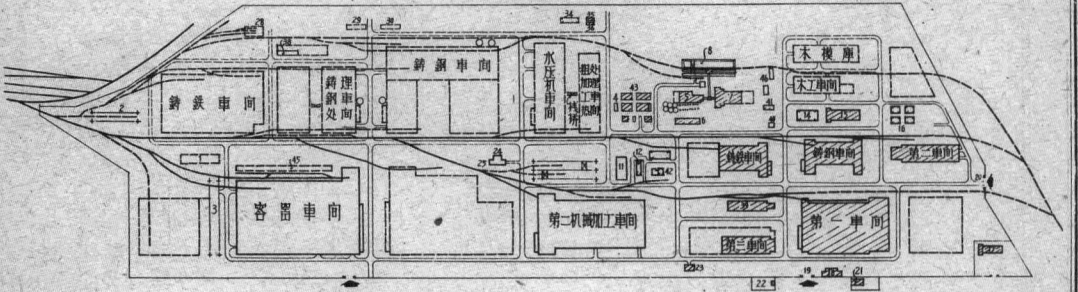

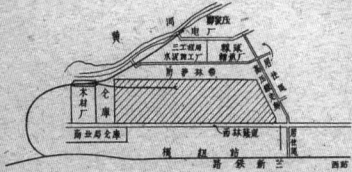

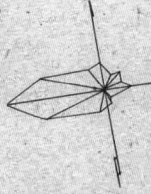

兰州鋁厂总平面布置图

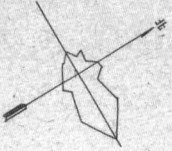

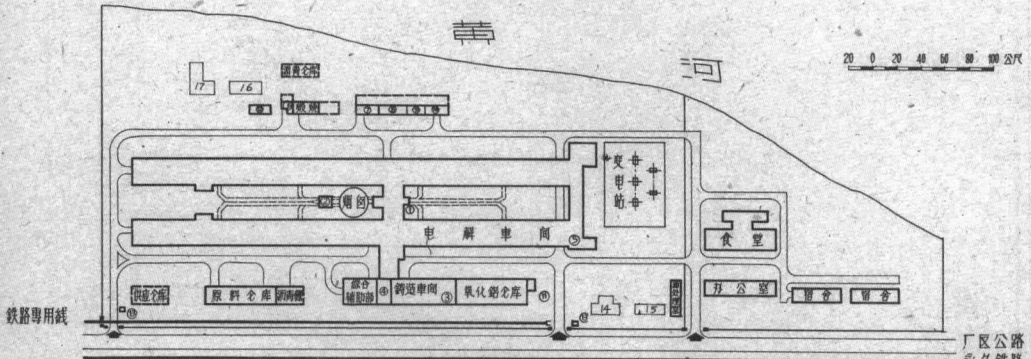

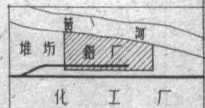

图 2-6　兰州市部分工业企业的平面图
资料来源：兰州市基本建设资料汇编[Z]. 中国城市规划设计研究院档案室，案卷号：1116. p32，42，54，60.

西固热电站总平面布置图

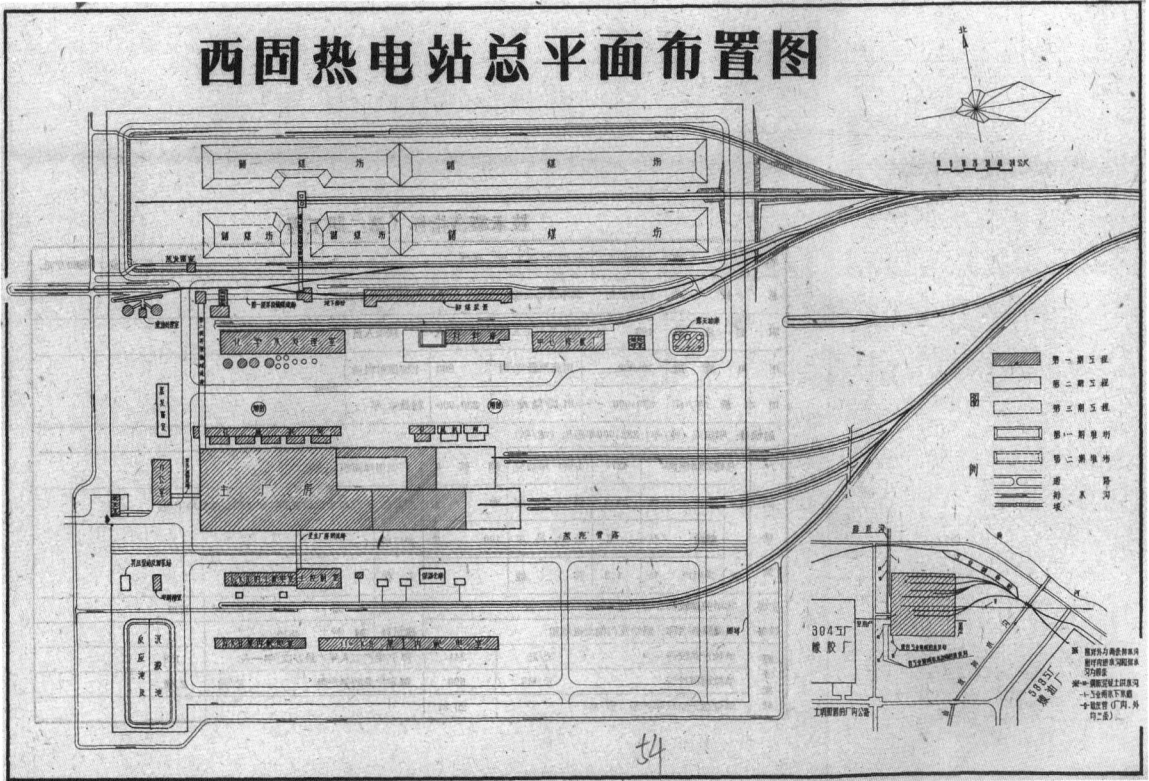

兰州通用机器厂总平面图

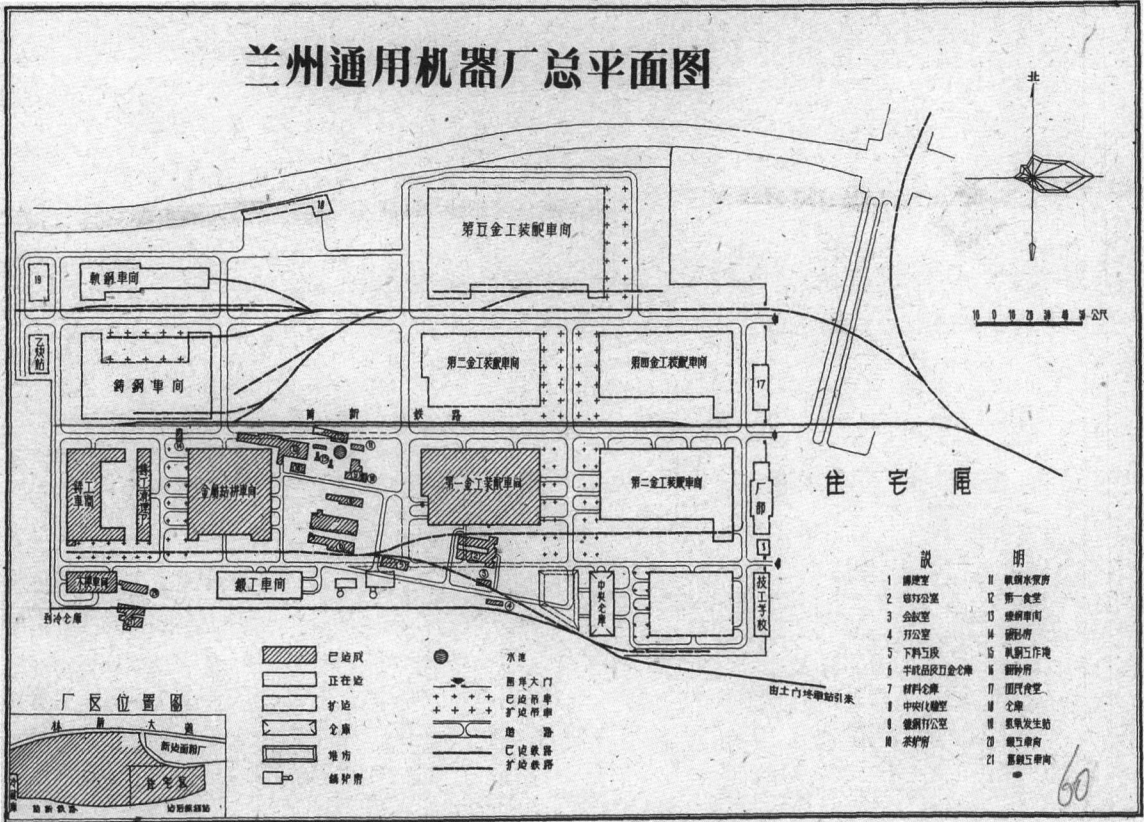

搞城市规划就是要多实践，去的城市越多，做的规划越多，越好。城市规划就是要靠经验积累。

六、几点提问

访问者：赵先生，我还有几个问题，想向您请教一下。首先，关于"反四过"，我在查档案的时候注意到，一些政策文件和领导讲话等，涉及的面很宽，并没有说专门针对城市规划的，甚至比基本建设的范畴还要广；但在实际上，"反四过"的矛头，又都说是在针对城市规划工作，或者说是在批判城市设计院。为什么会出现这种错位呢？

赵　瑾：据说，当时李富春讲话，讲得有点火，搞工程建设都没钱了，不论哪个城市都来要钱。那个时候，人民大会堂建出来以后，有两个国家来要，越南和朝鲜，都要我们帮他们建一个大会堂。那个时候咱们国家哪有钱？

据说，北京"前三门"①的这条路，也是"反四过"的时候把道路给弄成这样的。原来的时候，在这条路的地下是一个火车道。原来考虑的是火车往东边发车，始发站是西站，经过北京站，然后再出去，这样的话两边都可以上车。现在不行了，太窄了，已经没办法再修了。这个问题，也是反四过的时候造成的结果。但这是我听说的，我没有亲自调查过。

另外一个因素就是城市规划管理，倒不是城市规划本身。原来城市规划工作中的一些定额指标，到现在，都已经大大突破了。那个时候说规模大，占地多，但是，假若那个时候不占地，现在就要出大问题了。

访问者：就城市规划的经济工作而言，在专门的经济专家来了之后，跟之前的规划工作相比，城市规划的方法、理念有什么样的变化？

赵　瑾：有很大变化。比如，之前我们还并不知道怎么搞经济分析。所谓经济分析，也就是一个城市要发展，要做出科学的分析，为城市规划各项指标的合理确定提供科学依据。在经济专家来之前，基本上就是把国民经济计划确定的一些项目安排完了，也就完了。经济专家来了以后说，你这个工作还很不够，你列的这些项目五年就完了，五年以后还要搞建设，怎么办？苏联专家强调的就是要掌握中国城市发展的一些规律。

可是在那个时候，中国的城市发展哪有规律可言？我们国家率先建设起来的，也就是八大重点城市。其他的城市，都还是维持原有的状态。

---

① 前三门指的是北京城的正阳门（前门）、宣武门、崇文门的合称。

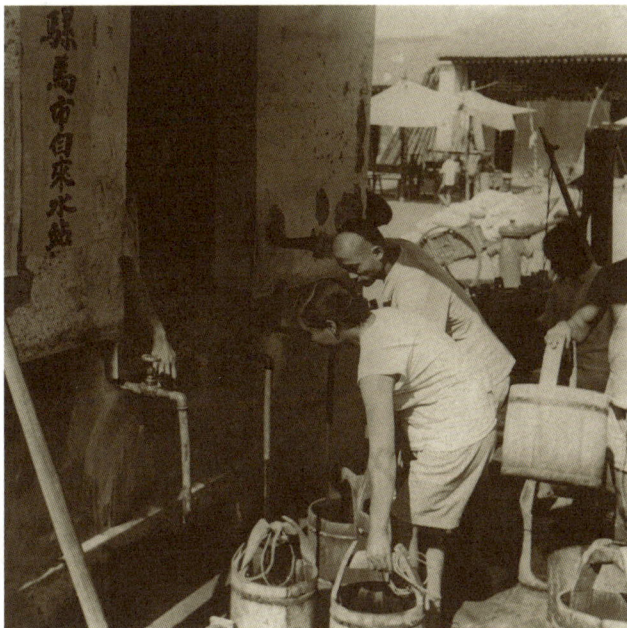

图 2-7　1950 年代西安市供水场景
资料来源：本书编委会. 新中国城乡建设
60 年巡礼 [M]. 北京：中国建筑工业出版
社，2010：22.

访问者：当年您去西安做规划的时候，西安的旧城面貌怎么样？您现在还有一些印象
　　　　没有？

赵　瑾：我第一次去西安的时候，西安的旧城是破破烂烂的。全城所有的井都是苦水井，
　　　　只有西门那里有一口井，是甜水井。在那个时候，这口井的水还要花钱去买，
　　　　有人拉着车子到处叫卖。当时是这么一种状况（图 2-7）。

访问者：您第一次去西安是在哪一年，1952 年还是 1953 年？

赵　瑾：1953 年初跟穆欣去的，那时建工部刚成立城市建设局。我们先去的华北，内
　　　　蒙古地区，后来去了西安。

访问者：我查档案的时候注意到，大约从 1956 年前后开始，我们国家开始进行区域规
　　　　划的实践了。这个时间，恰恰是八大重点城市规划从编制阶段转入实施阶段。
　　　　我理解，是不是前期城市规划工作中，出现了一些宏观布局的问题，比如说，
　　　　在某个城市放的项目太多了，这样一来，就需要从更大的尺度开展区域性的规
　　　　划。同时，苏联专家组的成立，经济工作的加强，又给区域规划工作的开展提
　　　　供了一些技术上的保障。我们国家是不是在这样的一种背景下，开始兴起区域
　　　　规划实践的？

赵　瑾：还有就是联合选厂，也有一定的区域布局的性质。当然，联合选厂还只是临时
　　　　性的做法，必须做专门的区域规划。当时发现，厂址不能单个项目来选，或者
　　　　在单个城市来选，而必须从宏观上来统一选厂。在城市层面，谁能来做这个规
　　　　划呢？最后还是得有区域规划。

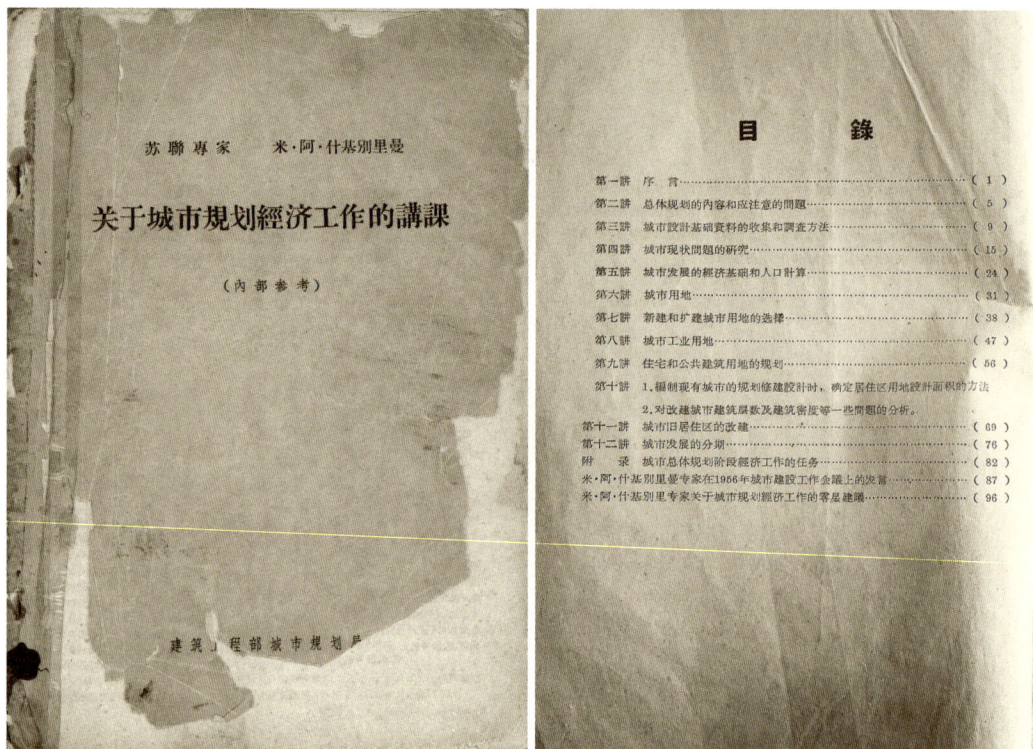

图 2-8　苏联经济专家什基别里曼的讲稿（封面和目录）

区域规划和城市规划有很大的不同。所以，后来城市设计院成立了专门的区域规划室，万列风是第一任室主任。

访问者：城市设计院的经济室，最早的主任是谁？

赵　瑾：贺雨，一直是他。经济室也很厉害的，进去了后还需要经常考试。贺雨说过，领导把你们交给我，我要把你们培养成才。

另外，就因为苏联专家的关系，我还挨过批呢。1958年开始"大跃进"以后，部里把苏联专家组织起来，去天津考察，我跟着去了。当时去看天津的亩产一万斤水稻，我一看，这哪里是地里长出来的？好像是从别的地方拔出来，插在这个地方的，连通风都需要拿鼓风机往里吹。

从天津回来的时候，在车上，苏联专家就问我：你看了有什么感想，一万斤可能吗？我说不可能，我说我算了一下，一万斤稻子放在田里，要铺那么厚才行［手势］。苏联专家就说，你这位同志有脑子。回来后，可就坏了，苏联专家跟领导交流看法，他就说到了我。这样一来，我挨了一顿批，反"右倾"，批判我的"右倾"思想。

苏联专家和我们感情很深。最后，1960年前后，苏联专家都撤走了。记得他们走的时候，苏联经济专家跟我们说：你们还有什么问题？还需要什么材料？你们提出来，我都给你们留下。对于苏共中央的这个撤退决定，他们好像还不太同意。

这位经济专家什基别里曼，是个犹太人，后来到以色列去了。当时，这些苏联专家都给我们讲课的。

访问者：遗憾的是，苏联专家的讲稿现在都查不到了，只有一些他们在指导规划工作时的谈话记录。

赵　瑾：经济专家有一本材料，也就是专家讲课。我有一本。

[赵瑾先生找资料中……]

找到了，就是这个材料（图2-8）。

访问者：哦，这个材料太宝贵了。

赵　瑾：送给你吧。

访问者：哦？不。我借回去拍个照，然后把原书还给您。

赵　瑾：不用拍照了，就是原书。我不再干城市规划工作了，已经没有用了，送给你吧。

我这里保存的一些资料，如果你有兴趣的话，都可以送给你。

访问者：谢谢您！

（本次谈话结束）

2015 年 10 月 16 日谈话

访谈时间：2015 年 10 月 16 日上午

访谈地点：北京市海淀区厂洼路 1 号院，赵瑾先生家中

谈话背景：《八大重点城市规划》书稿（草稿）完成后，于 2015 年 9 月 24 日呈送赵瑾先生。赵先生阅读书稿后，与访问者进行了本次谈话。

整理时间：2016 年 3 月 20 日

审阅情况：赵瑾先生于 2016 年 6 月 12 日初步审阅，2016 年 6 月 21 日审定

赵　瑾：你的这个材料，写得很不错，下了很大功夫。我比较仔细的看过了，可是年纪大了，看到后面忘记前面。这些内容都非常符合当时的实际情况，材料很好。当然，内容还可以再集中一点，把观点更加明确起来。

在书稿中，你用"奠基了基石"来评价这段规划工作[①]。在院庆 50 周年的时候，万列风书记跟我们这些老同志们，大家一起座谈，当时我们的意见是奠定了中国城市规划理论的框架[②]（图 2-9、图 2-10）。

---

① 在呈送专家审阅时，《八大重点城市规划》一书的副标题为"新中国城市规划事业的奠基石"。在《八大重点城市规划》第 12 章中，从 5 个方面论述了八大重点城市规划对新中国城市规划事业创立和发展的奠基性作用。

② 2004 年，由万列风先生牵头，10 位老同志一起，对城市设计院成立前十年（1954～1964 年）的城市规划工作进行了回顾和总结，明确指出"这是我们制订适合中国国情的城市规划设计程序和方法，以及相关的技术经济指标必不可少的一步。在探索具有中国特色的城市规划道路上迈出了极有意义的一步"。参见：中国城市规划设计研究院部分离退休老同志．艰苦创业，成绩卓越的十年——贺中国城市规划设计研究院建院五十周年 [R].// 流金岁月——中国城市规划设计研究院五十周年纪念征文集．北京，2004. p3,11.

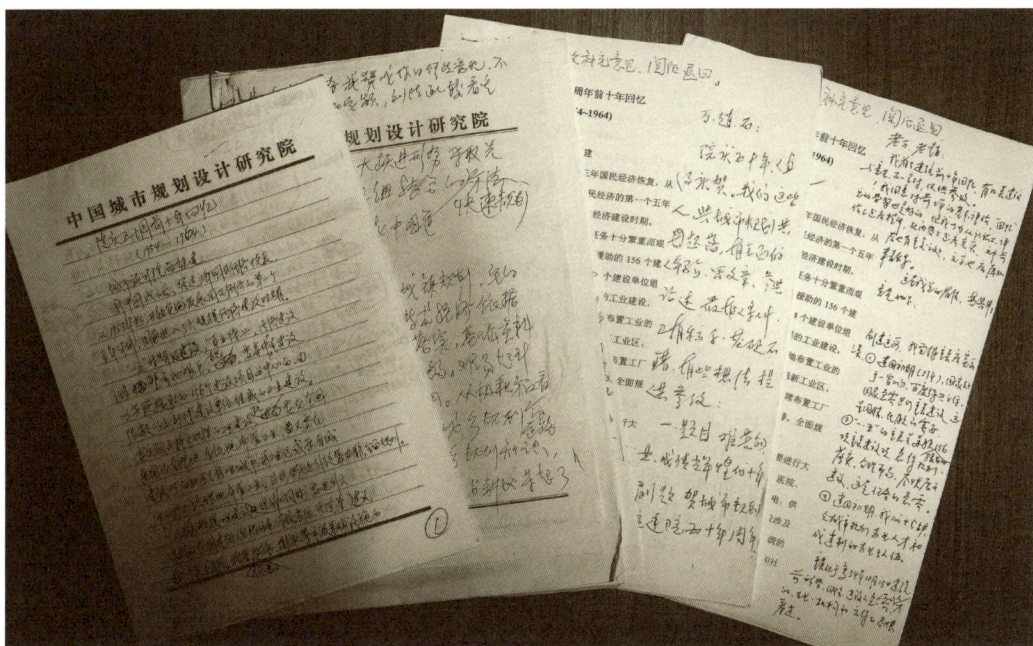

图 2-9 中规院老同志、老院友为院庆 50 周年所写纪念文章的有关史料（部分）

注：2004 年夏，为纪念中国城市规划设计研究院成立 50 周年，由万列风先生牵头，10 位老同志共同撰写了一篇纪念文章。图中，最左侧是由石成球先生执笔的初稿《院庆五十周年前十年回忆（1954-1964）》，其右侧依次为万列风、刘学海、刘德涵等先生的阅后反馈意见稿。该文定稿后，采用《艰苦创业，成绩卓越的十年——贺中国城市规划设计研究院建院五十周年》的标题，载于《流金岁月——中国城市规划设计研究院五十周年纪念征文集》（2004 年 10 月）。

资料来源：石成球提供。

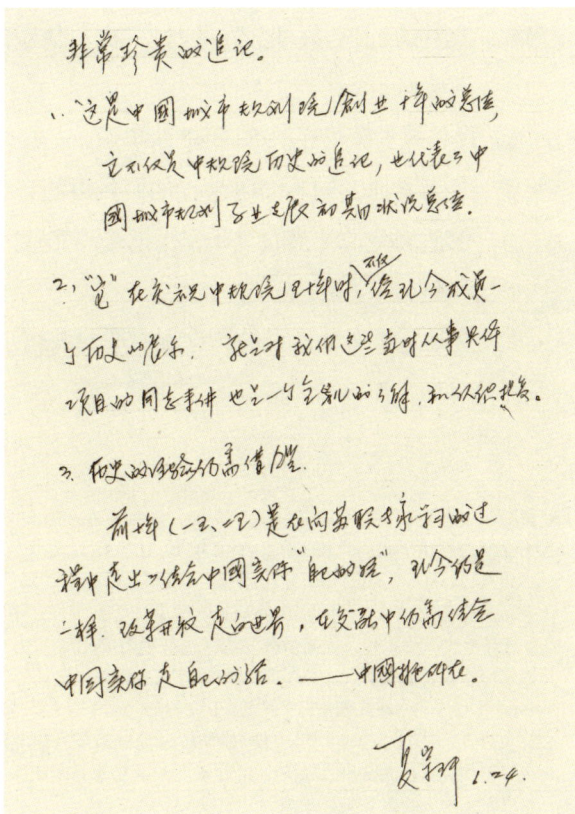

图 2-10 夏宗玕先生手稿（2004 年 6 月 24 日）

注：该稿为夏宗玕先生阅读中规院老同志、老院友所写《院庆五十周年前十年回忆（1954-1964）》文章后的反馈意见。

资料来源：石成球提供。

总之，你做科研的态度很好，很不容易。你再听听其他同志的一些意见，慢慢修改完善。

一、早期城市设计院的一些人员情况

赵　瑾：你已经找了不少老同志，差不多可以了。可惜贺雨现在不行了，如果去年你找他，就还行，去年时他的身体还比较好。老贺原来是城市设计院经济室的主任，他参加工作的时间要比我们早，以前曾经是周荣鑫的秘书，他们都是从中财委转到建工部的①。

周荣鑫原来是中财委的副秘书长，后来是建工部的副部长。在我给贾震当秘书的时候，印象中贾震局长给我说过，你有什么事，就去找贺雨，因为在当年，有很多工作是周荣鑫在负责主管。贺雨算是"大秘书"，我算是"小秘书"。

除贺雨外，其他比较重要的人就是刘学海和万列风，他们两个当时都是在领导层，刘学海还参与了城市设计院的筹建。

再有就是魏士衡，他是1953年来的，搞园林的。那个时候，周干峙是城市设计院唯一的一个一级技术员，后来又评上了工程师，人称"小周工"。魏士衡是唯一的一个二级技术员。除了他们两个之外，院里其他年轻人都是五级技术员。魏士衡原来曾担任过中规院理论所的副所长。

访问者：我拜访过魏老，他已经谈过一次。他看到院里有年轻人对历史研究感兴趣，充满感慨。

赵　瑾：我和魏士衡早在1953年就认识了，一起合作参与过西安市规划。老魏很有思想。

访问者：拜访其他老同志的时候，他们告诉我，当年您说话也非常风趣，有很多故事。包括您结婚时候的对联，横批是"完璧归赵"，巧用了您夫妻②两人的名字（璧和赵）。

赵　瑾：这是刘学海他们写的，这副对联给我留下的印象非常深刻。

---

① 贺雨，1924年7月生，河北滦县人。1944～1948年在北京大学历史系学习，1947年12月参加工作。1948年9～12月在河北平山华北党校工作。1948年12月至1949年7月在中共中央财政经济部攻读研究生。1949年7月至1949年11月，任中财委财政组组长。1949年11月至1950年4月，任中财委薛暮桥同志（曾任中财委秘书长兼私营企业局局长、国家统计局局长、国家计委副主任、中国科学院哲学社会科学学部委员等）秘书。1950年4月至1953年12月，任周荣鑫同志（曾任中财委副秘书长、建筑工程部副部长等）秘书。1954～1964年，在国家城市设计院工作（"一五"时期曾任包头规划组组长等）。1964～1969年，在国家建委城市规划局工作。1969～1973年，在江西清江"五七"干校劳动。1973～1979年，在国家建委建筑科学研究院城市建设研究所工作，任负责人。1979～1982年，任国家城建总局城市规划研究所副所长。1982年7月起，在中国城市规划设计研究院工作，曾任副院长、顾问研究员等。1987年9月离职休养。
② 赵瑾先生夫人的名字为彭璧鼎。

图 2-11　云南大学经济系 1952 级欢送参加军事干部学校出席西南学代会同学纪念（1951 年）
注：1951 年 1 月 22 日。第 1 排左 2 为赵瑾。
资料来源：赵瑾提供．

上联是：同学同志同乡亲①，姑娘一击②中郎心。

下联是：又多又快又好省，工程经济巧配成。

这是在 1958 年。我老伴是搞工程的，主要从事铁路大桥的设计，成昆线的铁路桥，就是她们小组设计的，她在成昆线住过两年的帐篷。我是搞经济的。那个时候，我们这些年轻人的工作劲头大得很。

二、毕业时分配工作的"一波三折"

赵　瑾：就目前健在的这些老同志来讲，我参加工作的时间算是比较早的。1952 年 8 月份，我从昆明出来，走了七天才到了北京市。

我是先从昆明坐汽车到贵阳，再从贵阳到重庆，然后从重庆坐船到武汉，最后从武汉坐火车到北京。三天汽车，两天坐船，两天火车（图 2-11）。

---

① 赵瑾先生和彭壁鼎先生均为云南昆明人，两人自小学时认识，中学时同窗，大学时都在云南大学学习且均为学生会干部。
② 在赵瑾先生与彭壁鼎先生结婚之前，彭先生曾经给赵先生写过一封信，该信打动了赵先生，随后两人结婚。

图 2-12　参加工作之初的赵瑾（1950 年代）
资料来源：赵瑾提供．

访问者：记得您是从云南大学毕业的。当时，西南联大已经撤销了吧？

赵　瑾：我考大学的时候，联大就已经撤回去了①，不过有很多老师留下了，他们非常喜欢昆明的气候，一年四季如春。

在大学时，我是学经济的，跟城市规划风马牛不相干。毕业的时候，我很想去参加工业建设，学校便把我分配去鞍钢。我挺高兴的，鞍钢恢复生产了，学经济的人去搞工业生产，很合适。

结果，等我到了北京以后，却又被人事部扣下了，留在了人事部。我在人事部三局一科报到以后，主要也就干了一件事——去火车站接大学生，然后把他们带来的档案收集起来，也就是做大学生的分配工作。

但是，在人事部还没多久，后来又出现了新情况。当时我们国家正要准备搞第一个五年计划的大规模建设，来了苏联专家指导工作，苏联专家强调，城市建设非常重要，搞工业建设，如果没有城市建设相配合，根本没办法搞。所以，这就得筹建城市建设部门。

1952 年 8 月，先是成立建筑工程部，后来又成立了国家城建总局（1955 年）和城市建设部（1956 年）。1952 年底，人事部把贾震调去参与城建系统的筹建，他原来是政务院（1954 年 9 月以后改称"国务院"）人事部的办公厅主任、机关党委书记。当时，贾震要找个秘书，就在我们刚分配到北京的这批大学生中，挑选到了我。

① 国立西南联合大学，是中国抗日战争期间设于昆明的一所综合性大学。1937 年卢沟桥事变后，1937 年 8 月，国立北京大学、国立清华大学、私立南开大学在长沙建立国立长沙临时大学，1938 年 4 月西迁至昆明，改称"国立西南联合大学"。1946 年 7 月，国立西南联大停止办学，三校复员北返，云南师范学院留昆旧址独立建校，定名"国立昆明师范学院"，现为云南师范大学，旧址已列为全国重点文物保护单位。

图 2-13　在北海公园的留影（1954 年）
左起：薛凤品（左1）、陈寿樑（左2）、赵士修（右1）。其余两人为薛凤品同宿舍的室友。
后陈寿樑与薛凤品结为夫妻。
资料来源：赵士修提供。

太不幸了，本来想去参加建设的，没去成，最后又让去当秘书了。我和贾震是在 1952 年 12 月份前后到的建工部（图 2-12）。

到建工部以后，我首先认识的人，就是赵士修和陈寿樑，他们两个人是同学，是从苏南工专毕业的（图 2-13）。还有一个翻译刘达容。

那时，刚过完春节，我刚上班，贾震就带着我们出差了。我说到哪儿去？他说到北方去。他一看我的穿着，说这可不行，他说你有棉袄吗，我说没有，他就让我赶快去买一套衣服，棉帽子、棉衣服、棉裤、棉鞋。贾震说，没有这身衣服，你去不了北方。我白天去买了衣服，晚上就跟着他上火车去出差了。

1952 年刚参加工作的时候，我的工资是一个月 47.5 元，不过也够用了。当时我是实习生，我还给家里寄回去 20 块钱，剩下 27.5 元。每个月交 7 块钱，可以吃一个月的饭，还有 20 块钱。因为我是南方人，以前在昆明，一年四季，我靠两件衣服就给对付过去了。到北京来了以后，没棉袄不行，买了一身，从棉帽子到棉鞋，12 块钱。这样，我还能剩 8 块钱，到月底工资还花不完。那时候我们整天工作，到西安出差，每天补助 6 毛钱。

那个时候，我是机要、生活、政治秘书。贾震说，我所有的文件，你都可以看，三种秘书都是你一个人。当时，我还去政务院秘书培训班学习了一个礼拜。我记得在第一堂课上，老师就讲过，你们是机要秘书，必要的时候要限制人身自由。我说，有那么严重吗？

那时，我还很无知，我也不是学城市规划的，接触的知识很少。可是，在跟着苏联专家穆欣一起工作了以后，我觉得城市规划还是挺有意思的。后来，领导又叫我跟着经济专家什基别里曼学习过。

访问者：听说您还学过哲学？

赵　瑾：我对哲学有点兴趣。学点哲学，对城市规划工作的帮助也是很大的，很有益处。

三、规划工作的技术方法之一：人口计算

赵　瑾：我接着回忆一下，在西安的这段时间，我们的规划工作是怎么做的。

我们在做西安市规划的时候，首先是人口规模的计算。在你的书稿中已经讲到了，"劳动平衡法"。这个方法是苏联的办法。那个时候的人口计算，不像现在的一些办法。当时，我们还不知道怎么来具体计算，我们是在苏联专家的指导下，慢慢地才学会的。

人口规模的计算，第一步需要确定的是基本人口数量。这个问题好办，新建那么多厂子，每个厂子需要多少工人，计划人口是多少，加起来汇总（图2-14）。那个时候，整个年轻人里面，就我一个人是党员，所以这方面的材料，是史克宁副院长交给我来保管的。史院长告诉我，你在资料在，你不在资料不在，如果这个材料丢失的话，你是要判刑的。我没什么办法，史院长就说：你把资料放在办公室的保险柜里，人家问了，这个厂子是什么东西，有多少人口，给水要多少，你就把资料拿出来，查一查，上面都有数字，就是一本小册子，需要多少自来水的话就配多少。基本人口好办，也就是当地的一些行政部门的资料，各方面的数字都给加起来，就可以了。

第二步，要计算出来基本人口还要带多少家属，这叫做被抚养人口，这是人口计算的一个关键环节。被抚养人口的比例，苏联的标准一般是50%～55%。我们通过调查以后发现，在中国大量的家庭妇女中，还有很多是年轻人，这部分应该是劳动力。

再有，当时中央有个规定：第一，城市利用率要达10%，有一部分工人必须是在城市中的人员，这部分的利用率是10%；第二，工厂建设占了农村的土地以后，45岁以下的农民要进入工厂工作，这些农民，工厂必须招收，这是有规定的。在45岁到60岁之间的农民，也可以招收，比如看门房等，这部分人也可以算出来。

这部分被抚养人口的比例，我们算出来，中国大约是52%～55%，其中有一部分属于家庭妇女，这部分人也是劳动力。但是，老实讲，在当时的那个情况下，妇女的就业还是比较困难的。

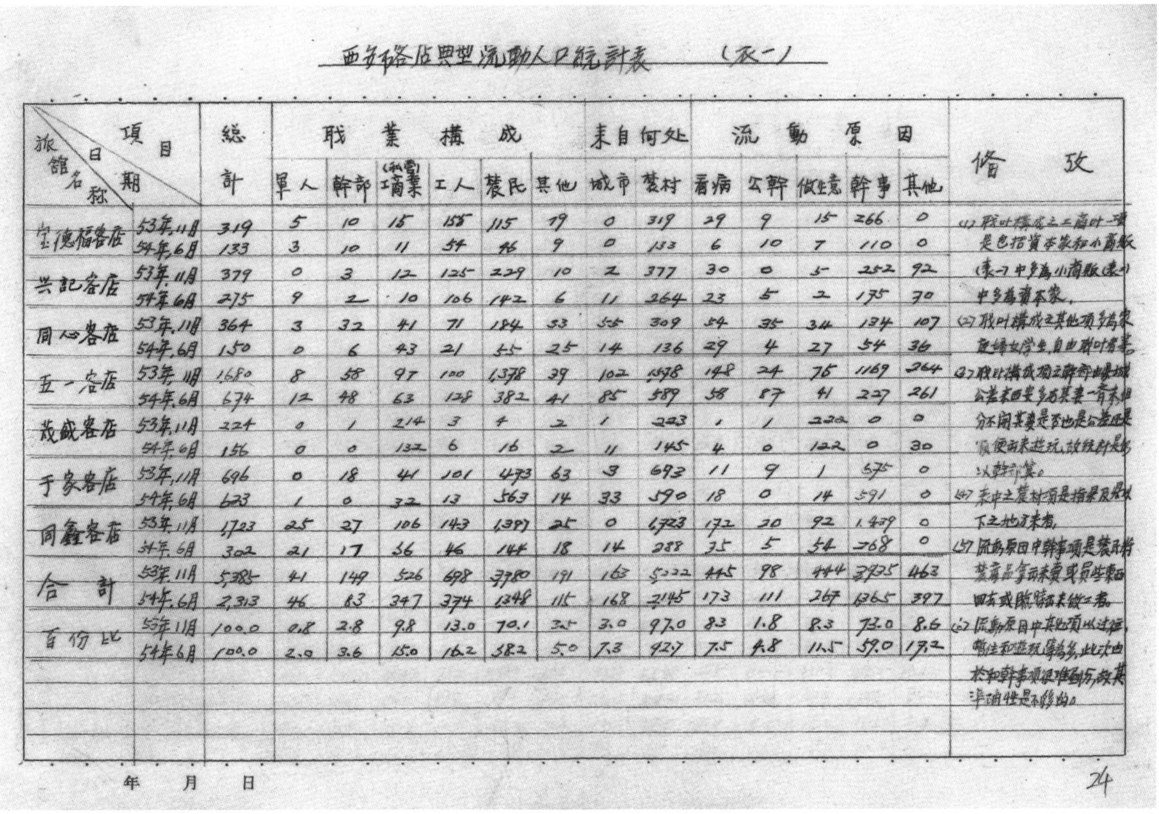

西安市各店典型流動人口統計表（表一）

旅館名称	日期	總計	職業構成：軍人	幹部	(私营)工商業	工人	農民	其他	来自何处：城市	農村	流動原因：看病	公幹	做生意	幹事	其他	備攷
宝德福客店	53年11月	319	5	10	15	155	115	19	0	319	29	9	15	266	0	(1) 职业構成之工商业一項是包括資本家和小商贩（表一）中多為小商贩（表二）中多為資本家。
	54年6月	133	3	10	11	54	46	9	0	133	6	10	7	110	0	
兴記客店	53年11月	379	0	3	12	125	229	10	2	377	30	0	5	252	92	
	54年6月	275	9	2	10	106	142	6	11	264	23	5	2	175	70	
同心客店	53年11月	364	3	32	41	71	184	33	55	309	54	35	34	134	107	(2) 职业構成之其他項多為家庭婦女学生自由职业者等。
	54年6月	150	0	6	43	21	55	25	14	136	29	4	27	54	36	
五一客店	53年11月	1,680	8	58	97	100	1,378	39	102	1,578	148	24	75	1169	264	(3) 职业構成項之幹部由县城公差来西安多为某妻一齐来，但分不開其妻是否也是公差，但是假使西来遊玩，故統計是以幹部計算。
	54年6月	674	12	48	63	128	382	41	85	589	58	87	41	227	261	
茂盛客店	53年11月	224	0	1	214	3	4	2	1	223	1	1	222	0	0	
	54年6月	156	0	0	132	6	16	2	11	145	4	0	122	0	30	
于家客店	53年11月	696	0	18	41	101	473	63	3	693	11	9	1	675	0	(4) 表中之農村項是指县及县以下之地方来者。
	54年6月	623	1	0	32	13	563	14	33	590	18	0	14	591	0	
同鑫客店	53年11月	1,723	25	27	106	143	1,397	25	0	1,723	172	20	92	1,439	0	(5) 流動原因中幹事項是農民将農産品等西来賣或買些東西回去或臨時西来做工者。
	54年6月	302	21	17	36	46	144	18	14	288	35	5	54	268	0	
合計	53年11月	5,385	41	149	526	698	3780	191	163	5222	445	98	444	3935	463	(6) 流動原因中其他項以过往、暫住和遊玩等為多，此欄由於和幹事項很难劃分，故其準确性是不够的。
	54年6月	2,313	46	83	347	374	1348	115	168	2145	173	111	267	1365	397	
百份比	53年11月	100.0	0.8	2.8	9.8	13.0	70.1	3.5	3.0	97.0	8.3	1.8	8.3	73.0	8.6	
	54年6月	100.0	2.0	3.6	15.0	16.2	58.2	5.0	7.3	92.7	7.5	4.8	11.5	59.0	17.2	

年　月　日　　24

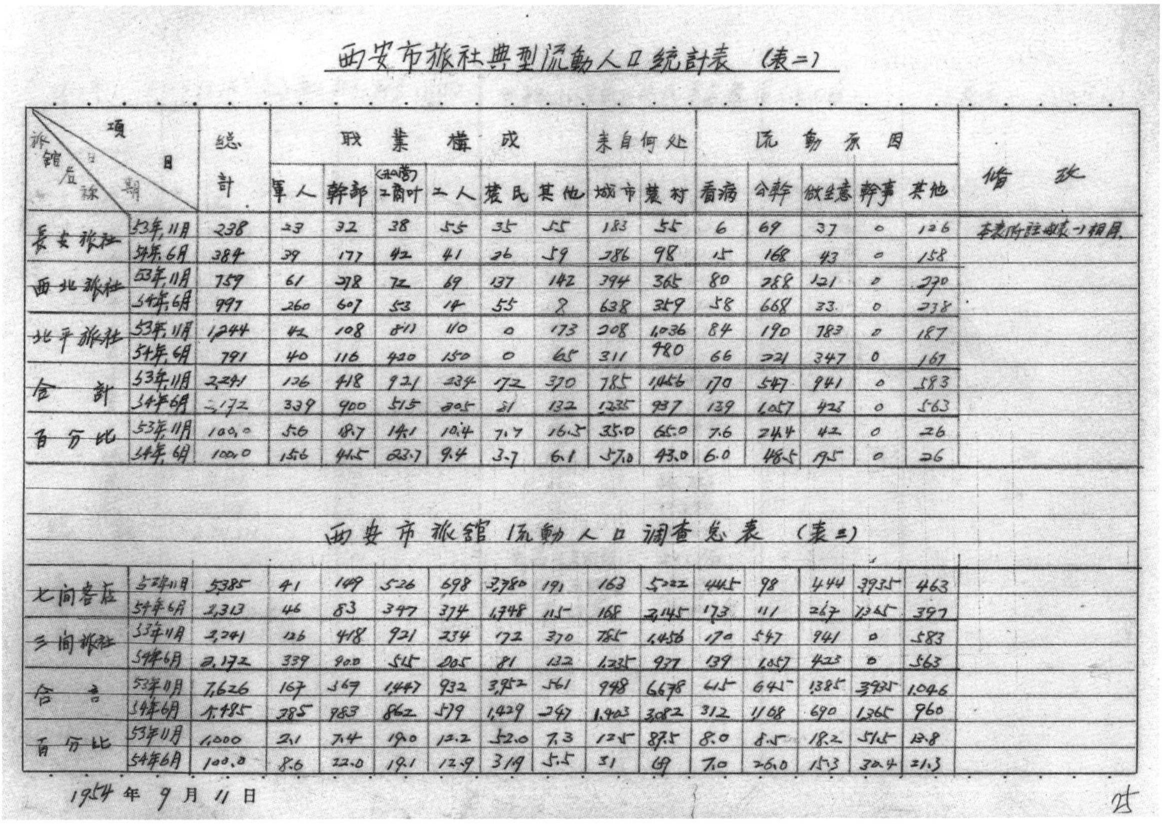

西安市旅社典型流動人口統計表（表二）

旅館名称	日期	總計	職業構成：軍人	幹部	(私营)工商业	工人	農民	其他	来自何处：城市	農村	流動原因：看病	公幹	做生意	幹事	其他	備攷
長安旅社	53年11月	238	23	32	38	55	35	55	183	55	6	69	37	0	126	本表附註如表一相同。
	54年6月	384	39	177	42	41	26	59	286	98	15	168	43	0	158	
西北旅社	53年11月	759	61	278	72	69	137	142	394	365	80	288	121	0	270	
	54年6月	997	260	607	53	14	55	8	638	359	58	668	33	0	238	
北平旅社	53年11月	1,244	42	108	811	110	0	173	208	1,036	84	190	783	0	187	
	54年6月	791	40	116	420	150	0	65	311	480	66	221	347	0	167	
合計	53年11月	2,241	126	418	921	234	172	370	785	1,456	170	547	941	0	583	
	54年6月	2,172	339	900	515	205	81	132	1235	937	139	1,057	423	0	563	
百分比	53年11月	100.0	5.6	18.7	14.1	10.4	7.7	16.5	35.0	65.0	7.6	24.4	42	0	26	
	54年6月	100.0	15.6	41.5	23.7	9.4	3.7	6.1	57.0	43.0	6.0	48.5	19.5	0	26	

西安市旅館流動人口调查总表（表三）

旅館名称	日期	總計	軍人	幹部	工商业	工人	農民	其他	城市	農村	看病	公幹	做生意	幹事	其他
七间客店	53年11月	5385	41	149	526	698	3,780	191	163	5,222	445	98	444	3935	463
	54年6月	2,313	46	83	347	374	1,748	115	168	2,145	173	111	267	1365	397
三间旅社	53年11月	2,241	126	418	921	234	172	370	785	1,456	170	547	941	0	583
	54年6月	2,172	339	900	515	205	81	132	1,235	937	139	1,057	423	0	563
合計	53年11月	7,626	167	567	1,447	932	3,952	561	948	6,678	615	645	1385	3935	1,046
	54年6月	4,485	385	983	862	579	1,429	247	1,403	3,082	312	1168	690	1,365	960
百分比	53年11月	1,000	2.1	7.4	19.0	12.2	52.0	7.3	12.5	87.5	8.0	8.5	18.2	51.5	13.8
	54年6月	100.0	8.6	22.0	19.1	12.9	31.9	5.5	31	69	7.0	26.0	15.3	30.4	21.3

1954年9月11日　　25

图 2-14　西安市规划的人口调查表（1954 年）

资料来源：1954 年西安市现状调查资料 [Z]. 中国城市规划设计研究院档案室，案卷号：0971. p24-25.

西安市人口發展平衡表

單位：個人

分類		項目	現有人口 人數	現有人口 %	第一期人口 人數	第一期人口 %	第二期人口 人數	第二期人口 %	備
獨立人口	基本人口	工業職工	22,352		134,500		208,000		
		手工業職工	11,734		9,000		7,000		
		建築業職工	28,543		50,000		30,000		現有建築職工內未
		對外交通運輸職工	6,149		8,500		13,000		時工。
		非地方性機關幹部	39,325		25,200		27,000		
		中等專業以上學校學工人員	36,250		51,000		82,000		
		合計	144,353	21.2	278,200	28	367,000	30	
	服務人口	服務性工業職工	7,172						
		手工業職工	14,692						
		建築業職工	605						
		城市公用事業職工	19,918						
		文教公用事業職工	13,397						
		市級行政幹部	4,662						
		商業從業人員	54,436						
		公安部隊及人民警察	5,039						
		小計	119,921	17.3	180,000	18	268,000	22	
	其他人口	家庭婦女	98,204						
		半失業人口及其他	5,785						
		小計	103,989	15.0	80,000	8			
被撫養人口		十八歲以下，六十歲以上及殘廢者	318,737	46.5	460,000	46	585,000	48	
全市總人口			687,000	100	1,000,000	100	1,220,000	100	五四年人口數須進正。

說明：現有人口係五四年七月份調查，不包括郊區農民數。

图 2–15　西安市规划的人口发展平衡表（1954 年）

资料来源：西安市总体规划设计说明书附件 [Z]. 中国城市规划设计研究院档案室，案卷号：0970. p64.

等基本人口和被扶养人口计算出来以后，再去分析工厂建设总的需要多少劳动力，需要增加多少城市人口。另外，在人口计算的过程中，还要减掉一个城市利用率，也就是在城市里面还有多少失业的人口，可以吸收为工人，然后这张平衡表就做出来了。

但这张平衡表，还不能做到城市中就是这些人了，在未来 25 年，这些人可能还会有发展，所以，还要进行人口发展情况的一些估算（图 2–15）。

我觉得在那个时候，关于近期人口的推算，还是比较合适的；至于远期的人口，就说不好了。当时，西安的远景人口规模是 122 万，很精确。后来“反四过”，就反这个，批判西安市规划的人口规模过大。

四、规划工作的技术方法之二：人均居住面积 9 平方米的争论

赵　瑾：除了人口计算，再一个问题就是用地计算。按照苏联的办法，在城市用地方面，主要就是要有一张城市用地平衡表，另外就是生活居住用地，生活居住用地是需要计算的。其他的一些用地，比如工业用地、仓库用地、对外交通用地等，

主要是各个单位给我们提供的数字。

对于生活居住用地的计算而言，一个基本问题就是人均居住面积。在苏联，人均居住面积普遍采取 9 平方米的标准。城市用地计算的基础，就是人均居住面积 9 平方米。那么，我们按照多少面积来计算呢？

苏联人均居住面积 9 平方米的标准，是按照人们住在一个房间，每天需要开窗两次，呼吸氧气，跟空气中的二氧化碳交换，测算出所需要的空间是 27 立方米的容积，而人们居住生活的空间要 3 米高，这样算出来，平面上的面积就是 9 平方米。列宁在 1920 年签署了这个标准①，这是苏联卫生部门研究出来的，作为最基本的生活要求的一项指标。苏联是社会主义国家，我们也是社会主义国家，应该采取一致的标准。

从当时我们国家的居住情况来看，实际水平都是很低的，达不到 9 平方米。我们对西安做过一些典型调查，现状水平也就是 2～3 平方米，最多也就是 4 平方米（图 2-16）。北京市的情况，我们也调查过，要比这些数字更低，一个大炕，一家人都睡在上面，平均居住面积就很小。

当然，大家也都能感觉到，9 平方米的标准，当时是很难达到的。所以，领导上也怀疑过 9 平方米能否实现。在城市规划工作中，也有两派的争论，地方领导也有两派，国家计委跟城市建设部也在争论，双方的苏联专家也都在进行计算，提出建议。城建部认为，应该采用 9 平方米，这是规划的远景目标，近期是达不到，但是远景只能用 9 平方米。

最后，闹出这样一个插曲。国家计委不知道从哪里找到了这样一个材料，说日本研究过，黄种人个子矮，肺活量小，所以比起苏联那边的人们来，需要的呼吸量要少，这样的话，6 平方米就行了。因为这样，国家计委提出了 6 平方米的主张。国家计委跟城市建设部双方就争论，局长、苏联专家都在争论。

最后争论得不可开交时，苏联专家巴拉金说了一句话，就说日本人的研究，是一种种族歧视的观点。不仅如此，巴拉金还讲到，人的呼吸，肺活量可能有所不同，但是，呼吸也有快有慢，需要的空气容积基本上是一样的。巴拉金这么

---

① 苏联《公共卫生学》教科书指出："最有实际意义的住宅之重要卫生标准就是每 1 个人的居住面积。这种标准是根据以下两项因素：空气容积和居室高度。当空气容积为 25～30m³ 而居室高为 3m 时每个人的卫生居住面积应为 8.25～9m²"；"作为居住面积最小卫生标准的 8.25，首先是由于 1919 年 12 月 17 日保健人民委员会的临时规则所规定，随后就由于 1920 年 10 月 25 日列宁所签名的俄罗斯苏维埃联邦社会主义共和国人民委员会的法令所批准"；"其后，于许多的官方公文中，特别是在 1929 年 12 月 20 日俄罗斯苏维埃联邦社会主义共和国保健人民委员会取得俄罗斯苏维埃联邦社会主义共和国建筑委员会的同意而批准的《住宅建筑之卫生规则》中，居住面积的卫生标准规定为 9m²。这种标准于苏联全境内当新建筑住宅时皆适用之。这是一种最低限度的卫生标准并且用它来保证：a）在生理上所必需的空气容积；b）于居室中配备最小限度的必需家具；c）居住场所中的活动不至于不方便"。参见：（苏）马尔捷夫等．公共卫生学 [M]．霍儒学等译．沈阳：东北医学图书出版社，1953. p401-402.

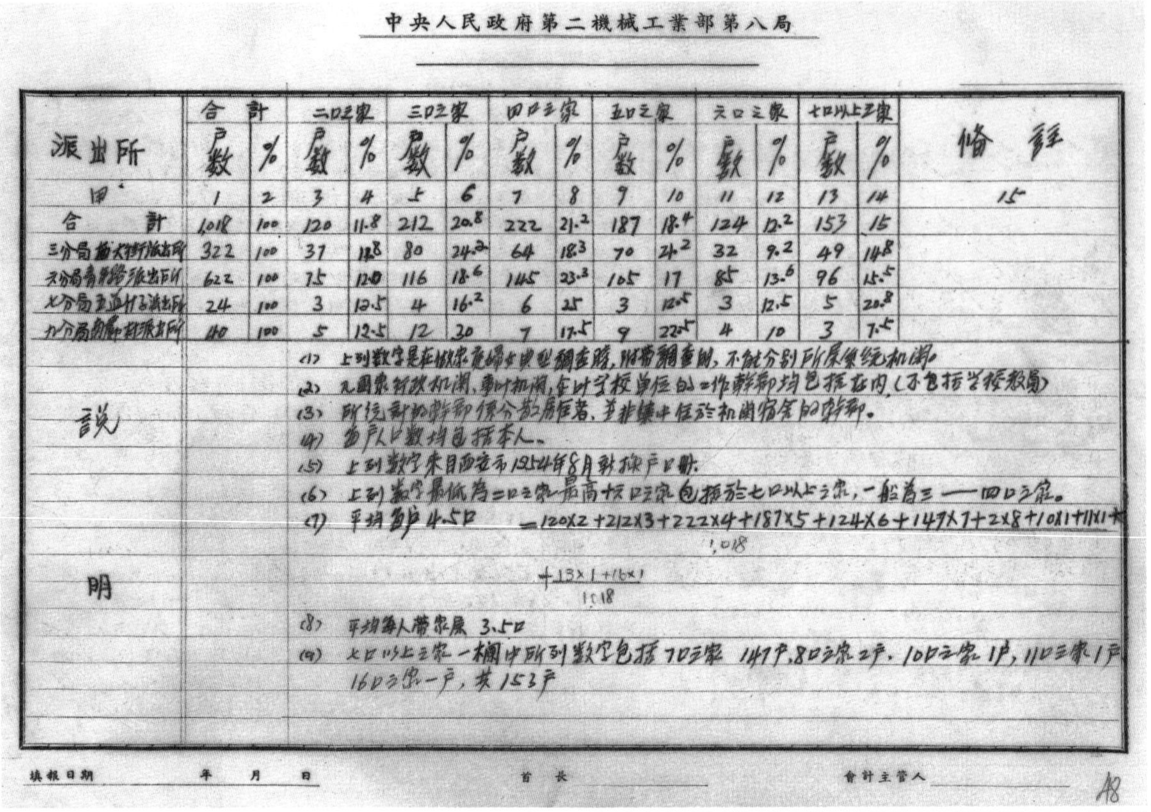

中央人民政府第二機械工業部第八局

派出所	合計 户数	%	二口之家 数	%	三口之家 數	%	四口之家 户数	%	五口之家 數	%	六口之家 數	%	七口以上之家 數	%	備註
甲	1	2	3	4	5	6	7	8	9	10	11	12	13	14	15
合　計	1,018	100	120	11.8	212	20.8	222	21.2	187	18.4	124	12.2	153	15	
三分局西大街派出所	322	100	37	11.8	80	24.2	64	18.3	78	24.2	32	9.2	49	14.8	
又分局解放路派出所	622	100	75	12.0	116	18.6	145	23.3	105	17	85	13.6	96	15.5	
七分局玉祥村法出所	24	100	3	12.5	4	16.2	6	25	3	12.5	3	12.5	5	20.8	
九分局朝阳村派出所	40	100	5	12.5	12	30	7	17.5	9	22.5	4	10	3	7.5	

説

(1) 上列数字是在本年8月实地调查时，旧帐稍重编，不能分別所属区域统計调。
(2) 九国泉剧教机调，事叶机调，会计学校单位的工作群部均包括在内（不包括学校教员）。
(3) 所谓新初群部倾介绍居住者，若非携本住在机调宿舍的群部。
(4) 多户人口数均挡孝人。
(5) 上列数字乃目前连市1954年8月积编户口数。
(6) 上列家庭最低為二口之家，最高於七口以上之家，一般為三—四口之家。
(7) 平均每户4.5口 = 120×2＋212×3＋222×4＋187×5＋124×6＋147×7＋2×8＋1081×1|×|
　　　　　　　　1,018
　　　　　　　　＋13×1＋1｜6×1
　　　　　　　　　1,018

明

(8) 平均每人带家屬 3.5口
(9) 七口以上之家一栏中所列数空包括 七口之家, 147户, 8口之家 2户, 100之家 1户, 110之家1户, 16口之家一户, 共 153户

填報日期　　　年　　月　　日　　　　　首長　　　　　　　會計主管人　　　　　　A8

中央人民政府第二機械工業部第八局

西安市六個工廠就職家庭职工居住情况统計表　　　　　　　單位：M² (表一)

廠別	住廠職 居住人数	住廠戶數	居建築面積 M²	居住面積	居住面積 使用情况				居住面積佔 建築面積之比	備註
甲	1	2	3	4 每人平均 5	最高 6	故低 7	一般 8	9	10
合　計	6,790	1,589	41,028.36	25,140.33	3.70	13.78	1.47	2.43	61	最高最低均指平均数
国棉工厂	1,322	315	8,685.40	5,676.00	4.29	20.00	1.60	3.76	65	每人化2～5㎡者约半数
华一热电厂	701	152	4,345.16	2,673.82	3.67	16.75	1.75	3.44	534	" 3～4. "
西北生买	511	124	3,009.55	1,809.18	3.54	7.73	1.8	3.67	60	" 3～4. "
大华纱 "	3,515	795	21,225.73	12,458.89	3.54	17.36	1	3.51	59	" 2～5. "
制革 "	633	178	3,268.99	2,318.24	3.66	11.40	1.22	3.47	71	
新革厂所	108	25	453.65	306.30	2.84	10.37	1.50	2.72	67	

填報日期　　　年　　月　　日　　　　　首長　　　　　　　會計主管人　　　　　　54

图 2-16　西安市居住情况调查表（1954 年）
资料来源：1954 年西安市现状调查资料 [Z]. 中国城市规划设计研究院档案室，案卷号：0971. p48，54.

一说，国家计委也不好说话了，把他们的意见给顶回去了。

我的印象很深刻，这个苏联专家就是巴拉金，他挺厉害的。当时在场的，还有另一位苏联顾问专家，好像不是克拉夫秋克，究竟是谁现在记不清了。

所以，最后讨论的结果，就是统一按照 9 平方米的标准来做远景规划，近期建设则是按 4.5 平方米来安排。建设部大楼对面的百万庄小区，那一片就是完全按照这个规划标准建设的，另外就是三里河的那一片，也是按这个规划标准做出来的，规划是近期每人 4.5 平方米，远期规划按 9 平方米设计。最后就是，那个时候，每两家人合住一户住宅。

访问者：这也就是所谓的"合理设计、不合理使用"。您谈到这个问题，其中还有一个细节，很多人可能没怎么注意到，列宁签署那项法令，具体时间是 1920 年 10 月。在那个时候，苏联还没正式成立，还是处在"十月革命"之后苏俄的经济恢复时期，大规模的社会主义建设也还没有开始[①]。也就是说，当时的苏俄，实际上也是很困难的。苏联人均 9 平方米的标准，是在很困难的局面下出台的。

赵　瑾：这实际上也就是常说的"对人类的关怀"，这是苏联城市规划的重要原则之一。"合理设计，不合理使用"，也就是在那个时候提出来的。苏联专家说，他们自己的情况也是这样的，并不是说他们当年就已经达到了 9 平方米。现在看来，这也是一个过渡时期的问题。这方面的矛盾，是当时争论的焦点，从上到下争论得很激烈。最后确定下来的规划操作办法，也是严谨的（图 2-17）。

五、规划工作的技术方法之三：公共建筑和道路交通的规划标准

赵　瑾：关于公共建筑，苏联也有一些标准，主要就是列甫琴柯的一本《城市规划：技术经济指标和计算》和大维多维奇的两本《城市规划：工程经济基础》（上、下册），书中提出一些经验指标。当年我们的城市规划工作，就是靠这些教材起家的。

对于公共建筑的标准，我们也都做过调查，当时西安的现状也没有那么多，只有 4～5 平方米。后来，城市设计院经济室专门派出一个小组，找了一个地级市，到株洲去，做了一个比较完整的典型调查，调查出来的结果是人均 12 平方米比较合适，各种类型的公共建筑、"十大系统"全部包括在内。

---

① 1917 年 11 月 7 日（俄历 10 月 25 日）列宁领导俄国人民发动十月革命，推翻资产阶级政府而建立了苏维埃政府。十月革命以后，苏俄首先实行了 3 年左右的"战时共产主义政策"，后又进行"新经济政策"的调整（同样为期 3 年左右），社会经济基本恢复到第一次世界大战之前（1913 年）的水平。1922 年 12 月 30 日，苏维埃社会主义共和国联盟（简称"苏联"）正式成立。1924 年列宁逝世、斯大林成为最高领导人以后，苏联逐渐开始了大规模引进先进技术的工业化与农业社会主义集体化相结合的社会主义现代化建设道路探索。

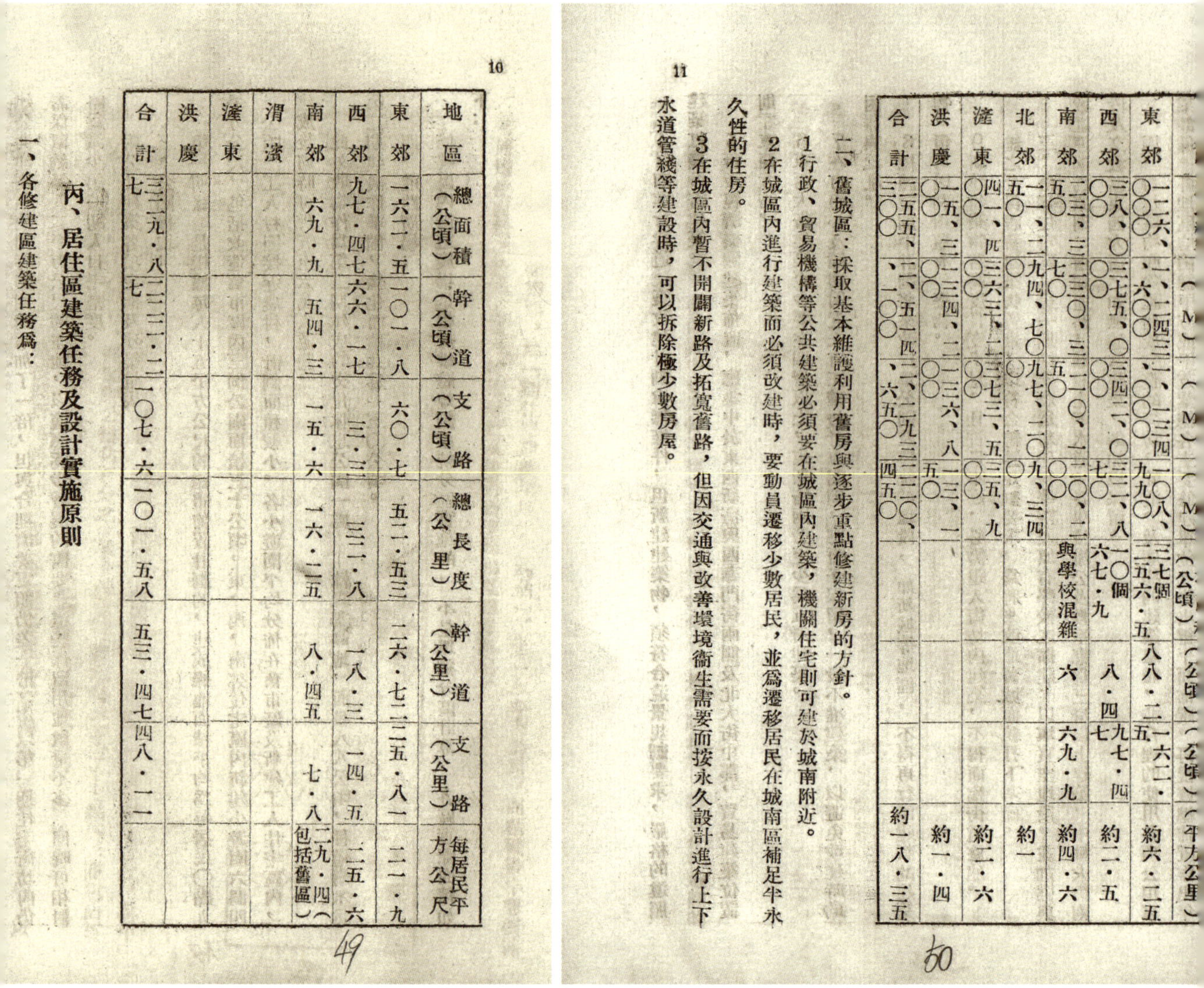

丙、居住區建築任務及設計實施原則

一、各修建區建築任務爲：

地區	總面積（公頃）	幹道（公頃）	支路（公頃）	總長度（公里）	幹道（公里）	支路（公里）	每居民平方公尺
東郊	一六二·五	一〇一·八	六〇·七	五二·五三	二六·七二	二五·八一	二一·九
西郊	九七·四	七六·一七	三·三	三一·八	一八·三	一四·五	二五·六
南郊	六九·九	五四·三	一五·六	三一·二五	一六·二五	七·八包括舊區
滻濱							
滻東							
洪慶							
合計	三二九·八	二三二·二	一〇七·六	一〇一·五八	五三·四七	四八·一一

二、舊城區：採取基本維護利用舊房與逐步重點修建新房的方針。

1、行政、貿易機構等公共建築必須要在城區內建築，機關住宅則可建於城南附近。

2、在城區內進行建築而必須改建時，要勁員遷移少數居民，並爲遷移居民在城南區補足半永久性的住房。

3、在城區內暫不開闢新路及拓寬舊路，但因交通與改善環境衛生需要而按永久設計進行上下水道管綫等建設時，可以拆除極少數房屋。

地區	總面積（公頃）	幹道（公頃）	支路（公頃）	與學校混雜
東郊	一二六·二	一四三·一	九〇	
西郊	三八·五	三七五	六七·九	八·四
南郊	五〇·五	二九四·二	七六·五	六·九
北郊	四一·〇	一四一	五三·四	六
滻東	一五·三	一五〇		
洪慶	一五·〇	一〇		
合計	三五五·〇	一六五〇	四五二〇	
	約一八·三五	約六·二五	約四·六	約二·六 約一·四

图2-17　西安市规划指标的档案资料（部分）

资料来源：西安市总体规划设计说明书附件 [Z]. 中国城市规划设计研究院档案室，案卷号：0970. p49-50.

所以，我们心里也是比较有数的。实际上，采用 12 平方米／人的标准，还是比较低的。去株洲搞这个调查，大概是 1956 年，贺雨很清楚这件事，他是经济室的室主任。

另外，关于道路交通的标准，我们是根据西安市的规划，规划图做出来了以后，最后已经同意了、没问题了以后，我们在这个图上把道路广场的面积给测量出来，道路广场面积大概占到城市用地面积的 25% 到 30% 左右。

西安市的规划，除了生活居住用地以外，其他各类用地全都是在图纸上实际测量，给量出来的。那时候，我们还有个量面积的"仪器"，也就是"求积仪"，这么算出来的。我们做出来的规划，跟有关数据也是一致的。

访问者：所以，西安市规划的那几张规划图，非常珍贵。中规院档案室保存有原始的规划图，每张规划图是上下两张，很长的、长条形的图纸，上下两张拼起来才是完整的规划图。

赵　瑾：那个时候，我们根本没地方画图，后来，就到西安市的一个礼堂，把几个大桌子拼起来，在上面画。到了晚上，我们就睡在礼堂的主席台上，打地铺。那时我们出差，都是背着被子，自带行李去搞规划的。

访问者：听说您们还在庙里住过？

赵　瑾：对。庙里、地下室里，都住过。那个时候，哪有像样的招待所？只有一个交际处，交际处的房间也很少。当时，西安大厦是个旅馆，但我们根本住不起。

总之，当时的做法，首先是研究什么9平方米之类的问题；然后是百分之几的比例，各类用地的比例，先做一个估算，大体分配一下；等规划图画出来，最后再量一量，基本上也都差不多。

访问者：这本材料出来之后，给院里的几位老总也送了，他们印象很深的方面，就包括您刚才讲的用地平衡表；另外，当年一些人均指标，主要是针对生活居住用地的四类用地①而言，并不是针对整个城市所有用地的一个平均概念。大家感觉到，早年的规划工作中，都有一些较为明确的科学依据。

赵　瑾：在当年的规划工作中，需要进行计算的主要就是生活居住用地，其他的用地基本上是人家提供的数据，但是我们也进行校核，比如工业用地。最后的规划成果是"三张表"、"五张图"，最后还要算出城市总造价，包括其中第一期是多少。

整个规划图，表达的是远景实现的整体骨架，是不需要计算造价的，但第一期的造价要非常精确，因为第一期的造价表，在国家计委制定投资计划时，是要实际使用的。

为什么后来会出现"四过"？因为好多建设项目都超出国家计划了，国家计委都控制不了了。当时，大家的抵触情绪很大，我辛辛苦苦一年多干过来，最后却成"四过"了。

六、"一五"时期之后的一些工作经历

访问者：赵先生，在"一五"时期以后，您又有过哪些主要的工作经历？

赵　瑾：1957年"反四过"以后，到了"二五"时期，城市规划又开始放开搞了，搞"大跃进"。各个城市都要做规划，时间根本来不及，做的叫做"粗线条规划"，

---

① 指生活居住用地主要由居住街坊用地、公共建筑用地、绿化用地和道路广场用地等4类用地构成。

这就不得了了。当时的关键，还不是城市建设问题。关键是工业指标太高了，大量农民进城，3000 万左右的农民进城。最后没办法，连粮食都不够吃了。

那个时候，每人一个月发 28 斤粮食，这还是照顾了干部的发放标准，我这辈子从来没有感觉到那么饥饿过，也就是吃饭吃晚点的那种饿，那时整天都是处于一种饥饿状态，没经历过的人们是很难想象的。

那个时候，我的女儿是由丈母娘来帮着带的，才 9 岁，当然要照顾她们，我们两口子要尽量让她们吃饱。那时候，我们两口子的工资还算是比较高的，也是这种状况。

到了 1959 年的时候，我曾去越南搞过一段城市规划工作。

访问者：最近我去拜访王伯森和赵淑梅先生的时候，王先生提到，他也去过越南一次，现在还保留着当年的工作日记。

赵　瑾：他也去过越南，但那是后来的事了。我去越南的时候，是 1959 年的第四季度，当时我们是成立了一个专家组过去的。史克宁院长带队，金广之，陈广涛和我，另外给排水设计院有一个人，勘察设计院有两个人。

访问者：1959 年去越南，当时的主要任务是什么？

赵　瑾：做规划，给越南作规划。我们帮助越南做了越南太原①的规划、越池的规划，以及鸿基地区的区域规划等。

访问者：等于是社会主义国家之间的相互援助，类似于苏联专家对我们国家的技术援助？

赵　瑾：对，技术援助。我们是 1960 年年底回来的，中间在越南有一年多时间。当年我们一起去越南的那几个人，其他几个人都已经去世了。

1960 年从越南回来以后，我参加过一个设计革命的会议，在会上认识了国家建委的吕克白副主任。

访问者：1960 年 11 月，第九次全国计划工作会议提出"三年不搞城市规划"。那个时候，大致是您从越南回国的前后。

赵　瑾：我从越南回来，正好赶上"三年不搞规划"。那个时候，曹洪涛刚刚来国家计委，担任城市建设计划局的局长②，他就带队出去，搞调查研究。

访问者：据说 1964 年前后，院里有不少同志去太原搞"四清"去了，您去过吗？

赵　瑾：我没去（山西）太原。1963 年开始搞"四清"，我下乡去了河北邯郸，在那儿待了一年，搞了一年"四清"。

后来又过了不久，到 1964 年时，城市规划院这个机构被撤销了，最后吕主任就把

---

① 越南东北部一个省，与中国山西太原同名。
② 曹洪涛（1916～2012 年），1959 年任国家基本建设委员会轻化工局局长，1961 年任国家计委城市建设计划局局长，1964 年任国家经委城市规划局局长，1965 年任国家建委城市规划局局长。

图 2-18　1965 年的赵瑾
资料来源：赵瑾提供.

我以及其他四五个人要了过去。这样，我就到了国家建委的综合局（图 2-18）。

到 1969 年，我去"五七"干校了，这是林彪的"一号命令"①之后的事。我是去的江西清江，在干校待了三年。万列风、贺雨等，好多人都去了。这三年的经历，我认为还挺难得的。

我在学校的时候，全国刚解放；解放初期，农村搞土改，我参加过；1963 年搞"四清"，我也参加了；到了五七干校后，就自己当农民了，我是耕田队的。我们这些搞规划的人员，基本上都去五七干校了，挺有意思。我把全家都带去了，把女儿也带去了，女儿才 9 岁，已经会干一些农活了，比如插秧、收割等。我感受到，让知识分子参加劳动锻炼，还是有道理的。正是由于这样的经历，我现在可以跟各种人物交流，生活面就广了，了解的情况也就很多了。

在干校待了三年，结业分配的时候，老伴对我说，你别回去了，你跟我走吧，我跟了你那么多年，你就跟我一次吧。老伴是搞铁路桥梁的，她原来是武汉大桥局的，她说她想回武汉大桥局。我说行，我跟你到铁路局去。

老伴给铁道部的一位部长写了一封信，那位部长原来是武汉大桥局的局长，她就说想调回大桥局。然后，我们就去了武汉，这是在 1972 年。到武汉报到时，已经是 1973 年 1 月份了。在这个过程中，我体会到，有些人事干部是很爱护

---

① 1969 年 10 月 18 日，林彪发出了战备疏散第一号命令，北京的机关、学校大部分人员要疏散到外地，开往"五七"干校，去接受锻炼和劳动改造。

图 2-19　1970 年代的赵瑾
资料来源：赵瑾提供．

干部的。

当年我到了武汉局以后，省里知道了，省建委就去武汉铁路局要人，说这个人是搞规划的，我们规划处正缺人。武汉市也去要，武汉的孙宗汾我们也很熟悉，他听说我到了武汉，也去要我。但是，人事干部处都没有把我放给他们。人事干部处的同志告诉我，他们说：我看你是搞业务的，将来你还是要回到北京去的，所以我们都拒绝了。他们说，假如你到了他们那里，你就回不去北京了（图 2-19）。

我在铁路局的时候，有很多问题要跟规划部门打交道，孙宗汾经常过来，干部处的同志给我打电话，说今天孙局长要来，你不要去参加会议，你回避，他是那么保护我的。

那个时候，我去申报户口，派出所的同志说，你这是北京户口啊，落在我们这里，太可惜了。我说那没办法。他说你装在口袋里吧，将来回去继续用就行了。我说如果装在口袋里，就什么都买不到了。我说如果我没有户口，就没法生活了。他说那你就报吧。那个时候的人们，相互之间特真诚。

在武汉铁路局的时候，我买了第一辆自行车。以前在北京时，我一直没有自行车。我的第一块手表，是在 1960 年代，要去"五七"干校之前在北京买的，150 元。当年，"三大件"①基本上都是 150 块左右。

访问者：您在武汉铁路局的那七年，主要是干什么工作，也是做规划吗？

赵　瑾：不是。在武汉铁路局的那一段时间，我是在计划处，主要管基本建设计划。在这段时间，我基本上跑遍了武汉铁路系统所有的地方，对铁路站场的设计有了

---

① 所谓"三大件"，指自行车、手表和缝纫机，这是 1970 年代人们结婚时讲究和流行购买的生活物品。

比较清楚的了解。

在武汉铁路局的这段工作经历，也挺好的，这促使我从其他单位的角度，反过来看城市规划。记得后来我们到天津做规划时，他们要把天津东站搬掉，我说可以搬。他们又说这个地方还要留一块地，我问他们要干什么呢？他们说要在这里留个车辆段。我听了后，我说不行，既然车站都搬掉了，车辆段怎么还放在这里呢？如果放在这里，你怎么出车呢？最后再追问他们，他们就老实回答说，准备留着盖宿舍呢。

那时候，我对铁路方面已经很熟悉了。如果不懂的话，那就要上当了。过去我们跟某些部门的矛盾很大，后来我发现了他们的要害是在什么地方，这对做规划还是有好处的。如果你真正把城市规划当做自己的终身职业的话，不论你是在哪个岗位，都会从城市规划的角度去考虑问题，因为很多单位都是要在城市中发展的。

我在武汉铁路局待了七年。原来我都不想回来了，想回老家了，有点想家了。我老家是昆明的，我从武汉铁路局回昆明去，很方便，要求调到昆明铁路局就行了。最后"文革"结束以后，城市规划工作恢复的时候，曹洪涛把我给要回来了。1980 年，我回到了北京，在中规院工作，当时叫"国家城建总局城市规划研究所"，一直到 1997 年离休。

七、对八大重点城市规划工作的再认识

赵　瑾：回顾城市规划工作的历程，我感觉到，在"一五"时期，我们学习苏联的经验，城市规划工作的确是非常活跃的，成绩也是很辉煌的。尤其是在八个重点城市里面，配合了工业建设，保证了建设。假如没有城市规划，"一五"的这么多建设，就会出更多的问题，就会受不了。

另外，我感觉到，我们城市规划工作学习苏联的经验，还是对的，因为你要建设社会主义城市，我们连什么是社会主义城市都不知道。但是，在我们学习苏联经验的过程当中，并没有完全照搬，还是根据了我们的具体条件。

因为我们这个国家太穷，国家太落后。不论什么东西，都是洋人生产的，"洋钉"、"洋火"之类的。那个时候真是一穷二白，什么都没有。当时还要拿手摇钻去搞地下钻探，只能往下钻 3 米深，解决不了大问题，特别是钢厂的高炉，最后没办法，搞工业建设，必须靠钻探机去钻。

当年，在详细规划工作中，对于怎么设计住宅区，也有过争论。有的人主张按照北京胡同的方式来组织，因为胡同也有它的优点，胡同的建筑密度非常低，一户户是紧靠着的。但胡同却很不好组织，这是过去一家一户，互不相让、互

不干涉的一种居住形式。也有人提出意见，按照上海的里弄、弄堂来设计，但这个方式也不合适。

最后，还是按照苏联的办法，按照一个街坊的形式来组织。在一个街坊里面，当时的详细规划规定的，托儿所、小学不能穿过城市干道。比如建设部大院，你现在去看看，可能还有点遗迹，这完全是按照苏联的街坊设计的。三里河国家计委住宅区也是如此。

关于公共建筑的布局，你的材料中也提到了，"反四过"的时候，批判西安的公共建筑布局在远离工人住宅区的城市中心[①]。为什么西安挨批？西安的西郊、东郊，工厂、住宅区的区域中心，所有公共建筑都布置在这里，这些公共建筑建成以后，当然很方便了，公共建筑都集中起来了。但是，当时建起来后，也确实觉得距离远了点。采取这种方式，大部分都是区域中心、小中心。当时我们做规划设计的时候，有多个城市中心，有的是在中心区里面还有一些不同的分布。在各个中心区，都摆一些公共建筑，是这样来组织的。

但是，公共建筑的布局方式，也并非各个城市都是如此，譬如成都就不是这样搞的。成都市公共建筑的布局，主要是采取街道布局的形式，在旧城旁边，工业区通向旧城的这条路，在这条大街的两旁布置一些公共建筑。苏联专家也认可了，实际上也就是现在中国常常采取的一种方法。

这就是我们中国规划工作中出现的一些状况，所以也是不一样的。学习苏联，但也有不一样的做法。

访问者：形式可以多种多样。

赵　瑾：苏联专家说过，你们的思想很好，符合中国的实际情况。那时，好多苏联专家并不是很教条的。

不过，再到后来就不行了。后来搞"三线"建设，据说中央得到过一个情报，我们本来跟美国关系不好，结果跟苏联的关系也坏了，他们两个国家联合起来，美国想轰炸我们的核设施，在我们没有发射核武器以前，想把它炸掉，苏联没同意。在这种情况下，我们就开始大量疏散人口。

搞三线建设以后，那就没有城市了。在三线建设时期，只有两个地方算得上是城市，一个是十堰，"二汽"（第二汽车制造厂）在那里，另一个是攀枝花。

---

① 1957 年 5 月 1 日，国务院副总理李富春和薄一波联名向中央和主席报告《关于解决目前经济建设和文化建筑方面存在的一些问题的意见》，《报告》中指出："新的电影院、商店等也修建过多过大，标准过高，均远远超过国民党时代的建筑标准，而最不合理的是把许多电影院、剧院、商店等都建筑在远离工人住宅区的城市中心（如西安），利用率很低"。资料来源：中共中央批转李富春、薄一波《关于解决目前经济建设和文化建筑方面存在的一些问题的意见》[M].// 中共中央文献研究室 . 建国以来重要文献选编（第十册）. 北京：中央文献出版社，1994. p243–251.

除此之外，其他地方都是一个厂子、一个厂子，全在山沟里。即便十堰和攀枝花这两个城市，问题也很突出。

攀枝花地区的厂子，对于工厂来说是最方便的，煤矿、铁矿都是在一个河的对岸，工厂建在中间，"左手拿煤、右手拿铁"。但是，住宅区就很困难了，住宅区建在了山顶上。在那里，原来只有7户人家。在云贵高原地区，山上通常就是一两户人家。另外，后来孩子长大了，要上大学了，却没地方上，教育跟不上，这个问题也很大。总之，各方面都很困难。

所以，最后终于认识到，不建城市不行。改革开放以后，三线地区的人们基本上又都回城市里来了。

因此我感到，城市规划在"一五"时期，是做得很好的，但受到了打击。城市规划曾经受到过两次严重的打击，一次是1957年的"反四过"，受打击以后，规划人员就有点心灰意冷了，再加上1960年提出"三年不搞规划"，就彻底失望了。机构一撤销，人也散了，过去苏联专家辛辛苦苦培养出来的一批规划人员，基本上都散掉了。

城市规划遭受两次打击，最后一次"三年不搞"，撤销机构是最严重的。搞得城市规划工作者心灰意冷，这个行业是不能再干了。最后等到要调回这些人的时候，就更困难了，有的是单位不愿意放走，有的是本人不愿意回来。

这两次打击，对城市规划事业的影响还是很大的。如果不是这么折腾的话，可能我们在计划经济体制下的城市规划的理论，会有一些东西能够出来的。现在，基本上没有什么东西。如果有些东西的话，对你做这件事情，就有很大的方便了。现在你得重头来做，你得把我们那个时候的事情从头再捋一遍。

访问者：现在，这项工作还处于先查资料的阶段，还谈不上什么理论研究。我想先把一些事实摸清楚。

赵　瑾：理论慢慢总结，别着急。你的书稿中有理论的内容。你选择的这个研究方向很不错，写的这个材料也很好。你多下点功夫，继续做下去。

访问者：谢谢您的鼓励！

（本次谈话结束）

2015 年 11 月 26 日谈话

访谈时间：2015 年 11 月 26 日下午

访谈地点：北京市海淀区厂洼路 1 号院，赵瑾先生家中

谈话背景：2015 年 11 月 26 日，访问者在拜访了万列风先生之后，顺便给赵瑾先生呈送了
　　　　　一些新搜集到的资料（两位先生住在上下楼），赵先生与访问者进行了本次谈话。

整理时间：2016 年 3 月 18 日

审阅情况：赵瑾先生于 2016 年 6 月 12 日初步审阅，2016 年 6 月 21 日审定

赵　瑾：跟你前后聊了几次，我感到你对规划史研究很感兴趣。当年我参加西安市规划
　　　　工作时，就曾有个想法，在参加了规划工作以后，要经常回去看看，了解一下
　　　　西安的城市发展情况。我去过西安八次。我是想从这些方面，学习、跟踪一下
　　　　城市规划工作到底是怎么回事。

访问者：您是在"一五"时期去过西安八次吗？

赵　瑾：不是。我是在 60 年的时间内，前后一共去了八次。不仅如此，我还跟西安的
　　　　一些同志，结成了非常好的朋友，他们经常到北京来，就把一些信息给我传递
　　　　了过来，比如张景沸、何家成等。何家成是当年跟我们一起搞规划工作的同志。
　　　　张景沸①一直到去世之前，都是在搞城市规划工作，实践经验很丰富。

---

① 张景沸先生曾担任《当代西安城市建设》一书的主编。参见《当代西安城市建设》编辑委员会. 当代西安城市建设 [M].
　　西安：陕西人民出版社，1988.

图 2-20　参加信阳市规划咨询留影（1998 年前后）
左起：赵瑾（左2）、魏士衡（左3）、安永瑜（左5）、刘锡年（右4）、吕萍萍（右2）。
资料来源：赵瑾提供。

一、规划史研究的心愿

赵　瑾：1980 年代初期，开展城市规划的恢复工作时，曹洪涛局长曾对魏士衡我们两个人讲过：你们两个出去一下，调查调查在城市规划工作停滞之后，下面的一些城市究竟是个什么情况，把这个问题总结一下。老魏我们俩出去跑了一圈，回来以后，成立了中规院的理论所。原来我是在经济所，老魏①是在园林所，我们为什么要成立理论所呢？（图 2-20）

大家都知道，现代城市规划起源于英国，英国城市规划的发展是很特别的，也是带有普遍性规律的。但是，中国的城市规划理论也是非常丰富的，而且中国

---

① 魏士衡，1930 年 1 月生，河南唐河人。1949～1953 年，在上海复旦大学/沈阳农学院园艺系园林专业学习，毕业后分配至建筑工程部城市建设局工作。1954～1962 年在城市设计院/城市规划研究院工作。1962～1965 年，在安徽阜阳地委锻炼，参加恢复农业生产及"四清"工作。1965 年 8 月调回北京，在国家建委施工局工作。1969～1971 年，在江西清江国家建委"五七"干校劳动。1971～1978 年，在陕西第二水泥厂筹建处、陕西耀县水泥厂、陕西省建材局等工作。1978～1982 年，在国家城建总局城市规划设计研究所工作，任园林规划室负责人。1982 年起，在中国城市规划设计研究院工作，曾任城市规划历史及理论研究所副所长。1992 年退休，2016 年 9 月 26 日去世。

图 2-21　1950 年代的金经元
注：赵士修先生拍摄。
资料来源：赵士修提供。

的城市规划工作也很有特点，非常具有特色。

拿古代来讲，最典型的是北京。比如说我们曾经研究过，中国的街坊为什么方方正正？过去的"坊"为什么都有门，晚上要关门，还有水井？这实际上跟中国的井田制度有一定关系，中国的经济制度影响到了城市的布局。

另外，中国的城市规划跟《易经》讲的一些内容也有关系，比如朝向，一般南北朝向，中国的房屋基本上都是朝南的。古代很多城市的选址，也都是非常有利的，不是随便乱来的，受《易经》、风水等的影响比较大。风水是一种环境心理学，实际上是用环境来体现你的心理，城市规划建设受这方面的影响很大。

所以，中国的城市规划是非常特殊的，实践是非常丰富的，应该总结城市规划的历史和理论。正因如此，老魏我们两个人才建议成立的理论所。我们俩共同的认识，合在一起，搞了个理论所，就是想搞城市规划的历史与理论研究。

要研究中国的城市规划，就不只是新中国的一些城市规划工作。北京市的都市计划委员会，在解放以前就存在了，解放以后还存在过一段时间。还有上海。另外，在中国近代，也有不少的城市，德国人做过规划，日本做的最多。东北的这些城市，大部分都是日本做的规划，他们那种思想，跟我们就不一样。

不仅如此，后来我们又经过了计划经济，苏联专家指导我们做了一些规划，现在又是市场经济最丰富的实践，有很多东西了。

访问者：中国的城市规划，古代的遗产很丰富，近代融入了欧美和日本的规划思想，计划经济时期向苏联学习，改革开放后又转向欧美，类型很多。

赵　瑾：1980 年代在理论所的时候，老魏我们就已经做了大量调查，准备把中国的城市

图 2-22 在北海公园的留影（1955 年）
前排左起：赵士修（左3）。后排左起：金经元（左2）、赵金堂（右2）。
资料来源：赵士修提供。

规划系统地加以总结、研究。本来我们有一套完整的想法，也就是中国城市规划发展的道路非常曲折，但是现在成就很大，又进入了一个新时期，所以想认真总结一下。遗憾的是，在理论所还没多久，我被调到总工室去了。到了总工室，就是以项目评审工作为主了。

我调走了以后，工作环境也就变化了，没有继续做这些事情了。老魏仍在理论所。后来金经元^①从情报所调到理论所，和老魏在一块工作，他们两个是同班同学。然而，他们两人实际工作起来，也是很困难的（图 2-21、图 2-22）。

前一阵子我还在魏士衡那里，跟他聊天，我说咱们两个人的心愿都没实现。当时我们有过一个想法，就是做一些调查以后，回头做城市规划的历史理论研究。准备搞的时候，却被分开了。他也没办法，后来他一个人写了两本书^②（图 2-23）。

我对你做的这个研究工作很感兴趣。全国 600 多个城市，我参加过审查城市规划或城镇体系规划的，有 82 个。我越来越感到，中国的东西太丰富了。

我听过很多城市的规划工作汇报，很多人讲不出战略思想，讲不出为什么要这

---

① 金经元，1931 年 3 月生。1949～1953 年，在上海复旦大学／沈阳农学院园艺系园林专业学习，毕业后分配至建筑工程部城市建设局工作。曾任中国城市规划设计研究院历史与理论研究所所长，1996 年退休。主要著作和译作包括：P·霍尔著《城市和区域规划》（原著第 1 版，与邹德慈合译，中国建筑工业出版社，1985）；《社会、人和城市规划的理性思维》（中国城市出版社，1993）；《近现代西方人本主义城市规划思想家——霍华德、格迪斯、芒福德》（中国城市出版社，1998）；E·霍华德《明日的田园城市》（商务印书馆，2000）等。

② 指《中国自然美学思想探源》（1994 年中国城市出版社出版）和《〈园冶〉研究——兼探中国园林美学本质》（1997 年中国建筑工业出版社出版）。

图 2-23 魏士衡先生的两本专著

样规划的道理，这样的规划对城市未来发展的演进有什么影响，现在又是什么问题，都不大清楚。

做城市规划，必须有战略观点、战略眼光，要有战略思维。因为规划是研究未来没有出现的东西，又是要与现实结合，现实的发展不能妨碍将来的发展，将来的规划也不能框死现实，关系非常复杂，必须有战略思想。这个战略思想要受到社会、国家、政策各方面的影响，关键在于怎么来认识这个战略思想，城市的规划工作才能真正搞得好。可是我们的实践很丰富，应该有很好的理论，为城市发展的战略思想和规划工作所服务。

但是，我现在已经没有这个力量和精力了。希望你好好做这个事情，希望总结中国的理论。这就需要首先把中国的规划史搞清楚。

二、关于城市规划科学史研究的建议

赵　瑾：在城市规划行业方面，现在最缺少的一个成果，就是城市规划科学史。我觉得，中国的城市规划科学史还是应该有的，因为中国的城市规划太丰富了，从古代到现在都是如此。

我建议你可以写一本城市规划科学史，这是我在理论所干过几年，但没有完成的任务。从城市规划学科的角度，来总结它是怎么发展的，有什么变化。这样一来，你就可以不受束缚，不受政策、政治方面的束缚，这样就方便多了，很多问题就可以去深入地研究。

城市规划是一门综合性很强的学问，而你学的只是一个专业，你必须去吸收其他专业的一些知识。其他的专业，凡是与你学的这个专业在规划工作上有结合的部分，你必须吸收。

我认为，研究城市规划科学史，首先要弄清城市规划发展的一个基本轨迹。最早的时候，城市规划是作为一种设计业务活动，后来才形成一个城市规划学科。以前，这个学科的专业教育，只有同济大学、清华大学、重庆建筑工程学院等少数几个学校。改革开放以后，恢复城市规划工作的时候，经济地理等其他工种都参与进来了。

在这方面，曹洪涛是有功劳的，他召开城市规划座谈会，举办城市规划培训班，请了中山大学等经济地理方面的一些人员来讲课，慢慢的，城市规划这个学科就发展繁荣起来。我觉得城市规划这个学科是门综合性的学科。我们中国城市规划的发展过程，基本上就是这样。

研究城市规划科学史，就要研究各种类型的城市规划，从中来吸取很好的经验或教训。我觉得中国的城市规划是非常丰富的，古代中国的规划就非常出名，比如西安（长安）、北京等都是古城，都有很好的遗产，都是世界上公认的。如果你要写一部城市规划科学史的话，就可以研究这些问题，从技术上、从科学上去总结一下。

还有就是城市规划方面的专家，各人有各人的思路，通过他们做出来的规划成果，就可以来研究规划专家的思想，分析规划作品的好坏。搞城市规划科学史，要分析规划的作品，研究那些做规划的人的一些思想，就像文化史一样，这是非常丰富的，需要研究不同的规划方案，不同的城市，不同的发展。原来我们的心愿就是要干这个事情。然后，从中找出一些基本发展规律，包括城市发展或城市规划的，这样就能梳理出来一条城市规划科学发展的脉络了。

另外，写城市规划科学史，要把史料、史实、史论和自己的认识结合起来。1980年代，在编写《当代中国的城市建设》这本书的时候，我们原来就准备写史，后来没写下去，因为条件不成熟，有些东西还不完全掌握。当代人写当代史有好处，但是也有缺点，认识上可能会上不去，有的认识可能有局限，或者有错误。

访问者：可能会有一些感情因素在里面。我们年轻人来做这项工作，或许就正是因为自己没有参与过，会减少点感情因素，相对容易做到客观一点，但却存在阅历不足、认识不到位的问题。

赵　瑾：搞这个东西得坐下来，不像搞规划，出去跑一圈就完了。年轻同志谁愿意干？我鼓励你来干，有很丰富的内容。终究要把我们这条线索给理出来。外国都很重视，中国的东西非常有意思，给我印象最深。中国的城市规划是一门学问，发展到今天已经逐渐成熟了，应该认真总结。

三、计划经济时期城市规划工作的反思

访问者：赵先生，从规划史研究的角度，对于计划经济时期的城市规划工作，现在您怎么评价？

赵　瑾：关于这一点，以前我去德国、英国和法国等国家考察过。我去德国时，德国柏林的总规划师还问过我：你们为什么要把计划经济改成市场经济？我说这是社会发展的需要。他说：我到中国访问过，你们计划经济体制下的城市规划，做得非常好，非常有计划，能够实现，而我们在市场经济条件下做的一些城市规划，是很难实现的。

做城市规划工作的意图是什么？在于做出来就可以实现。在市场经济里，虽说城市规划的作用很大，但很多事情政府不能去管。如果政府不管的话，规划就很难实现。当然，在西欧的这些国家中，英国有所不同，英国的撒切尔夫人非常重视城市规划，把城市规划作为她经济建设和发展十分重要的"参谋部"。

所以，你可以从这个方面来理解，我们国家在第一个五年计划时期，城市规划工作的作用究竟是什么，不是像现在这样的。

另外，曾经有一个外国人，到中国来，看到天安门以后，写了一篇文章，他觉得中国的天安门反映了中国社会主义为人民的最大特点。我从报纸上把这篇文章给剪下来了。连外国人都有这种认识。那时候，我们如果有点什么情绪，到天安门广场逛逛，自然就消除了。这样的一种建筑气氛，规划应该保留，传承下去，而且还要发展。原来的天安门，有两个门，东边一个，西边一个，整个长方形，有一座红墙拦住，人家来朝贡的时候，两边站满了御林军，形成了很好的建筑艺术，这些都是相当好的（图2-24）。

我们为什么不能反映社会主义的特点？现在做的城市建设，应该把社会主义的文化留下。原来留下了封建时期的文化，我们应该把社会主义的文化体现出来。过去的口号，"社会主义的内容、民族的形式"，这是对的，人大会堂就是最典型的案例。

访问者：我在拜访魏士衡先生时，他回忆起在1980年代初，曾经提出过什么是城市的本质的问题。我联想到"一五"时候，城市规划工作中做人口分析，尽管关于"三类人口"的划分现在不一定适用了，但那时候从就业的角度，研究城市的人口和职业，似乎是抓住了城市较为本质的一些内容。

赵　瑾：实际也就是劳动力。当时完全按照计划的办法，工厂需要多少人，多少劳动力，多少工人，还有服务人口需要多少。当时的服务人口没有现在这种概念，电影院、商店和学校等。城市规划需要占地，占完农民的地以后，农民50岁以下的当工人，全部吸收。假如人口多了的话，城市中会有很多失业人口，所以工人中的10%

图 2-24 在青岛海滨的留影
（1958 年 9 月）
注：赵瑾。赵士修先生拍摄。
资料来源：赵士修提供。

要安排在城市里。房子怎么办？靠近工厂的农村还存在，有一部分就利用这个，另一部分全是平房，要改造的就是这一批工人平房。我们都住过，当时盖平房很简单，很快就给盖起来，而且是一排一排的，密度很大。

城市规划工作，做出来的空间布局结构，要适应城市的劳动力情况，支撑城市社会的活动。整个社会的活动，要靠这个城市规划的平面来支撑。在这个方面，要研究的城市问题实在太多了。有一个美国的记者①写的《美国大城市的死与生》，分析了城市的活动。这本书写得很好，她观察的非常仔细，要有城市的活动。另外，我们现在做的规划，是平面的、静止的，但实际上，城市是在活动、在发展的。城市的主体是人，没有人就没有城市，人的生活是城市最主要的内容，可是人的生活又不一样，并且不断变化。

以前，中国的社会是以一个个大家庭为基本单元，所以才会出现四合院的建筑形态。解放以后大家庭消灭了，小家庭出现了，当时强调集体观念，大家都生活在一起，一个单元、一个单元的。改革开放以后，实行市场经济，集体生活又解体了，家庭变得更小。所有这些，都是规划上必须要来解决的问题，因为它们牵扯到社会生活，牵扯到实际生产。

所以，要多注意城市的活动，才能从平面上和布局上弄清楚城市。这个问题，在现在的城市规划中，有突出的反映。

访 问 者：城市的劳动力，城市的各类活动，是比城市用地更为本质的一些内容。相比而言，城市产业和用地都只是一种表象。

赵　　瑾：现在，有多少农民进城打工，建了多少房子，拆了多少房子，主要是要支撑这

---

① 指简·雅各布斯（1916～2006 年）。她出生于美国宾夕法尼亚州斯克兰顿，早年做过记者、速记员和自由撰稿人，1952 年任《建筑论坛》助理编辑。在负责报道城市重建计划的过程中，她逐渐对传统的城市规划观念发生了怀疑，并由此写作了《美国大城市的死与生》一书，于 1961 年正式出版，该书成为城市研究和城市规划领域的经典名作，对当时美国有关都市复兴和城市未来的争论产生了持久而深刻的影响。作者以纽约、芝加哥等美国大城市为例，深入考察了都市结构的基本元素以及它们在城市生活中发挥功能的方式，挑战了传统的城市规划理论。1968 年，雅各布斯迁居多伦多，此后她在有关发展的问题上扮演了积极的角色，并担任城市规划与居住政策改革的顾问。

个城市社会的活动。正是这样，社会就复杂了，人的生活、生产、交换、市场、经济等。城市规划工作的思路要开阔一点。

访问者：从理论角度，应该先从劳动力构成的角度，分析城市的不同类型、性质和发展的规律，然后再做规划。

赵　瑾：我的看法是，现在的规划是静态的，但这个城市是活动的，如果不把活动弄清楚，只靠静态的东西是支撑不了的。原来城市交通出问题，就是因为道路修的太少了。以前认为，如果修那么多马路的话，到哪里去盖住宅？但是，一个城市的道路，是应该有一定比例的。

英国的伦敦，每一户有两辆车左右，伦敦的街道很窄，不像我们这么宽的马路，怎么办？必须限制。所以，划了一个范围，像我们一样，三环路以外可以开车子，三环路以内私家车不能开。

过去城市规划是静态的，凭规划人员的经验去做一个方案，推理，再修改修改。这是我干了一辈子最大的体会，平面是支撑社会活动的。解决不好这个问题，规划就做不好。

访问者：赵先生，改革开放以后，我们城市规划工作中有一个很重要的"城市规划区"的概念，最近在研究八大重点城市的时候，我突然联想到，所谓"城市规划区"，可能并不是改革开放以后突然就出现的，早期的郊区规划的范围，就很像城市规划区的概念。郊区面积一般是城区的 4 倍。就八大城市而言，大同的城区外面有个煤矿区，离得有点远，比较特殊，是 7 倍。能不能这样说：城市规划区是在以前郊区规划范围的基础上发展出来的？

赵　瑾："一五"时期不叫城市规划区。当时郊区规划是五张图之一，必须出的图，现在都不做了。实际上，郊区规划的范围也就是城市规划区的范围。城市规划不能脱离这个。

改革开放以后，把郊区规划去掉了，结果就出现了很多问题。最突出的问题是垃圾场。垃圾场可不得了，全堆满了。把它填埋以后，垃圾的水流出来，就把周围的稻田全毁了，所以垃圾场是很重要的问题。

另外，以前的规划工作中还很强调卫生防护问题，到现在我还是这样认为，必须要有。这次天津的大爆炸①，附近的住宅小区距离爆炸点只有 600 米。我在武汉时，搞基本建设计划，那里要建一个危险品仓库，存放施工时候需要用的炸药，我们把仓库的选址安排在山沟里，专门建一条专用线进去，山沟里三面是山，只有这个口子能进去，里面还要搞一个防爆墙，把它给围起来。现在的

---

① 指 2015 年 8 月 12 日，发生在天津滨海新区塘沽开发区的危险品仓库爆炸事件。

图 2-25　参加劳动锻炼时的留影（1955 年）
前排左起：赵士修（左 2）、赵师愈（左 3）。后排左起：徐钜洲（左 2）、赵瑾（左 3）、许保春（左 5）、赵金堂（右 3）。
资料来源：赵士修提供。

危险品仓库，离住宅区只有 600 米，你看看这次损失有多大？

除了危险品仓库，还有就是空气污染，钢厂有三条"龙"，分别是"白龙"、"黑龙"、"黄龙"，黄龙是致癌的物质，也就是焦炭放出来的烟。所以，安全防护带是绝对需要的。

我经历过半殖民地、半封建社会，经历过国民党的统治时代，经历过新民主主义时期和社会主义建设初期，现在是有中国特色的社会主义。我最怀念的，还是 1950 年代（图 2-25）。

访问者：这是一段"激情燃烧的岁月"。

赵　瑾：一方面是充满着激情；另一方面是真正得到了收获，思想得到了锻炼。三次下乡，一次土改，我都经历了。我在干校待了三年，我是耕田队的，罗成章书记是耕田队的队长。1950 年代我刚毕业出来，什么都不管，住单身宿舍。等你结婚了，就可以给你一个单间，有了孩子后再调换。

访问者：当时的社会关系比较单纯。

赵　瑾：互相之间比较信任，我们有个共同的目的，让这个国家富强，有理想。记得苏联有个汉学家讲，现在的中国人从外表看是中国的，黄皮肤，但思想内容全是西欧的。那时候，我们什么都不用管，吃、穿、用，都给你解决了，你就一心一意去干工作。大家互相之间协作的气氛也很好。一到过春节，我到你家拜年，你跟着我到他家拜年，就像滚雪球一样的，越滚越大。现在没有这些了，人与人之间的关系变成了金钱关系。我最近看电视上的《第三调解室》节目，一家人总是为房子打架。过去哪有这种事？现在家庭已经解体了。

四、再论 1957 年的"反四过"

赵　瑾：再比如，对于"反四过"问题，我还有一些看法，前几次还没怎么给你讲过。

"一五"时期城市规划工作的社会背景，主要是计划经济。实行计划经济，所有的人、财、物和土地等，都是国家统一地进行综合利用，有计划的，互相配合、平衡发展的利用。在过去，工业生产怎么确定生产规模，产品出来怎么卖，都是由计划来定的。

那时候，工业产品是不用去卖的，也就是召开生产订货会议，所有要我这个工业产品的单位，都来订货，确定了生产规模，今年就生产多少，当然要加一点富余，生产出来了以后是用分配的办法。

作为指令性的计划指标，一旦下达了，这些计划指标就必须完成，必须按照计划实行。对于反"四过"而言，当时各个城市做了规划，最主要的是要解决经济建设问题，要做出造价，建成需要多少钱，这个钱要经过国家计委批准的。但是，最后这个钱的指标却突破了。

其实，这也很正常，因为咱们那时候做规划，哪有那么成熟的经验？比如西安的水。西安没有水，原来从南山引水，规模太大，费钱太多，就在浐河和灞河沿岸打井取水，当时是最省钱的办法，但最后还是给突破了。

在当时，城市规划工作的重点是第一期修建，为了让第一期修建不妨碍将来的发展，所以做了总体规划，但我们没有完全按照苏联总体规划的要求去做，我们改了一下，叫做初步规划，把总体规划的内容精简了一点。

那时候，在计划经济条件下，城市规划叫做是国民经济计划的继续和具体化，既然如此，城市规划就被纳入国民经济计划里面了。按照计划管理的办法，指令性的指标，批准了规划，你就必须完成。结果你突破了，当然就要批评你。城市规划遭受批判，挨打，虽然我们有点冤屈，但其实从计划经济体制来说，也是很自然的。因为你是计划的继续和具体化，既然你是执行计划的，当然计划出了问题，你也跑不了的，只是你的责任是大或小的问题而已。当年的那些调查报告，大量都是占地过多等等的问题。总之，计划有框子，突破了这个框子就不行，这是与城市规划工作的一个主要矛盾（图 2-26）。

再一个矛盾，我体会到，是工业部门与城市规划的矛盾。工业部门想自己独立搞一摊子，就像西安，把它们集中在一块，比较容易统一解决，所以就用城市

图 2-26　大跃进时期在阜外大街城市设计院的留影（1958 年）

左起：赵士修（左 3）、徐钜洲（左 5）、蒋树泰（左 7）、金经元（右 7）、许保春（右 5）、石成球（右 4）、赵瑾（右 3）。

资料来源：赵士修提供。

规划给统一了，当时叫"六统一"①。但这样一来，工业部门就有点不舒服了，他们的建设活动受到城市规划方面的束缚太大了，什么事情都要听城市规划的，他自己不能搞一个"独立王国"了。

在我参加西安市规划工作的时候，那些厂子的一些设计人员就跟我发过牢骚。他们说，你们城市规划光管城市就行了，管那么多干嘛？我说，你在城市旁边，喝不喝水，撒不撒尿，这些事你自己能管好吗？这些市政方面的内容，也得靠我们城市规划工作进行管理和协调，不能像西安纺织厂那样，把河水都给污染了。

---

① 1956 年 5 月，《国务院关于加强新工业区和新工业城市建设工作几个问题的决定》中明确指出："为了使新工业城市和工人镇的住宅和商店、学校、邮电支局、托儿所、门诊所、影剧院等文化福利设施建得经济合理，克服某些混乱现象，应该逐步地实行统一规划、统一投资、统一设计、统一施工、统一分配和统一管理的方针"。资料来源：国务院关于加强新工业区和新工业城市建设工作几个问题的决定（1956 年 5 月 8 日）[R]. // 城市建设部办公厅 . 城市建设文件汇编（1953-1958）. 北京，1958. p185.

再比如包头包钢的住宅区，本来就不应该在昆都仑河以西，如果在昆都仑河以东地区修建住宅区，就可以和二机部的住宅区成为一个整体，各方面就容易统筹协调，结果包钢非要自己搞一套。后来它也吃到苦头了，可是当时的矛盾就在这儿。在这种情况，工业部门必然会有意见，必然会向上面反映意见。一些工业部门认为城市规划部门妨碍了他们，老是给他们制造矛盾，所以老是往上面反映。在那个时候，我们国家第一位的问题，当然是要靠工业建设，只有工业部门生产出来东西，经济才能上去，国防安全才有保障，所以无形中就必然会比较支持工业部门。最后，上面就来了个"三年不搞"，把规划给否定了。

可是，在"三年不搞城市规划"以后，就出现了市政工程等各种问题，比如给水、排水、供电的各种矛盾，结果又都影响到了工业部门的实际生产。

1980年，我跟魏士衡到地方一些城市调查过，当时许多企业反映说，必须有规划，如果没有规划，我们的生产保证不了，建设保证不了。他们也悔悟了。所以，最后又不得不再恢复城市规划。

从1950年代的"反四过"，到1980年代的城市规划恢复，这几十年的历史发展，也就是"否定之否定"——首先把规划打掉了，最后又把规划给捡回来了，规划飞跃了。

我建议你可以读点哲学。一定得用哲学的思维和观点分析，才能看清楚一些事物的本质。

那时候，国家提出"反四过"，谁敢反对？最后，曹言行讲话说，"反四过"批错了，他说他有责任。他说执行的倒霉了，不执行的现在占便宜了。这是他在改革开放以后第一次城市工作会议上讲的，我参加了这次会议，在他的小组。我有一本当年的工作日记，最近已经找到了。

[赵瑾先生找日记中……]

找到了，就是这本日记（图2–27）。

访问者：您的工作笔记，到现在还保留着？这本日记太宝贵了！

赵　瑾：还留着。不过，我已经消掉一部分了。

你看，我的这本日记中记录有曹言行的一些讲话。关于工业建设和城市建设，他说："在安排工业建设时，城市建设的投资同时安排（给排[水]、道[路]），统一规划，统一进行建设。城市建设得比较顺利，对基本建设起了很大作用"；"基本建[设]工作进行好，党中央领导好和城市建设配合好是一方面"；"但是也有矛盾，工业建设部门仍然认为城市规划束缚了它们的积极性"。

关于1957年的"反四过"和1960年的"三年不搞城市规划"，曹言行在发言中谈道："1957年就酝酿[？]撤销城建部门，这个撤销是错误的，对城市建设部损失很大。如果城市建设工作继续到现在，城市建设工作[会]有很大的

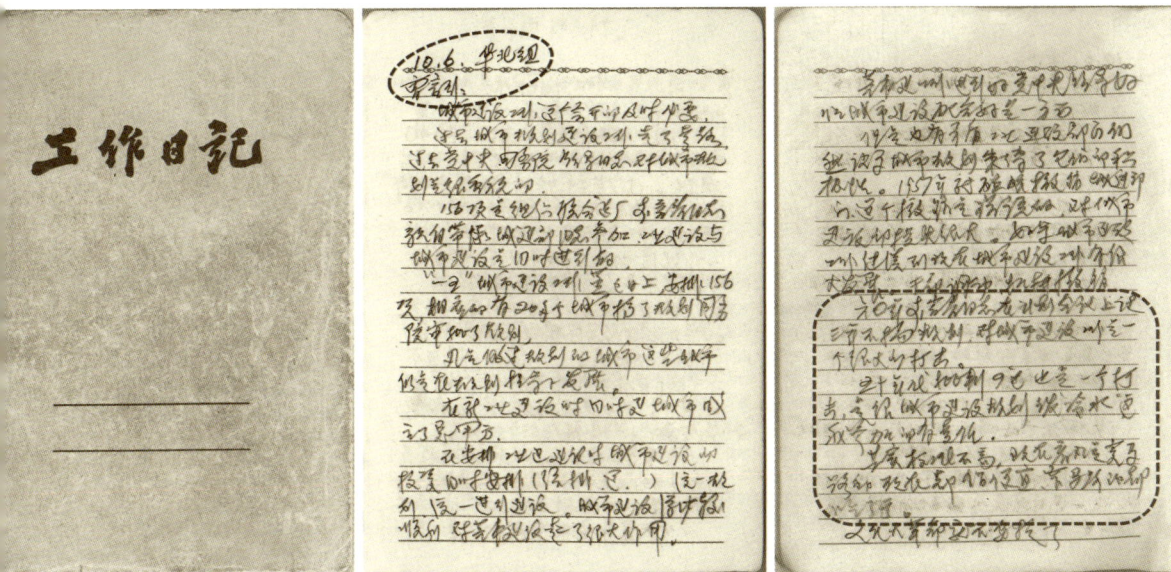

图 2-27 赵瑾先生关于 1980 年全国城市规划工作会议的工作日记

注：左图为工作日记的封面，中图和右图为这次笔记内容的前两页。图中虚线为整理者所加。

资料来源：赵瑾提供。

发展，干部调动，机构撤销"；"六〇年 [1960 年] 李富春同志在计划会议上说三年不搞规划，对城市建设工作是一个很大的打击"；"五十年代批判'四过'也是一个打击，是给城市建设规划泼冷水。这我参加的，有责任"；"其实标准不高，现在看，凡是宽马路的现在都占便宜，窄马路的都吃了亏"。

这是 1980 年 10 月 6 日，在全国城市规划工作会议上华北组的讨论时，曹言行的讲话[①]。当时，我刚调回北京，那天通知让我参加会议，我就匆忙拿了只铅笔赶去了，所以是用铅笔记录的。

访问者：这份材料实在太珍贵了。

赵　瑾：实际上，"四过"是曹言行定的调子，他是计委城建局的局长，他写了报告，交给李富春，李富春批的。"不执行的占了便宜，执行的吃了亏"。这本日记送给你了。

访问者：哦？太感谢您了！

赵　瑾：另外，在 1980 年代的另外一次研讨会上，他还有一个重要发言，叫做"从必然王国走向自由王国"，我一时找不到了。等我找到了，也送给你（图 2-28）。我还保存有一些资料，我再收集一下，整理出来都给你。我女儿是教物理的，

---

① 这次全国城市规划工作会议，是 1978 年第三次全国城市工作会议以后，首次专门研究城市规划工作的一次重要会议，具体时间为 10 月 5～15 日。参见：李浩. 影响新中国城市规划发展的 15 次重要会议 [J]. 北京规划建设，2015(4):161-166.

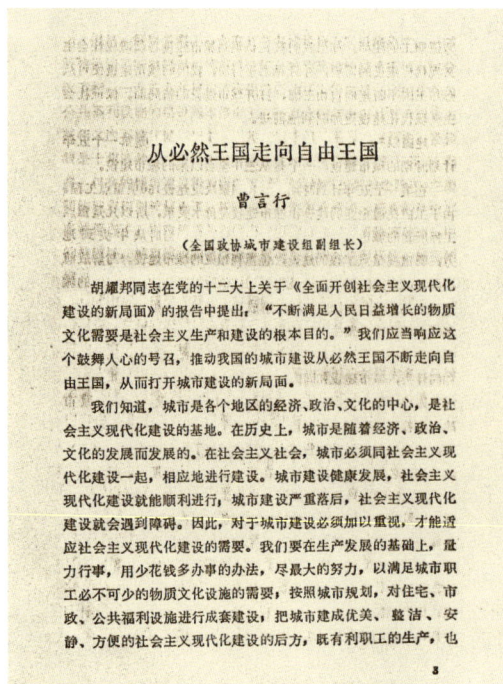

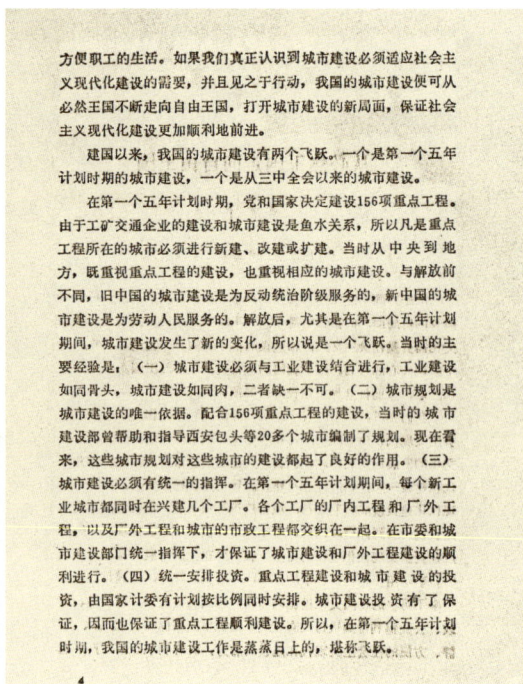

图 2-28　赵瑾先生保存的曹言行先生文章《从必然王国走向自由王国》（复印件）

注：赵瑾先生找到该复印件后，于2016年6月12日赠送给访问者。经进一步查询，该文收录于中国自然辩证法研究会所编《城市发展战略研究》，由新华出版社于1985年9月出版。中国自然辩证法研究会是在"文革"之后的拨乱反正时期，经于光远、周培源、钱三强三位著名学者建议，邓小平同志批准的一个学术组织。1982年12月19～24日，中国自然辩证法研究会与城乡建设环境保护部（1982年5月组建成立）在北京联合召开全国城市发展战略思想讨论会。时任全国政协城市建设组副组长的曹言行，在这次会议上作了题为"从必然王国走向自由王国"的发言。这次会议后，编辑出版了《城市发展战略研究》论文集，《从必然王国走向自由王国》为首篇论文。

我的外孙是学林的，他们都没学这个专业，都不要这些材料了。你对这个有兴趣的话，我这方面的材料都给你。

我就这么个心愿，我不是学这个的，但是我进入规划行当以后，觉得这个非常有意思。我总有那么个心愿，但我完不成了。

你有这个兴趣挺好。但这是件苦差事，也是"坐冷板凳"，还是长期的事情。短期内做不出来。希望你能长期坚持下去（图2-29）。

图 2-29　赵瑾先生访谈后的留影

注：2016年6月12日，赵瑾先生家中。
资料来源：李浩拍摄。

访问者： 我一定尽力而为，再次感谢您的指导！

（本次谈话结束）

赵士修先生访谈

城市规划工作的特点是综合性很强，涉及国民经济的方方面面。我们不要寄托于国家发改机构、土地部门、建设部门"三位一体"成立规划委员会，这很难。我觉得应该提倡协作。

（拍摄于 2016 年 05 月 11 日）

赵士修

专家简历

赵士修，1931 年 9 月生，江苏常熟人。

1952 年 7 月毕业于苏南工专建筑学专业，同年 9 月在建筑工程部人事司参加工作。

1953 年 3 月，调入建工部城市建设局工作。

1955～1971 年，先后在国家城建总局、城市建设部、建筑工程部以及国家计委城市局、国家建委城市规划局等工作。

1972～1979 年，在国务院环境保护领导小组办公室工作。

1980～1982 年，在国家城建总局工作。

1982～1993 年，先后在城乡建设环境保护部、建设部城市规划局(司)工作，任副局长、局长。

1993 年退休。

"一五"时期，曾参与包头地区和河西走廊地区的联合选厂，吉林、包头等新工业城市的初步规划工作，以及城市规划管理和审批工作。

2014 年 5 月 23 日谈话

访谈时间：2014 年 5 月 23 日下午

访谈地点：北京市海淀区建设部大院，赵士修先生家中

谈话背景：2013 年 1 月 25 日，国家自然科学基金项目"新中国城市规划发展史
（1949 ～ 2009 ）"召开课题研究成果专家评议会，会上赵士修先生曾提出"1957
年的'反四过'是冤案"、"'青岛会议'和'桂林会议'不能相提并论"
等重要观点。受赵士修先生观点的触动，访问者在评议会后查询了一批档案
资料，对 1957 年的"反四过"进行了专题研究，于 2014 年 5 月初形成《1957
年"反四过"运动的历史考察》论文草稿①呈送赵士修先生审阅。赵先生阅
读该文后，与访问者进行了本次谈话。

整理时间：2016 年 6 月 27 日

审阅情况：经赵士修先生审阅修改，于 2016 年 7 月 7 日定稿，2016 年 7 月 12 日补充

李 浩（下文以"访问者"代称）：赵先生，在 2013 年 1 月召开的"新中国规划史"
课题评审会上，您曾提出"'反四过'是冤案"的观点（图 3-1）。最近，
晚辈针对您讲的这个话题，写了一篇小论文。今天过来，想听听您的指导
意见。

---

① 该论文对应于《八大重点城市规划》一书中第 11 章"1957 年的'反四过'：再论八大重点城市规划的实施问题"。

图 3-1 赵士修先生在"新中国城市规划发展史（1949-2009）"课题评议会上发表意见

注：2013 年 1 月 25 日，中国城市规划设计研究院十层审图室。

资料来源：李浩拍摄。

一、对"反四过"的认识

赵士修： 1957 年提出"反四过"，当时针对的是基本建设。后来的一些材料中，包括《当代中国的城市建设》一书，把"四过"说成是城市规划造成的。我觉得这是冤案。求新过急、标准过高、占地过多、规模过大，这不是城市规划造成的。这方面的好多问题，实际上是在城市规划的实施过程中产生的，是基本建设各方面推波助澜的结果。

　　"反四过"的这个问题，与后来（1960 年）提出"三年不搞城市规划"，有一定的关系。对于这个问题，在历史研究工作当中，是不是应该实事求是的来畅谈？我看了你写的这篇论文，总的讲，题目选得不错，你写了四个部分的内容[①]，但我觉得有两个主要的问题，你还没太写清楚。

　　第一个问题，"反四过"对城市规划发展的影响。1960 年 11 月份，在全国的第九次计划会议上，李富春提出来"三年不搞城市规划"，那时候他是国家计委主任。他为什么提出来要"三年不搞城市规划"？就是因为之前已经搞过"反四过"，一直是把"四过"的责任都归咎于是规划造成的。这是个冤案。

　　所谓"四过"，实际上是城市建设造成的，结果却把这个板子打在城市规划的屁股上，后来干脆就提出"三年不搞城市规划"了。

　　这个问题，本身板子就打错了。即使说规划工作有些毛病，但你总不能因噎废食啊：你别搞了！如果有什么问题，是可以加以改进的，本来应当采取这么一

---

① 包括"'反四过'运动的社会诱因及其渐进发展过程"、"'四过'之辩"、"对新中国城市规划发展的影响"和"余论：城市规划工作的责任范畴"4 个方面。

图 3-2 在十三陵水库的主题团日活动留影（1954 年前后）
前排（坐姿者）左起：刘欣泰（左1）、赵士修（右1）。后排左起：高殿珠（右2）、金经元（右1）。
资料来源：赵士修提供。

个思路才对。

第二个问题，1960 年提出"三年不搞城市规划"，实际上的影响，可并不是"三年不搞"而已。其负面影响，一直持续到 1978 年 3 月份国务院召开第三次全国城市工作会议。

早在 1950 年代，国家就曾提出，全国各个城市，包括一些大的建制镇，都要编制城市规划。那时候宣布"三年不搞"，很多城市规划机构都被撤销了，实际上造成的负面影响很大（图 3-2）。

中国城市规划设计研究院的前身是城市设计院，它是 1954 年在山老胡同成立的，那时候万里是建筑工程部的副部长，后来曾任国家城建总局的局长、城市建设部的部长。因为"三年不搞"的影响，城市设计院在 1963 年改成城市规划研究院，1964 年被撤销建制。1960 年代初，规划院大概有 400 多人，建制撤销以后，人员到处下放，有的到攀枝花去了，有的到其他地方了。中规院的重新组建，真正恢复是在 1982 年。

所以，并不是"三年不搞"而已。实际上，中间有十几年的时间，规划工作停顿，撤销机构，下放人员，造成了极大的负面影响。与此同时，各类建设活动却一

图 3-3 青岛建筑风貌（1958 年）
注：赵士修拍摄。
资料来源：赵士修提供。

天都没有停过，不光是工业项目，还包括民用建设项目。结果，各地爱怎么建就怎么建，造成很大的混乱。

当时，全国许多城市，包括首都北京，把规划局都撤销了，各地城市建设陷入一片混乱。

总之，你们对"反四过"最后的影响，造成的后果，写得不够。关键是，这个板子打得不对。

访问者：当时的第九次全国计划会议，您参加了吗？

赵士修：这次会议是在 1960 年的 11 月召开的，这个会议我没参加，但应该都有材料。你根据各方面的材料，再做些深入分析。

二、"青岛会议"和"桂林会议"

访问者：赵先生，我记得您曾讲过，"青岛会议"和"桂林会议"不能相提并论，可否请您回忆一下这两次会议的有关情况？

赵士修：青岛会议是 1958 年六七月份召开的。虽然在 1958 年的时候，全国已经开始"大跃进"，但就青岛会议来说，开会的缘由并不是为了城市规划的大跃进。因为我参加了这次会议的一些前期工作，对会议的情况还比较了解（图 3-3）。

青岛会议的召开背景是这样的。1958 年初，毛主席在视察东南沿海几个大城市，回来后，在中央的一次会议上说：我到了几个城市，我认为青岛这个城市建设得好。这个问题，是首先由毛主席提出来的。当时，刘秀峰部长听了毛主席的讲话，回来后马上就找城市建设局，对我们说：你们派一个调查组，到青岛去调查一下，看看青岛到底好在什么地方？为什么好？

当年，城建局去青岛的调研，我参加了。城建局是由高峰副局长带队，局里的苏联专家萨里舍夫、城市设计院的苏联专家什基别里曼也参加了，翻译是靳君达，我们一行共5个人，在青岛待了一个多星期（图3-4）。

我们是乘坐火车去青岛的，在滨海栈桥附近的一个招待所住下来。青岛有山有水，还临着大海，风景比较好。我们一到青岛，两位苏联专家便迫不及待地邀我们一同去海边散步。当时青岛的一些房屋，主要是以前德国人建造的，没有什么高楼大厦，一般都是二、三层的房屋，房屋和马路建设随坡就势，体现出人工和自然的结合。

访问者：这可能也是毛主席赞赏青岛的一个重要原因。

赵士修：我们是1958年4月份去青岛调查的，正是青岛樱花盛开的时候。当时我有一个重要任务，就是照相，通过照片来反映青岛的城市形象。我用相机照了100多张照片，可惜没有彩色胶卷，都是黑白的（图3-5、图3-6）。后来，青岛市政府特地送给我们一幅彩色的青岛海滨全景织锦画，让我们带回北京，这幅织锦画是杭州制作的。

我们从青岛回来以后，由高峰副局长代表调查组向刘秀峰部长作了详细汇报。汇报时重点概括了青岛城市建设的一些特点，比如城市用地功能分区比较明确，工业区、生活区、游览休憩区等安排比较有序；道路自由布局，建筑随坡就势、错落有致；等等。刘秀峰部长一听我们汇报，就说好，我们6月份在青岛开一次座谈会吧（图3-7）。

经过一个多月的前期筹备，青岛城市规划座谈会于1958年6月下旬召开，一直开到7月初。这次青岛会议，是中国城市规划领域的一次全国性座谈会，而且中国建筑学会的学术年会也同时在青岛召开。参加青岛会议的人员，有各地城市规划建设部门和中央各有关部门的代表，也包括参加中国建筑学会学术会议的代表，一共约900多人。会议由刘秀峰部长亲自主持，主要安排了青岛市容考察、分组讨论、大会发言、会议总结等环节。青岛会议的筹备工作我参加了，正式的会议我也参加了。

1958年7月3日，刘秀峰部长在青岛会议上作总结报告。会场安排在青岛休疗养区的"海军大礼堂"，那时候是天气最热的时候，气温很高，人人汗流浃背，但500座的大礼堂座无虚席。刘部长上午讲了4个小时，下午讲了3个小时，一共7个小时，基本上是一整天。刘秀峰部长的这个总结报告，基础就是利用

图 3-4　建工部城建局调研组在青岛的留影（1958 年 4 月）
前排左起：青岛市陪同人员（左1）、什基别里曼（左2，苏联专家）、萨里舍夫（左3，苏联专家）、高峰（右2）、青岛市陪同人员（右1）。后排左起：靳君达（左1）、赵士修（右1）。
资料来源：赵士修提供。

白天听会、晚上座谈的一些内容，最后形成的一个讲话提纲，最后的这个讲话提纲是他自己弄的（图 3-8）。

我觉得，1958 年的青岛会议和 1960 年的桂林会议，不能相提并论。青岛会议的召开，不是为了城市规划的大跃进，而是为了研究总结城市规划怎么做，规划工作的技术方法是什么（图 3-9）。

当时，刘部长的总结报告中，主要讲了十个问题：

第一，从全面的观点出发进行城市规划和建设。核心就是提出要开展区域规划，不能就城市论城市。

第二，大中小城市相结合，以发展中小城市为主。而且讲，在大城市周围可以建立卫星城。

第三，从实际出发，逐步建立现代化城市。当时提了是"逐步"，而且现代化城市的核心是城市基础设施的现代化，住房是基础，不是搞高楼大厦。

第四，城市规划标准定额问题。强调因地制宜，当时居住面积什么的，他说不要"一刀切"。

图 3-5　赵士修先生保存的相册中的青岛照片（部分）
资料来源：赵士修提供。

图 3-6　青岛建筑风貌（1958 年）
注：赵士修拍摄。资料来源：赵士修提供。

第五，在适用、经济的基础上注意美观。城市的美观是一项重要内容，建筑形式可以多样化，而且讲了青岛利用地形、与海的关系等，讲得很不错（图 3-10）。

第六，近期规划和远景规划的问题。他提出远近结合、由近及远，科学地指导近期，近期应当要与远景相结合，远景也应当根据近期建设来进行修正，他很辩证地讲到这些关系。

第七，旧城利用和改造问题。他提出要充分利用与有步骤的改造相结合，不要

图 3-7　青岛街道风貌（1958 年）
注：赵士修拍摄。
资料来源：赵士修提供。

图 3-8　青岛城市风貌（1958 年）

注：赵士修拍摄。

资料来源：赵士修提供。

图 3-9　青岛城市风貌（1958 年）
注：赵士修拍摄。资料来源：赵士修提供。

图 3-10　青岛滨海风貌（1958 年）
注：赵士修拍摄。资料来源：赵士修提供。

图 3-11　在青岛滨海的留影（1958 年 9 月）
注：后排右 3 为赵士修。资料来源：赵士修提供。

图 3-12　在青岛滨海的沙滩上（1958 年 9 月）
注：赵士修拍摄。资料来源：赵士修提供。

大拆大建。

第八，县镇规划建设问题。

第九，农村规划与建设。

第十个问题，加强规划建设的管理与科研工作。

今天来看，刘秀峰部长在青岛会议的总结报告，很多内容对城市规划工作有长远的指导意义。我看到一些文献中对于青岛会议的描述，有点断章取义，没有全面正确地反映。我认为，在新中国城市规划发展的历史上，青岛会议是一个很重要的会议，是带有里程碑性质的会议（图 3-11、图 3-12）。

青岛会议召开的时候，"大跃进"刚刚开始，还没有真正兴起。1960年的"桂林会议"，是浮夸的。所以，我觉得这两次会议不能相提并论。青岛会议讲的十个问题，有些内容对当前还有一定的指导意义。桂林会议主要提出要搞快速规划，是不切实际的，完全是浮夸的。

访问者：既然青岛会议比较正面，为什么会后给中央提交的报告，和桂林会议的报告一样，都没被批准呢？按道理应该说，青岛会议要好一点的。

赵士修：那是在1958年，到了下半年，就真正开始搞"大跃进"。那时候，主要是觉得青岛会议不够提劲，全国都搞"大跃进"了，青岛会议的报告却没有"大跃进"的劲头。关于青岛会议，我一直就有这个看法，中央不批是因为"大跃进"的劲头不够。

刘秀峰以前是华北行政委员会的副主席，我对刘秀峰很佩服，他的讲话，基本上不需要别人给他准备，但他都讲到了点子上。

访问者：青岛会议召开的时候，万里好像没怎么参加，这是为什么？当年他还是城市建设部的部长呢。

赵士修：1955年万里当城建总局局长的时候，是在山老胡同，后来到了1956年，城市建设部搬到了阜外大街办公。然后，1958年2月份，国家撤销了城市建设部，把万里调到北京市任职了。那时候，城建部的工作又回到了建工部，建工部的部长就是刘秀峰。

当年，刘秀峰部长亲自主持召开过不少重要会议，除了青岛会议和桂林会议之外，1959年5月还在上海召开过一次设计工作方面的会议，也就是"住宅建设标准及建筑艺术座谈会"。

访问者：在这次会议上，刘部长作了很有名的《关于创造中国的社会主义的建筑新风格》的报告。这份报告还翻译成了好多种语言，在国际上产生过一些重要影响。

赵士修：对。我前后经历过十几位正部长，对刘秀峰部长是很佩服的。当时，刘秀峰到建工部工作的时间也不算太长，过去是华北行政委员会的副主席。他是一个行政领导，但是很钻研（图3-13）。

刘秀峰部长很不简单，一般来讲，部长讲话很多都是叫秘书准备个稿子，在会场念一念，最多再临时发挥几句。刘部长在青岛会议上的总结讲话，并没有事先起草好成熟的稿子，主要就是根据一个讲话提纲，现场发挥，讲了七个小时。会后，根据录音，对他的讲话又作了整理，浓缩了一下，但基本的架子仍然是他的。刘部长的青岛会议报告，讲到了城市规划方面的内容，也讲到了建筑方面的内容，还是比较经典的。在建工部历史上的几任部长中，刘秀峰部长的贡献是非常大的。

访问者：1960年的桂林会议您参加了没有？

赵士修：我没有参加桂林会议。桂林会议和青岛会议不太一样。

图 3-13　在集体宿舍学习（1959 年）
资料来源：赵士修提供。

访问者：在青岛会议上，有没有"城市规划多少条"的说法？当时农业、工业等都在提
　　　　多少条。我在查资料的时候，好像有"城市规划工作纲要三十条"的说法[①]，
　　　　但我没有查到具体的档案。

赵士修：当时好像提过"城市规划三十条"，但后来没有往上面报。

访问者：谢谢您！

（本次谈话结束）

（备注：本次谈话结束后，访问者对《1957 年"反四过"运动的历史考察》论文进行了
较大幅度修改，于 2014 年 11 月再次呈送赵士修先生审阅，获得赵先生的认可。）

---

① 据《建筑业的创业年代》一书记载，1958 年 6 月 27 日至 7 月 4 日，"全国城市规划工作座谈会和中国建筑学会'青
　岛市城市规划与建筑'专题学术座谈会在青岛召开"，"会上产生了《城市规划工作纲要三十条》（草案）"。
　资料来源：袁镜身，王弗 . 建筑业的创业年代 [M]. 北京：中国建筑工业出版社，1988：375.

2015 年 10 月 8 日谈话

访谈时间：2015 年 10 月 8 日下午

访谈地点：北京市海淀区建设部大院，赵士修先生家中

谈话背景：《八大重点城市规划》书稿（草稿）完成后，于 2015 年 9 月 23 日呈送赵士
　　　　　修先生。赵先生阅读书稿后，与访问者进行了本次谈话。

整理时间：2016 年 6 月 28 日

审阅情况：经赵士修先生审阅修改，于 2016 年 7 月 7 日定稿，2016 年 7 月 12 日补充

赵士修：你做的这个工作非常必要，很有意义，做到点子上了。1960 年以后，我们的
　　　　规划工作有所中断，"不搞规划"了，但 1950 年代的有些做法、经验，以及
　　　　1980 年代之后的经验，都是十分丰富的。随着时代的变迁，早年留下来的一些
　　　　历史资料，显得非常宝贵。

一、参加工作之初

访问者：赵先生，可否请您回忆一下早年的学习和参加工作的一些情况？

赵士修：我是 1952 年 7 月从苏南工专（后并入南京工学院，即今东南大学）毕业的（图
　　　　3-14～图 3-16），学的是建筑学专业，9 月份分配到建筑工程部，来到北京
　　　　位于灯市口大街东口的部大楼报到的，先是分配在人事教育司的技术教育处
　　　　工作。

　　　　建工部是 1952 年 8 月成立的，第一任部长是陈正人。陈正人是从江西省委书

图 3-14　全家福（1937 年）
注：拍摄于上海。
左起：赵士修（左 1）、母亲（左 2）、弟弟（左 3）、
父亲（右 2）、哥哥（右 1）。
资料来源：赵士修提供。

图 3-15　大学学习期间在南京某建筑设计公司实习时的留影（1951 年）
前排左起：王森元（左 1）、蒋树泰（左 3）。后排左起：沈豪（左 3）、赵士修（右 5）、洪荣林（右 3）。右
1 为建筑设计公司负责指导教学的建筑师。
资料来源：赵士修提供。

图 3-16　赵士修毕业设计课程作业：办公楼设计效果图（1952 年）
资料来源：赵士修提供。

记的任上调动过来的①。陈正人很有名，"毛选"②上说他是作为我们国家的老同志参加入党的，是知识分子的代表；谭震林则是工人代表。

那时候，建工部的办公楼是在灯市口一个五层的小楼。我到建工部参加工作时，建工部刚刚成立，我曾听过陈正人部长关于六条施政方针的报告，强调做好全国城市规划建设是建工部的重点工作之一，所以我对他印象是很深的（图 3-17）。

不过，陈正人在建工部待的时间不是太久。自 1954 年 9 月起，刘秀峰开始担任建工部部长，刘秀峰以前是华北行政委员会的副主席，他也有很大的功绩。位于百万庄的建工部大楼，就是 1954 年建的。

当年，城市规划工作是由建工部的第一副部长万里主抓。万里是 1953 年初跟随着邓小平来到北京的，他原来是西南大区工业部的部长，邓小平是西南行政委员会的主席。小平同志调到中央来当总书记时，就把万里也带来了，万里来到建工部后，就担任副部长。

那时候，周干峙和赵瑾等，算是比较早的来到建工部工作的人员。到了 1953 年初，建工部成立城市建设局，我从人事司调到了城建局的规划处。城建局有一位副局长叫贾震，他是从人事部调过来的。赵瑾是他的秘书，跟着贾震从人事部过来的（图 3-18）。

---

① 　陈正人（1907.12～1972.04），江西遂川人。土地革命时期，历任江西省遂川县县委书记、井冈山湘赣边界特委副书记、江西省委代理书记、江西省苏维埃政府副主席。抗日战争时期，任中央军委总政治部宣传部部长、中共中央西北局组织部部长。解放战争时期，任东北民主联军总政治部主任、吉林省委书记兼军区政治委员。新中国成立后，历任江西省委书记、建筑工程部部长、中共中央农村工作部副部长、国务院农林办公室副主任、农业机械部部长等。中国共产党第八届中央委员会候补委员。"文化大革命"中受迫害。1972 年 4 月在北京逝世。1980 年得到平反。
② 　指《毛泽东选集》。

图 3-17 参加工作之
初的赵士修（1952年）
资料来源：赵士修提供。

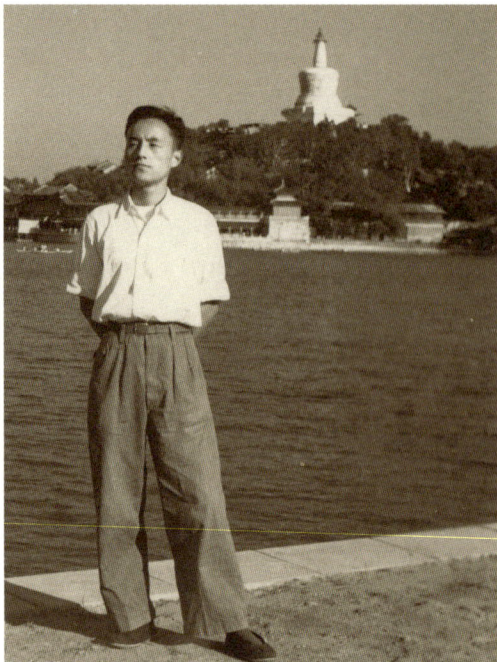

图 3-18 在北海公园的留影
（1954年）
资料来源：赵士修提供。

图 3-19 在城市规划局和城市设计院大门口的留影（1961年2月）
前排左起：鲍世行（左1）、张启成（左2）、赵金堂（左3）、陈慧君（右3）。
后排左起：冯良友（左3）、徐钜洲（右3）、赵士修（右2）。
资料来源：赵士修提供。

图 3-20　在阜外大街城市设计院大门外的留影（1961 年 2 月）

左起：赵金堂（左 1）、张启成（左 4）、冯良友（左 5）、鲍世行（左 6）、徐钜洲（右 6）、赵士修（右 4）、陈慧君（右 3）。

资料来源：赵士修提供。

为了切实加强城市规划设计工作，城建局于 1954 年 10 月专门成立了城市设计院（中国城市规划设计研究院的前身）。后来，建工部的城建局又升格为城建总局，接着又独立出去，叫"国家城建总局"，1956 年又成立了城市建设部。城建总局的局长、城建部的部长，都是万里。一直到 1958 年，万里调到北京市委书记处任书记（图 3-19）。

万里的脑子很清楚，而且在很多复杂的问题上，经常有各种不同的意见，最后由他来决断，包括包头市规划也是这样。很早的时候，万里就说过：北京市要注意一件事，北京的水的问题如果解决不好，首都就要搬家。万里对城市规划建设工作的贡献，是比较大的。

我刚参加工作时，城建局下面设有 3 个处：一处、二处、三处。为了搞规划建设，每个处对口联系两个大行政区的城市规划工作。我在三处，我们处主要负责西北和东北地区，处长是冯良友（图 3-20）。另外有一个处是由史克宁负责的。

二、首次参与吉林市初步规划

赵士修：在这本书稿中，你主要讲了八大重点城市的规划。实际上，这八个重点城市的规划建设，代表了"一五"时期我们国家的城市发展及其工业建设总的概貌。你在书稿中提出，八个重点城市的规划是新中国城市规划事业的奠基石，的确如此。现在看来，"一五"时期的八大重点城市规划，主要是围绕"156项工程"进行的。那时候，尽管各方面的工作条件很差，但城市规划工作还是比较正规的。当时，中国还没有自己的"城市规划编制办法"，那就按照苏联的规划编制办法，同时结合我们的国情，加以适当改进。那时候的规划叫做"初步规划"，还不叫"总体规划"。

当时有些东西，还是我们现在也做不到的。比如初步规划要确定厂址的边界，还有铁路、站场和编组站的详细安排，等等。

访问者：赵先生，早年您主要在城建局工作，您是否参加过一些具体的规划项目呢？

赵士修：我参加工作后参与的第一个规划项目，就是吉林市的初步规划，时间是1953～1954年。

苏联援助我国建设的"156项工程"，吉林市有6项，包括铁合金厂、电极厂、热电站、染料厂、氮肥厂、电石厂等。吉林市从整体上看，中间平，四周地形比较起伏，有点像"元宝"的形状。从江北地区过去，大部分土地是平的，江南是岩土的。我们去了吉林好几次，冯良友处长带队在吉林市呆了四五个月。我们在那里调查现状、做方案，几次回北京，向苏联专家汇报规划方案。

访问者：吉林是在东北地区，城市建设方式属于改建类型，跟八大重点城市不太一样，对吧？

赵士修：实际上，吉林的大部分工业也都是新建的，以前吉林有些什么呢？主要是解放后开始建设的。

访问者：在"中东铁路"沿线，可能有一些租借地等。

赵士修：它是在吉林市北部的尽端，再往北过去就是小丰满水库了。吉林这个城市很有特色，有山有水，但市区就那么一小块适宜建设用地，大概只有两三平方公里的面积。铁路主要在城市的北部，为江北化工区服务，江南没有铁路。当时的铁路是城际间的交通，不是市内交通（图3-21、图3-22）。

苏联专家在指导城市规划工作时，很重视发挥城市规划的综合协调作用。吉林是依山傍水、松花江在市内迂回而过的一个带状滨江城市。市区用地被松花江分割为三大片，中间一块就是旧城，原来还有城墙，铁路火车站就放在那儿，位于市中心的核心部位，铁路线纵横交错，严重影响市区交通（图3-23、图3-24）。

吉林市的用地原本就很窄，松花江很漂亮，就中间那么一块适宜建设用地。后来我们做规划时，就说你们这个火车站能不能往东面靠靠，或者放到西边去，从桃源山边上走。

后来我们提出了一个将铁路站场西移的规划方案，并规划设计了新的路网系统。当我们把规划方案带回北京，向苏联专家巴拉金汇报时，巴拉金非常赞同，并

图 3-21 吉林松花江沿岸旧貌（1930 年代前后）
资料来源：吉林市城乡建设委员会．吉林市志·城市规划志 [R]．吉林：吉林市统计印刷厂，1997．文前插图。

图 3-22 吉林西大街旧貌（1930 年代前后）
资料来源：吉林市城乡建设委员会．吉林市志·城市规划志 [R]．吉林：吉林市统计印刷厂，1997．文前插图。

图 3-23 吉林火车站旧貌（1930 年代前后）
资料来源：吉林市城乡建设委员会．吉林市志·城市规划志 [R]．吉林：吉林市统计印刷厂，1997．文前插图。

图 3-24　吉林市街图（1956 年）
注：截取自"吉林省行政区划图"。资料来源：吉林省行政区划图 [Z]. 中国城市规划设计研究院档案室，案卷号：0598.

图 3-25　吉林市总平面规划图（1956 年）

资料来源：吉林市城乡建设委员会．吉林市志·城市规划志 [R]．吉林：吉林市统计印刷厂，1997．p84．

且提出，关键是要做好铁路部门的工作，并取得必要的协议。

根据巴拉金的建议，我们和吉林市的同志一起，首先走访了沈阳铁路局，协商好以后，再去找铁道部，反复向他们说明理由，权衡利弊。经过多次协商，最后吉林市政府和铁道部签订了远期搬迁站场的书面协议。吉林市的初步规划于1956年获得国家建委的正式批准（图3-25）。

不过，吉林火车站搬迁的协议签完了以后，铁路车站一直没搬，而是做了好几个立交。狭窄的市区道路网非常混乱。

按规定，城市规划方案，经过国务院或者上级政府审查、批准以后，具有法律效力。任何单位或个人，如果要修改的话，必须要先上报，批准了才能改动。但是，这个问题在有些城市没有很好解决。

三、联合选厂工作

赵士修：在"一五"时期的规划工作中，联合选厂是很重要的一个工作方式。那时候，我参加过两次比较大的联合选厂。一次是包头市的选厂，另一次是西北地区的联合选厂。

包头市的联合选厂，由国家计委、建委和有关工业部门参加，万里同志带队。当时对厂址方案争议很大，最后，综合各方面的意见，由万里拍板，钢厂放在昆都仑河西边，仪表工业放在北边，火车站放在南边。就连第一期建设选在哪里，当时也都确定下来了。

那时候，包头规划的人口规模是100万。后来，批"四过"的时候，就把包头作为一个典型来批判，批判包头规划"贪大"。现在包头的规模，早就200多万人了。城市规划要着眼于长远发展，即使说近期发展的重点是五年、十年，也得有长远的发展轮廓（图3-26）。

我参加的另一次联合选厂，就是西北地区的选厂。

访问者：西北地区的选厂，主要是西安、兰州等地的联合选厂吧？

赵士修：西安、兰州的选厂，时间比较早，大概是1953年进行的。我讲的是河西走廊地区的联合选厂，主要是青海、甘肃，从兰州一直到青海湖那边，时间是1956年。那时候，规划组是万列风带队，加上刘德涵，我们一共三个人。

当年参与联合选厂的，不仅仅是工业部门，而且还有地质、环保、气象，很多部门参与。国家建委有个区域局，专门负责厂址选择。西北地区的联合选厂，主要是国家建委牵头，国家建委区域规划局范明副局长带队。万列风我们三个人，是联合选厂工作组其中的一个城市小组。

当时，需要选址的厂子有一大堆，可工作条件很差，却连一张像样的地形图也

图 3-26 包头五当召旧貌（1950 年代）
注：赵士修拍摄。
资料来源：赵士修提供。

没有，就靠五万分之一的军用地图，地图上的等高线根本看不清。当时，河西
走廊是荒芜的戈壁滩，没有道路，我们就坐着吉普车，根据走的时间，来估计
这片土地大概有多大面积。带一个罗盘仪，来辨别东南西北。通过看河床构造，
比如看含水层有多厚啊，土层有多厚啊，来鉴别地质条件，同时手摇钻作为辅助。
我记得，地质部去了几个工程师，负责看河床，看这个承载力大概是多少，可
不可以放一些重型的厂子。当时，我们在野外待了两个多月，白天走，晚上就
在所在县里的招待所住下来（图 3-27）。

在河西走廊选厂时，我们三人小组，白天在野外选择厂址，然后参加讨论，回
去再负责画图。最终还是要在图纸上表现出来，厂子怎么放，还有防护带、铁路、
编组站、生活区等用地作统筹安排。我们在那里足足干了两个月（图 3-28）。
那时候，通过联合选厂工作，提出了许多厂址方案。其中包括酒钢（酒泉钢铁厂），
还有青海西宁的一些军工厂。另外还有西宁、张掖一直到青海的一些大的项目，
都是那时候定下来的。实际上，酒泉是天山脚下的一个城市，原来也是一片荒地。
通过那些厂子的选址，为西北地区一些城市的建设，打下了良好的基础。

我觉得，"一五"时期城市规划建设的一个重要经验，就是联合选厂。一个工
厂厂址的选择，工厂不是孤立的，周围的配套条件很重要，电、水、铁路、公
路怎么进去、怎么出来？它的生活设施放哪里？城市规划要统筹安排，有效解
决这些问题。

图 3-27 在青海日月山的留影（1956 年）
注：后排右 1 为赵士修。
资料来源：赵士修提供。

四、关于苏联专家

访问者：关于苏联专家，我看有关材料，好像您接触比较多的是巴拉金和萨里舍夫，不知穆欣的情况您了解吗？他来中国的时间比较早。

赵士修：是的。穆欣是我们城市规划方面很早的一个苏联专家，我听说过他的一些情况，但没有现场和他接触。穆欣的翻译是刘达容。穆欣回苏联的时间也比较早。穆欣走了以后，主要就是巴拉金在指导规划工作。

那时候的城市规划工作，基本上是苏联专家"当家"。城市规划方案，以及规划方面的其他一些事情，如果不取得苏联专家的同意，就不行。苏联专家讲话的时候，提的几条意见，那时候都得记录在案。苏联专家的意见要严格执行（图 3-29）。当年我是在城建局里工作，局里的苏联专家是巴拉金，跟巴拉金接触的比较多一点。我们做吉林市城市规划时，要向巴拉金汇报，巴拉金还亲自去过吉林。那时候，确定一个工厂的布局很不容易，吉林市的选厂争议很大，几个重点工业项目布局在哪里？生活区放哪里？当时，巴拉金的意见，生活区要离厂区远一点，因为要讲卫生标准。而工厂方面希望越近越好，职工上下班方便。

访问者：巴拉金大概有多大年龄？

赵士修：巴拉金年龄不是太大，具体说不清了。1956 年来的苏联专家萨里舍夫，年龄大

图 3-28 甘肃嘉峪关（1956 年）
注：赵士修拍摄。
资料来源：赵士修提供。

一些，1958 年的青岛会议他参加了，1958 年底回苏联。萨里舍夫是莫斯科城市设计院的一个副院长，巴拉金来自列宁格勒城市设计院（图 3-30）。

访问者：当时，苏联专家跟咱们国内的一些专家之间，有没有比较明显的矛盾或冲突？

赵士修：新中国成立初期，提倡全面学习苏联。当时的城市规划工作，是苏联专家说了算。那时候，即便我们规划局局长、副局长等，也都得听苏联专家的。当时，局里搞具体工作的，都是一批年轻人。

访问者：对于苏联专家的作用，您怎么评价？

赵士修：苏联专家都是我们的工作顾问。当时我们国家的建设，特别是城市的规划建设，没有任何经验，苏联专家起了很大的作用。在苏联专家的帮助下，解决了好多业务、技术上的问题。我们国家的第一个五年规划，苏联专家起到了很重要的咨询作用。现在来看，我们的八大重点城市规划、"156 项"的建设安排，大体上还是可以的。

访问者：从您的接触情况看，巴拉金和萨里舍夫这两位苏联专家，大概有哪些不同？

赵士修：我感觉巴拉金比较活跃、开朗、幽默，萨里舍夫比较严肃、凝重、直率。1956 年的时候，成立了城市建设部，城建部城市规划局的领导指定我和何瑞华两个人，专门去跟随萨里舍夫学习，还明确规定了一些具体任务，比如每周安

图 3-29　在宿舍学习时的留影
（1959 年）
注：照片中桌子上放着当时的收音机。
左起：赵瑾（左1）、赵士修（右2）、
金经元（右1）。
资料来源：赵士修提供。

图 3-30　在绘画中（1959 年）
资料来源：赵士修提供。

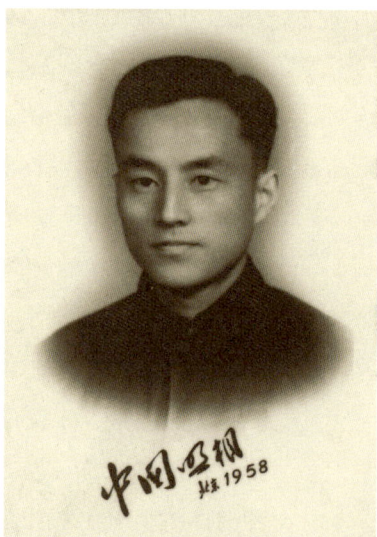

图 3-31　1958 年的留影
资料来源：赵士修提供。

排两个上午，请苏联专家给我们讲课，学习苏联城市规划的理论知识；跟随苏联专家出差，或者在北京听取有关城市规划工作的汇报；把苏联专家指导城市规划工作的有关意见和建议，进行整理，定期向领导汇报，并协助检查苏联专家建议的贯彻落实情况；等等（图3-31）。

在与苏联专家接触的过程中，我深刻地感受到他们认真负责的工作态度。在指导重点城市的规划编制、合理安排重要项目的厂址、保障城市规划的严肃性等方面，苏联专家提供了有益帮助，作出了重要贡献。

五、"梁陈方案"

赵士修：总的来说，当年的八大重点城市，主要还是围绕着"156项"新建工业而建设起来的城市。国内其他一些老城市，包括像北京、上海、广州，还有东北的那些城市，在"一五"时期也是有好多建设活动。特别是首都北京，从古代、近代一直到现在的建设发展情况，也是很值得研究的。

访问者：1950年2月，梁思成和陈占祥先生曾提出过一份关于北京市规划的"梁陈方案"，对此您怎么评价？

赵士修：当时，梁思成不赞成在旧城内搞大规模建设。1949年解放初期的时候，北京城建成区大概是56平方公里，人口不到60万人。梁思成主张在西郊另建一个新城，把老城保护起来。

北京是古都，应当对历史遗迹加以保护。北京拆城墙是错误的。那时候，古城、护城河是有机联系的。1950-1960年代，为了修地铁等，把护城河毁了，把城墙拆了，后来把城楼也拆了。实际上，城墙，包括城楼，都是可以保留的。至于交通问题，可以采取措施解决。现在，北京城墙和城门楼都拆了，就是正阳门即前门被保留了下来。

前一个月，我又去了前门大街。现在的前门大街，恢复了过去的一些传统建筑，作为一个步行游览街，还专门修了一条有轨电车。街道两旁的房子，建筑的形式也都是按照原来的形式适当修复。我觉得还是不错的（图3-32、图3-33）。

访问者：我查资料时注意到，当年拆除城墙，和"增产节约"运动有一定关系，把城墙拆了，拆下来的砖头可以当建筑材料使用，另外就是说城墙妨碍了交通。除了北京之外，当时还有其他一些城市，也拆除了城墙，比如大同。

赵士修：交通问题，相对来说可以解决。1955年的时候，北京市计划改建北海大桥，涉及要不要保护团城的问题，当时有两种不同意见，后来北京市向苏联专家巴拉金汇报，巴拉金明确表示了要保护团城的意见，并当即画了一张桥位和道路如何绕行、以保护团城的方案。

图 3-32 在建筑工程部大楼前的留影（1959 年 10 月）
资料来源：赵士修提供。

图 3-33 北京建筑工程学院学员在青岛军训期间的留影（1960 年 8 月 1 日）
注：赵士修先生曾经在北京建筑工程学院学习语文半年时间。第 3 排左 1 为赵士修。第 2 排中戴着军帽的 4 人为军人。
资料来源：赵士修提供。

一个历史悠久的城市，总要给后人留下一些具体、现实的记忆。原来西直门外面的土城，后来也搞掉了，其实完全可以保留起来，做个公园。否则的话，我们经常说，这些城市是几百年、上千年的古城，体现在哪些方面呢？

城市的发展，工矿企业、政府机关等，这是一个城市形成的核心或基础，还有其他相应的服务设施。现在我们的不少城市，城市发展很大一片，但搞得没有什么特色。北京的发展空间，主要是毗邻河北的北边、东边。最近我去雁栖湖，一路上看，那一片也都起来了。

一个城市的发展，不宜搞成一块"死大饼"，应当结合绿色空间搞城市群。以前我去国外考察过，我觉得城市发展方面，德国还是搞得不错的。当时，德国分为东德、西德，柏林包括东柏林和西柏林，除了柏林以外，德国其他的一些城市，基本上都是一些中小城市。波恩是首都，但没有工业，加上政府机构一共才几十万人。波恩沿着莱茵河建设了许多小城镇，环境很好，规模都不大，而且很有特色。

搞城市规划工作，对城市发展究竟应当采取什么样的模式和原则，是很重要的一个问题，需要进行深入研究。

访问者：赵先生，刚才说到"梁陈方案"，您具体是什么看法？

赵士修：我觉得，"梁陈方案"有点绝对化。但是，"梁陈方案"的思路是要保护好古城，思路是对的。当时，梁思成主张把城墙和古城好好保护与利用起来，这是对的，应该给予肯定。

六、大庆劳动锻炼

访问者：进入 1960 年代以后，好多老同志都被下放过，不知您去某个地方下放锻炼过没有？

赵士修：1963 年，我们到大庆去劳动锻炼了。当时，我们是在国家建委的城市规划局，包括陈为邦、孙艳祯、沈庄等，一共有 12 个人，当年大年初一过完以后去大庆，在那里待了整整一年时间（图 3-34）。

当年，大庆正在搞石油大会战。大庆的石油，埋藏丰富，但它是"鸡窝油"，也就是一小块一小块的，很分散的。而且，油层与苏联连通，必须快采、早采。那时候，我们在大庆参加劳动，那里有一个油田建设指挥部，大家都是睡大炕，睡帐篷，在一个大礼堂里有好几百人，每人 50 厘米宽的空间。每劳动十天，休息一天。

我们在大庆时，每天很早就起床，还没有说哪一天是天亮了以后才起床的，都是三四点钟就起床了，晚上还要开会，起码开到九点钟以后。晚上开会时，那

图 3-34　大庆石油大会誓师大会（1960 年）
注：1960 年 4 月 29 日，大庆石油工人召开万人誓师大会，大庆石油会战正式开始。
资料来源：陈广玉主编. 大庆油田志 [M]. 哈尔滨：黑龙江人民出版社，2009. 文前插图.

图 3-35　抢建大庆油田首条输水管线（1960 年 5 月）
资料来源：陈广玉主编. 大庆油田志 [M]. 哈尔滨：黑龙江人民出版社，2009. 文前插图.

图 3-36　大庆油田职工建造"干打垒"房屋（1960 年）
资料来源：陈广玉主编. 大庆油田志 [M]. 哈尔滨：黑龙江人民出版社，2009. 文前插图.

些工人们也会打瞌睡，效率不高，但当时很有办法，比如呼口号。

那时候，大庆的工人主要有两类，一类是从西北玉门油田转过来的一些工人，还有就是解放军转业的工人。当年，在石油工人中，整天叫苦、闹情绪的主要是转业军人，他们说我们在部队急行军，最多也就一星期，而大庆是长期连续作战。

访问者：您们在大庆那里，是当建筑工人吗？

赵士修：对，我在大庆油田指挥部搞基建。那时候，看仪表的人最简单，最省事了。我们是当建筑工人，起早贪黑，在建筑工地爬上爬下。野外住帐篷，吃的是粗粮，主要是玉米，吃饭也在工地，冒着风雪吃饭。真正的艰苦奋斗（图 3-35）。

当时搞基建工作，规定每个人每一天必须挖出一方土。大庆冬季冻土层有一米以上深，我们抡着大锤子下去，地上只是一个白点子。所以，平均一个人一方土，是很难达到的工作量。

当时的条件，差到什么地步呢？连个厕所也没有。夏天，晚上搞夜战，蚊子多，一叮起来就是一个大包。野外也没有公共厕所，主要是靠一把火，拿着一把火去上厕所。那里是野地，如果没有一把火，被蚊子叮了，屁股上叮几个大包，实在受不了。

到了冬天呢，又特别冷，晚上有零下三四十度。我们住的是帐篷，流动性大，冬天采暖就是靠一个油桶放的原油，在帐篷里面，点原油采暖（图 3-36）。

图 3-37　大庆油田旧貌（1970 年代）
资料来源：陈广玉主编 . 大庆油田志 [M]. 哈尔滨：黑龙江人民出版社，2009. 文前插图 .

访问者：大庆的冬季，时间比较长。

赵士修：那时候的工人不讲条件，混凝土没有搅拌机，就让人跳下去来搅拌。大庆油田是连续奋战，天天如此，转业军人受不了。来自玉门油田的一些工人，早就习惯了，没什么怨言。我很佩服他们，他们起早贪黑，不怕苦，不讲劳动条件。

当年，全国提倡工业学大庆，农业学大寨，大庆的精神就是艰苦奋斗。

后来我到哈尔滨出差时，又去过大庆，那时候的大庆就不一样了，有楼房了。过去的大庆，基本上全是帐篷、平房、干打垒。现在大庆有一个石油展览馆，有当年工地场景的照片（图 3-37）。

访问者：赵先生，大庆在建设方面比较突出的特点，就是分散布局、不搞集中城市，这种建设模式是规划出来的，还是自然形成的？

赵士修：大庆没有怎么搞规划。当时，大庆的工人是男工女农。男的在石油系统钻井队，还有几个厂子，那时候王进喜是石油钻井队的队长。女的主要是开荒种地。

访问者：赵先生，当年去大庆的几个人，具体任务就是劳动锻炼，不需要搞调研什么的吗？

赵士修：就是下放劳动，知识分子劳动改造。我想，大庆那个地点，是选对了。我们是过了春节去的，到了第二年春节前回来，整整一年。我们在那里的一年，真正得到了锻炼。大庆的一年，没有白待。我总觉得，那时候年轻人下放劳动很必要。如果没有大庆劳动，我的体质也不会比较好。大庆的劳动生活，记忆犹新，终生难忘。

七、"三线建设"

访问者：在 1960 年代，"三线建设"是很重要的一项工作，对此您怎么看？

赵士修：说到"三线建设"，面就比较宽了。那时候，毛主席提出备战、备荒、为人民，"备战"放在第一位，然后"备荒"，最后是"为人民"。当时毛主席是从国际形势出发作出的决策，否则整个国家连稳定都维持不了了。毛主席抓的是大战略。那时候，搞备战，工业建设"分散、靠山、隐蔽"，后来发展到"进洞"。当时，北京的一个炼油厂就在西边"进洞"了，建在山洞里面。

访问者：在那个时候，还开展城市规划工作吗？

赵士修：那时候实际上没有城市规划。北京西山的那个炼油厂，我去过，到那里面，呛人，污染扩散不了。而且花钱多，开山打洞，花多大的成本啊？没有水，从远处水库引去；地不平，就开山造地。

访问者：当时，西南地区的攀枝花钢铁工业基地建设，还是有规划的，这可能比较特殊

图 3-38　在北京昌平南口劳动锻炼（1959 年 4 月）
注：右侧绳子左 2（未带帽子者）为张启成。赵士修拍摄。
资料来源：赵士修提供。

图 3-39　在北京昌平南口劳动锻炼（1959 年 4 月）
注：赵士修拍摄。
资料来源：赵士修提供。

一点。

赵士修：张启成在攀枝花呆了八九年，后来才调到四川省，最后再调回北京（图 3-38、图 3-39）。

备战，花钱很多。为了搞"三线"建设，有一些城市不惜工本。比如"二汽"，就建在湖北十堰，花钱很多，后来又搬出来了。前几年我去看过，实际上，主要的车间已经搬到了武汉，在十堰根本没法生产。"三线建设"时，主要是"军管"制，凡事都是军代表说了算。不搞城市规划，后果一个是比较乱，一个是多花钱。

八、在国务院环保办的工作经历

访问者：对于"文化大革命"期间的城市发展和城市建设，您有什么看法？

赵士修：1966 年发生"文化大革命"，到处都胡来了，学校停课，机关停止工作。那时候所有机关都是停摆的，根本不办公，学生冲机关，无法无天。城市建设就更是一片混乱了。从那一段开始，一直到 1978 年国务院召开第三次城市工作会议为止。

所以我说，"三年不搞"，实际上是"十几年不搞"，机构撤销，人员下放，等等。改革开放后真正的第一次全国城市规划工作会议，是在 1980 年，那时候各个城市都要搞规划，已经是另外一种局面了。

访问者：在"文革"期间的 1969 ～ 1972 年，不少老同志都去"五七"干校了，不知您去干校没有？

赵士修：那时候我转业了。我们国家第一次环境保护会议的召开是在 1973 年，我参加了这次环保会的前期筹备工作。当年参与环保会筹备的人很多，起码有二三百人。我们先是参加了一次国际性的环保会议，后来才召开了一次国内的环保会议，国内的环保会是在 1973 年（图 3-40）。

当年的环保会很隆重，会议结束以后，要留下 18 个人，成立一个环保办，全称叫"国务院环境保护领导小组办公室"，就把我给留下了。环保办的成立，又筹备了好长时间[①]。

1972 年，周干峙把我拉去参与全国环保会的筹备工作，后来成立环保办时，他走了，把我留下了。我在国务院环保办工作，一直到 1980 年，待了 9 年时间。

---

① 1974 年 5 月，国务院环境保护领导小组成立，它是国务院专设的环境保护领导机构，负责统一管理全国的环境保护工作。1979 年 5 月，国务院环境保护领导小组办公室由国家建委代管。1982 年，国务院环境保护领导小组撤销，其办公室并入新成立的城乡建设环境保护部。参见：住房和城乡建设部历史沿革及大事记 [M]. 北京：中国城市出版社，2012. p43-44.

图 3-40　在南口劳动锻炼时的留影（1959 年 4 月）
左起：张启成（左 2，后曾任国家环境保护局副局长）、赵士修（右 2）。
资料来源：赵士修提供。

1978 年全国开始恢复城市规划工作，曹洪涛同志对我说：你回来吧！我就找环保办主任，他是从化工部转来的。当时我刚从科级干部提为处级干部，环保主任对我说：我们刚刚把你提成处级干部，你就想走，不行，起码要再干一年。就这样，到了 1980 年 1 月，我才调回到国家城建总局，重新归队。

访问者：您在环保部门工作过很多年，对环境保护工作有什么新的看法吗？

赵士修：我国的环境保护工作，开始是国际上推动的，环保事业的发展比较快。国际上每年召开一次国际环保会议，我参加过几次，包括去了几次肯尼亚。环保的声音比规划大，影响也大。不久，我们国家成立了环境保护部。

访问者：谢谢您的指导！

（本次谈话结束）

2016 年 5 月 11 日谈话

访谈时间：2016 年 5 月 11 日下午

访谈地点：北京市海淀区建设部大院，赵士修先生家中

谈话背景：《八大重点城市规划——新中国成立初期的城市规划历史研究》一书正式出
版后，于 2016 年 5 月 11 日呈送给赵士修先生。借此机会，访问者向赵先生
请教了几个问题。赵先生进行了本次谈话。

整理时间：2016 年 6 月 29 日

审阅情况：经赵士修先生审阅修改，于 2016 年 7 月 7 日定稿，2016 年 7 月 12 日补充

一、城市规划的管理体制

访问者：赵先生，管理体制是制约城市规划工作的一个重要方面，您自 1952 年参加工
作时起，常年在规划管理部门工作，改革开放后又长期担任建设部城市规划司
司长这一重要职务，对城市规划管理体制有比较深的认识和体会，可否请您谈
谈这一话题？

赵士修：所谓管理体制，我想主要是国家城市规划管理的体制。新中国成立以来，我们
国家城市规划管理的体制，实际上主要有四种情况。

第一种情况，国民经济综合部门和建设主管部门分管。所谓分管，那时候很明
确，从 1953 年开始，城市规划方面的有些规章、制度、标准等，由国家计委、
国家建委负责；城市规划的编制、技术指导等，则主要是建工部、国家城建总局、
城建部主管。这种形式一直延续到 1958 年国家建委撤销、城市建设部合并到

图 3-41　在国家计委办公楼前的合影（1963 年 9 月）
注：本照片人员主要为国家计委基建局的同志。第 1 排右 1 为一留苏人员（后在中央党校任教员）。第 2 排左 1（头上裹着围巾者）为办公室工作人员，左 2（胡子较多者）为处长。第 3 排左 1 为副处长，右 3 为赵士修。
资料来源：赵士修提供。

图 3-42　在北京西郊夏令营的留影（1955 年 8 月）
注：照片中部（山脚下）为夏令营时搭建的帐篷。
左起：赵士修（左 1）、金经元（左 2）。
资料来源：赵士修提供。

建筑工程部。

那时候，我们国家的第一个"城市规划编制办法"，主要就是由国家建委主持的。当时，葛起明是国家建委区域局的规划处处长，他主持起草。1956 年 7 月，国家建委正式颁布《城市规划编制审批暂行办法》。在这一阶段，由建工部 / 国家城建总局 / 城建部主导，开展了重点城市的规划编制工作或业务技术指导，尤以八大重点城市规划为代表。

第二种情况，城市规划工作由国家经济综合部门统一管理。主要是在 1960 年代。1960 年 9 月，建工部城市规划局及其城市设计院划归国家建委领导，1961 年 1 月国家建委撤销后又划归国家计委（图 3-41）。1964 年 4 月，国家计委城市规划局又划归国家经委领导。1965 年 3 月，又划归国家建委领导。

第三种情况，以建设主管部门为主，相对独立地管理城市规划方面的各项工作。主要是在 1979 ~ 1982 年，以及 1989 年以后。1979 年 5 月，国家城建总局成立，恢复了城市规划局。1982 年 5 月，以国家建委和国家城建总局的一些机构为基础，成立了城乡建设环境保护部。这一种情况，存在时间要相对比较长一些。

第四种情况，国民经济综合部门和建设主管部门双重领导。主要是 1984 年 7 月至 1988 年 5 月。我觉得这种双重领导的方式很有成效，因为城市规划涉及到政治、经济、文化、环保、工程技术等方方面面，单单依靠建设部门，有时管不了，或者说管不好（图 3-42）。

二、建设部门与国家计委的双重领导

访问者：您讲的这种双重领导的体制，非常难得。当时为什么能够形成双重领导的体制呢？是偶然因素，还是某些人起了重要的促成作用？

赵士修：1984 年 5 月，芮杏文从国家计委调到城乡建设环境保护部当部长，他知道城市规划和国民经济计划的关系密切。芮杏文部长上任后的第四天，去了国家计委，他对国家计委主任宋平同志讲：我们部有一个城市规划局，同国民经济计划的关系非常密切，我们部的城市规划局，是不是能够由国家计委和建设部双重领导？宋平听了，觉得非常好，当场就定下来了。

芮杏文部长回来后，就找到我们，那时候把王凡和我找去了，当时王凡是局长，我是副局长。芮杏文部长说，我已经和国家计委谈好了，你们起草一个文件吧。这份文件是我起草的，文件起草好以后，报给国家计委征求意见。经国家计委党组研究同意，1984 年 7 月 24 日，国家计委和城乡建设环境保护部联合发文，决定实行城市规划局由城乡建设环境保护部和国家计委双重领导、以建设部为主的管理体制（图 3-43、图 3-44）。

图 3-43　参观延安毛主
席故居（1969 年 4 月）
资料来源：赵士修提供。

图 3-44　在延安考察时
的留影（1970 年 3 月）
注：拍摄背景为延安宝塔山。
右 2 为赵士修。右 1 为军代
表。
资料来源：赵士修提供。

从 1984 年到 1988 年的这四年时间内，城市规划的各项工作都非常顺利。我们
的图章，就是"国家计委和城乡建设环境保护部城市规划局"。城市规划局的
每个人，都有两张"身份证"（指工作证）。城市规划局每年召开一次处长会，
我们和国家计委一起联合召开，各个省里的处长们都很积极地前来参加。

那时候的城市规划工作有好多事情，我们单方面定不了的，便和国家计委一起

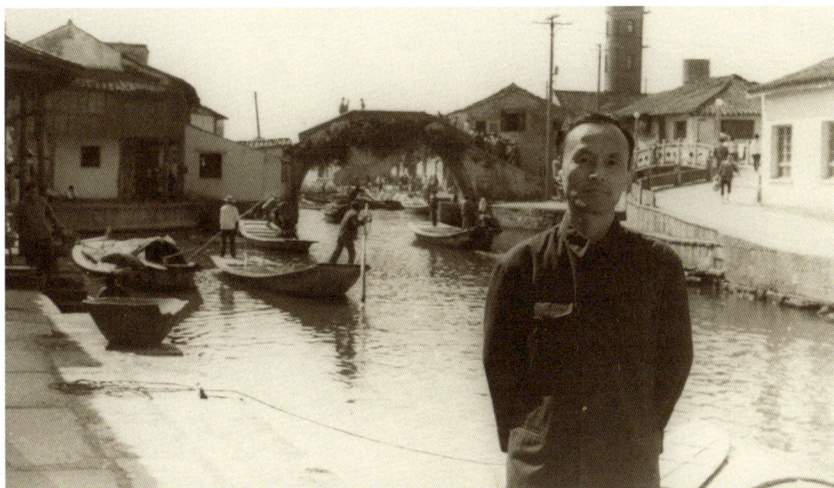

图 3-45　在苏州考察时的留影（1980 年代）
资料来源：赵士修提供。

商议，很快就能解决。当时有好多事情涉及到国家计委的工作，我们就去找国家计委的某个副主任，主管农业的、工业的、军工的副主任，我们都能去找。我前后经历了 12 任部长（正部长），芮杏文是对城市规划建设工作有突出贡献的部长之一。芮杏文最大的贡献，就是认识到城市规划工作光靠城建部门不行，就是要双重领导。芮杏文是我很佩服的一个部长。

访问者：到了后来，双重领导的体制为什么又中断了呢？

赵士修：到了 1988 年 4 月，国务院机构调整，城乡建设环境保护部撤销，组建成立建设部。建设部的领导也换成了其他人（图 3-45）。

当时我是城市规划局局长，我去找部领导汇报，希望能延续之前城市规划局双重领导的体制，部领导表面说很好，实际却并未同国家计委商议，努力争取。我给部领导写过三次报告，但无济于事。城市规划与国民经济计划的关系那么密切，结果就这么吹了。这件事，我终生难忘。

三、联合推进区域城镇布局规划实践

赵士修：自 1980 年代开始的城市经济体制改革，一个重要任务就是要打破长期形成的条块分割、封闭式的城市经济管理体制，代之以城乡和区域协调发展的新格局。当年，在城市规划局双重领导的体制下，我们和国家计委一起推进了不少规划工作。不说别的，单就宏观性的规划而言，我们和国家计委一起合作搞的，就有这几项成果：

第一，上海经济区的城镇总体规划（图 3-46、图 3-47）。1982 年 12 月，国务

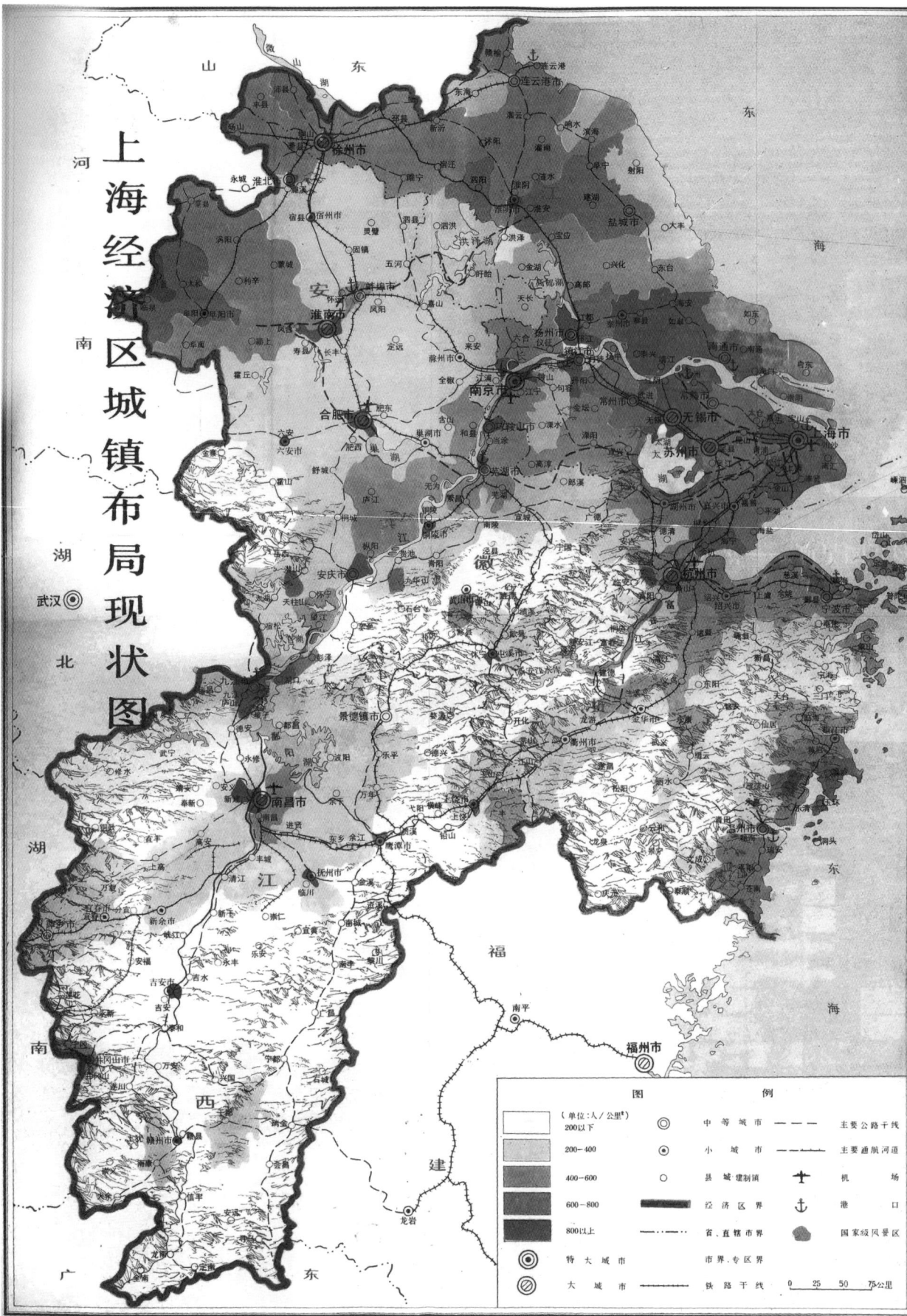

图 3-46　上海经济区城镇布局现状图（1985 年）

资料来源：上海经济区城镇布局规划编制组. 上海经济区城镇布局规划纲要(1985～2000)(1986 年 3 月)[Z]. 中国城市规划设计研究院档案室，案卷号：2084. p101.

图 3-47　上海经济区城镇布局规划图（1986 年）
资料来源：上海经济区城镇布局规划编制组．上海经济区城镇布局规划纲要(1985～2000)(1986 年 3 月) [Z]．中国城市
规划设计研究院档案室，案卷号：2084. p102.

院决定成立上海经济区，并成立上海经济区规划办公室。上海经济区规划办公室的有关成员，涉及国家计委，以及当时的四省一市（上海、江苏、浙江、安徽、江西）。1984年3月，国务院上海经济区规划办公室和城乡建设环境保护部联合发出通知，启动上海经济区城镇布局规划工作。1986年初，形成《上海经济区2000年城镇布局规划纲要（1985～2000年）》，规划工作告一段落。这项工作对有关省市的规划编制、跨区域铁路建设等，发挥了重要的指导作用。

第二，长江沿江地区的城镇布局规划。这项工作，是依据国家计委关于"修订长江流域综合治理开发规划"的总体要求，在1986年初开始，由城乡建设环境保护部组织编制的。经过半年左右的工作，编制出《长江沿江地区城镇发展和布局规划要点》，规划成果由长江水利委员会办公室纳入"长江综合治理开发规划"，并上报国务院。

第三，陇海—兰新地区的城镇布局规划。1990年前后，我们直接找吕克白，那时候他是国家计委的副主任，他也有一个长远规划的理念。具体工作，是和国家计委国土规划局的副局长方磊进行联系。我们同方磊一起，开展陇海—兰新地区的城镇布局规划。开会的时候，从东部的桥头堡——连云港开始，最后到西部新疆的阿拉山口。参加会议的人员中，包括各个省里的一个计划处处长、一个城建处处长、一个规划处处长。

到了1992年底，我们形成了一个成果《陇海—兰新地带城镇发展与布局规划要点》，国家计委副主任桂世镛看了以后，说这个成果很好，建议报送国务院。后来，根据国务院领导同志的意见，将规划成果由建设部和国家计委联合发文，送国务院有关部委及陇海—兰新地区有关省、自治区的人民政府，供制定有关计划和规划工作时参考（图3-48）。

所以，讲到这里，我总觉得，我们城市规划工作的特点是综合性很强，涉及国民经济的方方面面。我们不要寄托于国家发改机构、土地部门、建设部门"三位合一体"成立规划委员会，这很难。我觉得应该提倡协作。

和谐的社会，首先要有和谐的政府。我一直讲，国务院的各个部委是一个不可分割的整体，应该讲协作。不仅仅是各部门各自发挥作用，而且要发挥协作作用。我们不要在工作上说，这是你的事，那是我的事，而且是老死不相往来。应当承认，国家发改委是国民经济计划的综合部门，建设部是城乡建设的综合部门。分工是需要的，但更主要的应该是协作。

城市规划必须与其他部门加强协作，这是由城市规划的特点决定的。城市规划是国家的规划，不是某一个部门的规划。到现在，城市规划管理体制分割的问题并没有完全改变。现在的发改委，有规划司、地区司、城镇化办公室等部门，他们所主导的区域规划、主体功能区规划、城镇化发展规划等，与城乡规划工

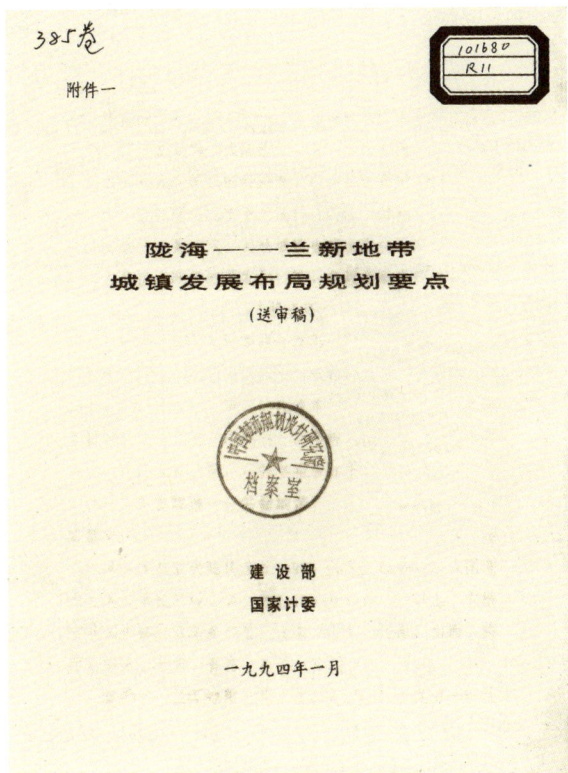

图 3-48 建设部和国家计委联合开展的
"陇海——兰新地带城镇发展布局规划"
研究报告（1994 年）
资料来源：建设部、国家计委．陇海——兰新
地带城镇发展布局规划要点（送审稿）（1994
年 1 月）[Z]．中国城市规划设计研究院档案室，
案卷号：101680. p1.

作的关系十分密切。当前城市规划工作部门要主动协作。

现在，很多部门都是在争"老大"、"老二"，我说不要处处以"老大"自居。建设部门应当同发改委、土地部门多联系，多协作。不要以为，主动联系、争取协作，就是低人一等。

有人曾经讲，国家发改委管的事情，我们不管。但恰恰我们城市规划、城市发展，就是离不开国民经济计划。在 1950 年代的时候，城市规划方面的一些问题，包括一些厂址的选址等等，为什么都是多部门联合组织的？就是因为城市规划工作的实际特点。到现在我还是这样的看法，城市规划工作离不开国民经济计划，它是以国民经济计划为依据的，城市规划是国民经济计划的继续。

与其他部门的合作，关键是人，特别是领导者。城市规划、城市发展方面的不少问题还没有理顺，你研究城市规划的历史，要注意把这些客观存在的问题，对我们国家经济社会的发展的影响弄清楚。

四、关于城市设计和控制性详细规划

访问者：赵先生，近两年来，关于"城市设计"已成为一个热门话题，其中涉及对"城市设计"与"城市规划"相互关系的认识问题。对此，您是什么样的看法？

赵士修：过去规划界有些争论：城市设计是否属城市规划的范畴？我认为，所谓城市设计，就是指三维空间的设计。城市规划基本上是平面的、二维的，当然也有三维的成分。我记得，最早搞城市设计是上海。

访问者：在1950年代初期的时候，关于"城市规划"这个专业的名字，是不是有叫"城市计划"或者是"城市设计"的争论？

赵士修：那时候倒还没有什么争论，当时都是叫"城市规划"。一般来讲，城市设计比较具体，城市规划的范畴要更宽泛一点。

访问者：据说"控制性详细规划"这个概念，是1988年前后、您在担任城市规划司司长的时候，在兰州的一次会议上给确定的。当时，对这个概念有什么争论没有？

赵士修：当时是有点争议的。我们国家的城市规划体系，最早就是总体规划和详细规划，后来发展了。我们在兰州开了一次会，把城市规划编制的程序进行了一些修订，详细规划又区分为修建性详规和控制性详规。

控制性详细规划的实践，最早是在上海开始的。编制控制性详细规划，是为了适应土地综合开发和有偿使用以及招标、批租等的需要。

早在"一五"时期就开展过的修建性详细规划，仍然是详细规划的一种方法，它指导建筑设计和市政工程设计的开展。但是，对于没有修建计划地区的零星建设，特别是私人的建设活动，修建性详细规划往往缺乏依据和控制能力。

再比如"城乡规划"，过去是讲城市和乡村，分开的，后来乡村变成了村镇，现在又提倡"城乡一体化"了。城市规划工作的内容和名称，要适应形势发展的变化。

概括起来，我们的城市规划工作，要努力改变静态的计划经济观念，树立动态的市场经济观念；不能局限于物质空间规划，而要树立全面研究城市经济、社会和文化发展等的综合观念；城市规划的视野，不能局限于单个城市或市区本身，要树立从一定地区范围来研究城市发展和城市规划的区域观念。所有这些，都要求我们要积极改进规划工作的具体内容和技术方法。

访问者：谢谢您！

（本次谈话结束）

夏宁初先生访谈

当年搞经济工作时，我们还带过一批"新人"。比如四川省城市规划院刚成立时，没有经济工种，他们来了一批人，跟我们学习经济工作，我们"一对一"，每个人带一个人，把我们从苏联经济专家那儿学来的一些知识，传授给他们了。

（拍摄于 2016 年 06 月 07 日）

专家简历

夏宁初，1931 年 11 月生，上海人。

1955 年 9 月毕业于同济大学建筑系都市建筑与经营专业，分配到国家城建总局城市设计院工作。

1964～1968 年，在国家建委给排水设计院工作。

1969 年，下放河南新乡"五七"干校劳动。

1970～1972 年，在河南省新乡市城建处工作。

1972～1983 年，在北京市燕山石油化学总公司东风化工厂工作。

1983 年 5 月以后，在中国城市规划设计研究院工作。

1992 年退休。

"一五"时期，曾参与兰州、成都、株洲、湘潭等城市的土方平衡、工程规划和管线综合等工作。

2015 年 10 月 30 日谈话

访谈时间：2015 年 10 月 30 日上午

访谈地点：北京市海淀区厂洼街 1 号院，夏宁初先生家中

谈话背景：《八大重点城市规划》书稿（草稿）完成后，于 2015 年 9 月 24 日呈送夏宁初先生。夏先生阅读后，与访问者进行了本次谈话。

整理时间：2016 年 4 月 20 日

审定情况：经夏宁初先生审阅修改，于 2016 年 6 月 6 日定稿

夏宁初：我首先要声明一下，八大重点城市规划工作已经过去六十年时间了，脑子中的记忆不多了。本来当年我们都有一些笔记，假若能翻看一下，也好回忆一下。但这个想法，本身就违反了当时的保密条例要求。

当年我们工作的时候，笔记本上面印有页次，一页一页的记录，笔记本用完后就上交了，拿这一本去换另一本空白的。所以，所有的笔记资料，根本就不可能让个人给保存下来。

李　　浩（下文以"访问者"代称）：有的老同志保存有一些与苏联专家的合影，有的照片还特别清楚，非常珍贵。

夏宁初：我也给你找出来一些照片。属于当年的老照片的，我就剩下这么几张了。

一、提供一些照片资料

夏宁初：这张照片（图 4-1）是我们城市设计院成立经济组时候的合影。照片中的苏联

图 4-1　城市设计院经济室成立时的留影（1956 年）

第 1 排左起：朱红春（左 1）、吴今露（左 2）、吴翼娟（左 3）、胡康珠（左 4）、王华曜（左 5）、钱丽娴（右 2）、陶家旺（右 1）。

第 2 排左起：夏宁初（左 1）、范天修（左 2）、刘达容（左 3）、什基别里曼（左 4）、贺雨（左 5）、张达初（左 6）、嵇侠云（右 2）、钱林发（右 1）。

后排：姜伯正（左 1）、张绍梁（左 2）、顾立三（左 3）、孙承元（左 4）、王进益（左 5）、郭振业（右 4）、高星鸿（右 3）、李行修（右 2）、赵瑾（右 1）。

资料来源：夏宁初提供。

专家是什基别里曼，他是一位经济专家。经济组的同志绝大部分都参加了，包括贺雨、赵瑾等，还有给苏联专家当翻译的刘达容，其中有不少人现在已经去世了。

当年的经济组，除了赵瑾、郭振业和范天修以外，其他人大多是同济大学都市建筑与经营专业 1955 年和 1956 年毕业的一些同学。包括张绍梁，也是我们班的同学，后来他调到了上海，担任过上海市城市规划管理局的局长。其他的一些人，名字记不起来了。

访问者：这张照片是哪一年照的，1956 年还是 1957 年？

夏宁初：在苏联专家组成立以后照的，应该是 1956 年。

这是经济组游览长城的时候的照片（图 4-2）。

图4-2　城市设计院经济组游览长城留影（1956年）
注：1956年9月。
资料来源：夏宁初提供。

图4-3　城市设计院区域规划室欢送首批下放农业战线同志留影（1960年）
注：1960年11月5日，城市设计院。
前排左起：赵垂齐（左1）、刘德涵（左2）、郭维舜（左3）、马熙成（右2）、万列风（右1）。
后排左起：夏宁初（左1）、陈志贤（左2）、李步甲（左3）、蔡良仕（左4）、张惕平（左5）、常颖存（右3）、
虞培德（右2）、王秀芝（右1）。
资料来源：夏宁初提供。

图 4-4 大学毕业设计时的留影
（1954 年）
左起：徐循初（左 1）、邹德慈（中）、
夏宁初（右 1）。
资料来源：夏宁初提供。

图 4-5 老同学见面留影（2016
年）
注：夏宁初（左）、邹德慈（右）。
2016 年 6 月 6 日。
中国城市规划设计研究院，邹德慈院
士办公室。
资料来源：李浩拍摄。

这张照片（图 4-3）是苏联专家回国了以后，城市设计院成立了区域规划组，
送别照片中这个女同志(王秀芝)下放农业战线的合影。前排最右边的是万列风，
他是区域规划室的主任，左边第 2 个是刘德涵。我是在后排的最左边。

这张照片（图 4-4）是在大学毕业设计的时候，邹德慈、徐循初①和我，三个
人的合影。当年我们还相当年轻，时间应该是在 1954 年下半年。老邹比我小 3
岁，当时是我们班上年龄最小的一个，我是按正常年龄入学的（图 4-5）。

---

① 徐循初（1932.12.13 ～ 2006.01.05），江苏常熟人。1951 年考入上海交通大学，1952 年随院系调整转入同济大学，
都市建筑与经营专业，1955 年大学毕业后留校任教。我国城市交通规划领域的重要开拓者之一，曾任同济大学
建筑与城市规划学院教授、博士生导师，并受聘为中国城市规划设计研究院高级技术顾问。

二、参加规划工作之初

夏宁初：接下来，我给你讲一下早年规划工作的一些情况，从我开始参加工作时谈起。

我是 1955 年大学毕业的，同济大学和交通大学[①]，两个学校的毕业生，乘坐同一列火车来到北京。当时，这一列火车上没有卧铺，都是硬座，大家困了的时候，就睡在地板上。到北京，在前门车站下车，我们班的同学分配到城市设计院，那时候是属于国家城市建设总局领导。

刚参加工作时，我被分配在工程室，搞土方平衡。当时，兰州市的初步规划基本已经确定，城市发展的框架和道路网已经有了，需要进行新建地区的土方平衡。我参加工作后的第一个任务，就是搞兰州市西固区的土方平衡，这项工作是以我为主进行计算的。

当时，兰州的规划力量很强，任震英局长组织了一批做过规划工作的同志，搞出了兰州市的初步规划。我们从学校毕业时，已经是 1955 年，那时初步规划已经定下来了，我们的任务只是配合初步规划的实施，搞工程规划这部分工作。由当时的王天任主任工程师带队，做土方平衡，也就是工程方面的规划工作。

访问者：类似于现在常说的竖向规划，对吧？

夏宁初：就是现在的竖向规划。那时候，条件很艰苦，我们喝的不是自来水，而是黄河里的水，用马车拉过来的黄河水，住的地方就是在兰州市建设局，吃饭就在建设局的食堂。任震英局长的力量很强，我们没有参加他主持的初步规划工作，但是，任局长缺少工程规划方面的技术力量，我主要就是做西固区的土方平衡和竖向规划，整天摇"计算机"，老的、数字的"手摇计算机"，咔嚓咔嚓咔嚓的，当时不用算盘，因为算盘太慢了，时间上来不及。那时候，一个大型的手摇计算机，已经是很先进的设备了。

访问者："手摇计算机"的具体操作，您是在参加工作以后学会的，还是以前就会呢？

夏宁初：参加工作以后学会的，我跟着王天任工程师学过一阵子的竖向规划。刚毕业的学生，去完成整个西固区的竖向规划，是挺不容易的，记得当年我摇"手摇计算机"，有好几个月的时间。这是我的第一个工作（图 4-6）。

做完兰州的竖向规划工作以后，我就没有再参加八大城市的规划工作了，我被借调去湖南，搞株洲市的规划去了。株洲市的规划，主要有三个人参加，其中

---

① 今上海交通大学。该校前身为 1896 年在上海创办的南洋公学。新中国成立初期，为配合国家经济建设的需要，学校调整出相当一部分优势专业、师资设备，支持国内兄弟院校的发展。1950 年代中期，学校又响应国家建设大西北的号召，根据国务院决定，部分迁往西安，分为交通大学上海部分和西安部分。1959 年 3 月两部分同时被列为全国重点大学，7 月经国务院批准分别独立建制，交通大学上海部分启用"上海交通大学"校名。资料来源：学校简介 [E/OL]. 上海交通大学网站 . 2016–01–18[2016–04–20]. http://www.sjtu.edu.cn/xbdh/yjdh/gk/xxjj.htm

图 4-6 旧式手摇计算机
资料来源：http://pic4.997788.com/mini/
shopstation/picture/HF/00/0001/000113/
HF00011344.jpg

有迟文南，他是东北人，还有一位，清华大学毕业的马维元，他后来调到南京市搞城市规划工作，比我晚一届，我们在株洲那儿工作了一年多时间。

三、1956 年以后的主要工作经历

夏宁初：1956 年城市设计院经济组成立时，院里把我给调回北京了。院里有这样的意思：凡是同济大学毕业的，都到经济组。其实，原来在学校时，我们学的本来是城市规划。参加工作以后，搞竖向规划和工程规划，我还算沾得上点边，但是要搞"经济"，完全沾不上边。

访问者：您们大学学习时，专业名称是"都市建筑与经营专业"，有"经营"这个概念，可能是出于这种考虑。

夏宁初：一看专业名称有"经营"两个字，就把我们全给弄到经济组去了。城市规划的经济工作，我们完全是从头开始学起。那时候，苏联经济专家什基别里曼来了，他在工作之余，经常给我们讲讲课。就这样，我们有幸成为了中国第一波搞城市规划经济工作的技术员。我们搞城市规划经济工作，一直到苏联专家回国时为止。

当年搞经济工作时，我们还带过一批"新人"。比如四川省城市规划院刚成立时①，没有经济工种，他们来了一批人，跟我们学习经济工作，我们"一对一"，

---

① 1955 年上半年，四川省城市建设局决定筹建四川省城市规划设计院，在筹备过程中，由崔勃群、周仁权、林绍泉等 8 人到国家城市设计院举办的城市规划训练班学习。1955 年 7 月，四川省城市规划设计院正式成立，崔勃群任副院长，刘方任党支部书记。四川省城市规划设计院成立初期的技术力量，主要来自 3 个方面：四川省建筑设计院调来 20 余人，重庆市建设设计院调来 20 余人，招收 30 余名高中毕业生进行培训。资料来源：四川省城乡规划设计研究院四十年（1956～1996）[R]. 1996. p19.

每个人带一个人，把我们从苏联经济专家那儿学来的一些知识，传授给他们了。我们具体是怎么做经济工作的，就一步一步地给他们讲授，他们跟着我们学习。四川省城市规划院的经济工作，基本上都是靠我们经济组给传过去的。

搞城市规划经济工作，任务之一就是要研究城市规划的一些定额指标，要使它们符合我们国家的一些实际情况，适应我们的国情，这是很不容易做到的。新中国成立初期，我们做城市规划工作的对象，主要是一些老城市，对于自己的国情、新建城市该怎么办等，根本不清楚。于是，城市设计院就安排经济组的同志下到湘潭，搞城市调查。

我参加完株洲的规划以后，就转到湘潭工作了。当时，搞城市各项指标的调查。要调查的城市，规模不能太大，所以，就选在湘潭的一个镇（下摄司）上作调查。整个镇上的公共建筑分类、居住面积等，我们是入户去测量的，一组一组的，带着湘潭的人，计算、分析出来了公共建筑的各项指标。

湘潭的这个指标调查出来以后，我们的心里就有点底了，大概知道家底到底是多少了。所以，调查研究很重要。我们调查研究出来的指标，确实起了一些实际作用，摸清、掌握了我们国家的现实水平。

我早年参加城市规划工作的过程，大概就是这样。在"一五"和"二五"期间，我基本上就是参加了这些工作。以后，我就搞别的工作去了。

访问者：后来您去哪个单位了？

夏宁初：1964年城市规划院解散了，我调到给排水设计院去了，我又转行了，开始搞给排水方面的建筑和结构设计，转向单体的建筑。在给排水设计院工作的时候，国家有一个口号"抓革命、促生产"，我是专门搞生产的技术工作，常年参加现场设计，是驻工地的技术员，不搞政治。我的工作经历很杂。

访问者：1966年的时候，您是在北京吗？"文化大革命"对您有没有太大的冲击？

夏宁初："文革"开始时，我是在北京。后来，我去大同搞现场设计了。我在大同搞过给排水工程的水厂方面的建筑设计和结构设计，还在大同机车车辆厂住了两年，天天吃小米。我驻现场工作，搞大同机车厂和大同市的取水工程设计，搞水厂建筑。我一直在搞技术。我只搞我的建筑设计，设计出来以后，看它建出来，建成、签字、走人。

访问者：当时也没怎么考虑规划的问题，对吧？

夏宁初：跟规划部门完全脱离了关系，城市规划院解散了，把我们赶出来了，我搞不了规划了。

访问者：当时国家已经进入了困难时期，您是在工厂工作，据您的观察，当时的工厂建设和工业生产，是否受到了比较严重的一些影响？我查一些统计数据，似乎进入困难时期以后，国家对工业建设一直还保持着较大的投入。

图 4-7　夏宁初先生访谈后留影

注：2015 年 10 月 30 日，夏宁初先生家中。

资料来源：李浩拍摄。

夏宁初：不知道。我们到大同驻工地的时候，生活很苦，都是吃小米饭。我是土生土长的上海人，饮食还不习惯。后来我们实在咽不下去，自己回北京背一点米，难得自己做一次米饭。再后来，我又去"五七"干校了。

访问者：河南还是江西？

夏宁初：河南沁阳。当在沁阳的"五七"干校解散以后，我被分配在当地工作了，在新乡市建设局工作了两年，搞规划管理。主要工作就是拨地，有哪个单位需要建设用地了，就到我们这儿来，我们审查过了，再往上报。

我在新乡待了两年，后来又到北京房山的东风石油化工厂工作了，在东风化工厂的基建科，完全是搞具体厂房和设备的土建工程设计。那段时间很苦。

我刚去化工厂工作的时候，有四十来岁，上山时，走一公里路，走到一半眼睛就黑了，看不见了，在马路上蹲下来，蹲一会儿慢慢才缓过来。现在回想起来，主要是缺血，那时候感觉身体虚得不行，我们的条件很辛苦。再后来我就加强锻炼，每天早上起来先开始跑步，慢跑，这样才慢慢地恢复身体了，现在身体还可以（图 4-7）。

我在东风化工厂一直工作到 1983 年，才调回城市规划院，又重新回到城市规划行业。重回规划院时，起初石油部还不给放，后来领导看我实在可怜，三个小孩儿和老伴都在这边，家庭老是分开着，总不是个事儿，才放我走了。中间有十几年，我跟城市规划没怎么接触，这十几年是很痛苦的一段时间，根本不着家的，我这段生活很困难。

1983 年回到城市规划院以后，我搞了几个大事儿。一个大事儿就是长江三峡库区十个城市搬迁的规划，我参加的是后半段工作[①]。前半段[②]是另一拨人在搞，他们把现状调查搞完了以后，下一步没法深入，搞不下去了，这时正好我回来了，分配到了经济所，院里就让我接手搞。

三峡工程建设，十个城市搬迁的投资估算，是我主导的，当时在库区现场工作，最后我们把它完成了，算出了总造价，为三峡工程建设提供了依据。

后来，城市规划院成立了咨询公司[③]，安永瑜抓了周杰民和我，我们几个人办起来的咨询公司，我一直干到退休。实际上，这个咨询公司的业务，跟院里的业务都是重复的。在深圳，我搞的项目比较多，深圳盐田区的总体规划、港口规划，沙头角的规划，我都是项目负责人。我的经历大概就是这样。

四、阅读《八大重点城市规划》书稿（草稿）的几点感悟

夏宁初：我看了看你的书稿，你搞得很好。我有几个感想，首先是关于"劳动平衡法"。当年，我们做规划工作，第一步就是要确定城市规模，必须计算人口，这就要使用到"劳动平衡法"。八大重点城市都是一些老城市，基础很薄弱，都是消费城市。刚解放的时候，很多城市中都没有什么大的工业。就八大重点城市的建设发展而言，比较起来，旧城的比例反而占的很小。

人口计算的时候，我有一个感觉，虽然是一些老城市，但除了个别城市之外，城市规划工作的对象，基本上都是些全新的区域。像我搞的兰州市西固区，一片空地，虽然要搞石油化工厂了，但那里还是一片空白。这个地区基本上是搞全新的城区，在这种情况下，计算人口的话，基本人口占的基数特别大，服务人口少，有的人口根本没有。要完全新建，被抚养人口也少。一般在计算新区人口的时候，被抚养人口的比例差不多要在33%左右，绝对没有低于30%。关于带眷系数，我们都是用1.5来计算的。你的书稿中讲到的2.5的常用指标，是后来的事情了。

新建区域，有的是白手起家，有的虽说利用旧城，但旧城的利用度很少很少，跟苏联的计算方法和指标比较吻合，初期都是在30%以上，服务人口根本谈不上，很少一点点。这也跟老城市的特点有关系，服务人口很少，就算能利用，旧城的利用率也很少。因为老城市的基础很薄弱，兰州连给水厂都没有，我们

---

① 工作成果以《长江三峡库区城镇迁建规划纲要投资估算汇总报告》为代表。

② 工作成果以《长江三峡库区城镇迁建规划纲要迁建选址汇总报告》为代表。

③ 1986年，经城乡建设环境保护部批准，中国城市规划设计研究院成立了"中国城市规划设计咨询公司"（后改称规划设计咨询部），同时，中国城市规划设计研究院作为董事单位，参加中国国际工程咨询公司，作为其成员公司。资料来源：中国城市规划设计研究院四十年（1954～1994）[R]. 北京，1994. p16.

喝的都是拉过来的黄河水，公共建筑真是百废待兴，也没有什么工厂，都是消费城市，从消费城市逐步转变成发达的工业城市。

其次，关于城市规划的"高标准"。我现在的体会是这样，这个问题跟国家经济发展的水平有关系，跟国家经济发展速度的快慢有关系。拿人均居住面积水平来说，苏联的标准是 9 平方米，我们连 4.5 平方米都达不到，上海的调查数字 1～2 平方米左右，很低很低。能不能达到 4.5 平方米？我们心里没有底，但国家已经有规定了。要想使经济发展水平跟上 4.5 平方米，也要建不少的东西。反过来看，1980 年代初期的深圳规划，城市中间有一条大道，刚规划出来的时候，大家都说宽的要死，后来深圳的城市发展速度特别快，从几千人的小渔村，成长为上千万人口的大城市。就城市中间的那条路而言，现在看看，挤不挤呢？宽不宽呢？

城市规划的标准，都是要结合经济水平来定的，最终决定还是国家经济发展水平快慢的问题。我们要怎么把握，才能跟上国民经济发展的水平，只有符合它，才是正确的。比它快，或者比它慢，都是规划得不正确，或者说不准确。它快我也快，它慢我也慢，什么时候跟上它就是正确（图 4-8）。

再者，关于城市规模，这主要是靠"经济假定"这个方法来确定的。当年的一些城市，主要是发展工业，因为有工业的配置，将来留出多少工业区，经过工业决定以后，算出基本人口，再根据劳动平衡法，城市规模基本上也就确定了。城市的规模，也跟国民经济发展水平有关系。有的工厂，即便选择了厂址，也不一定能建成。比如湖北宜昌，有一个山区是在鄂西地区，也是革命老区，国家在这里发现了很大的铁矿，1958 年，国家计委组织联合选厂，我参加了这个选厂组。当时要在那里选择厂址新建一个钢铁联合企业，钢铁厂的规模跟武钢[①]差不多，工厂规模 1200 万吨/年，用地至少要 5 个平方公里。这么大的一个工厂，选址在那儿以后，实际上却没有真正建设，因为它是山区，一是人烟稀少，二是交通不便，三是开矿不行。国家经济水平跟不上，拿不出那么多钱来，这样就做不成。这只是举一个例子。

经济假定，并不是光"假定"一下就给确定了，光经济假定并不能确定城市规模。在经济假定做出来以后，还有一个后续手段，叫做经济比较，拿现在的话来说，也就是方案比较，经济指标也是要做比较的。

访问者：所谓经济比较，是要做几个假定方案吗？

夏宁初：不是。工厂确定了，工业区确定了，根据厂外工程，看哪个规划方案更加经济，

---

① 指武汉钢铁厂。

图 4-8　老同学留影
左起：严仲雄（左1）、夏宁初（右1）。
资料来源：迟顺芝提供。

居住区好不好，等等。

所谓经济上的比较，就等于把工程的条件，居住条件、建设条件，还有供电和供水条件等，各方面的条件综合比较一下。如果某个方案好，我们就选这个方案。现在的说法是方案的比较、论证。

另外，关于"反四过"。我觉得"反四过"是片面的，"反四过"可以搞，但不是我们一个部门的事情。后来，还把城市规划给撤销了。城市的建设和发展是个客观存在，不能不要计划和规划，一下子把它撤了。

当时，我们都是刚走出校门的学生，现在反过来看，我觉得这个"反四过"是不合理的，城市规划这一行，还是需要的。而且撤销城市规划以后，各地区、各城市还发展乱了，回过头来还得搞恢复，还得重新找这套工作来做。我们的某些政策反反复复，有时候矫枉过正了。

当然，八大重点城市规划是大家做的第一批城市规划，出的毛病很多，也是自然现象。工业配置各方面的问题，有些问题是意想不到的。比如西安市，在刚解放的时候，在东郊搞了一个纺织城，从上海调了好多纺织女工过去，但是因为在那个地方没有男工的工厂，离城市又比较远，结果有很多纺织女工，年纪老大了也嫁不出去，到最后，实在没有办法，成了社会问题。

对于这种问题，起初是根本想不到的。没有男工也不行，"带眷"怎么个带法？

带过去后，男人没有工作怎么办？现在这个问题解决了，重工业、轻工业都是要考虑适当的，过去出现的很多问题真是我们想不到的。

五、几点提问

访问者：夏先生，有几个问题想向您请教一下。首先，关于兰州规划，一方面，它非常有名，是1954年12月首先获得批复的3个规划之一[①]，还曾在国际上展览，有一定的国际影响。但是，从建设实施的角度来说，兰州市规划实施的困难还是很大的，包括它受地形的限制，城市用地和铁路的矛盾，几个组团之间的距离拉得过长等。您在1955年去兰州做竖向设计的时候，规划已经进入实施阶段，对兰州的规划有没有一些比较深的印象，比如是否会觉得这样的城市规划是一种无奈的选择？

夏宁初：兰州没有太多适宜建设的用地，也就是在沿黄河的河谷地带还可以搞一些建设，其他地方都不行。我们去兰州的时候，兰州初步规划方案已经确定了，给我的任务也就是西固这一个区域，我连工业项目的一些情况都不知道，只给了一个框框，给出了道路，告诉我：你把这个地区的土方量，在整个区域内平衡一下。那时候，还有一个情况，各个工作组之间不能相互交流，你的事情我不能问你，我的事情也不会告诉别人，这就是保密制度，把城市规划弄得太神秘了。记得有一个电影，描写一张图纸被偷到台湾去了，我们的人又千方百计把它从台湾给寄了回来，这就是当时的保密教育。

访问者：这是哪一年的事情？

夏宁初：不知道，我是事后才听说的。当时，分配给你的任务，让你干什么就干什么。我做西固区的竖向设计，路网已经有了，每个小区或者街坊，平衡多少土方量，我把它计算好了，图交出去，也就没我什么事儿了。其他的事情不能交流，也不能了解。你问的这个问题，我没法说。

访问者：当时西固区的现状，是以农田为主，还是别的一种状况？就土方平衡来说，西固区的高差大吗，工程量大吗？

夏宁初：当时那里就是一块空地，好像没有太多农业。在西固区的山脚下，一块相对比较平整的用地，建工业区和住宅区。做土方平衡，最高的原则就是本地平衡，本区域内不进不出，不亏不盈最好了，最好不要从其他地区过多地拉土进来，或运土出去。

我记得西固区离开兰州旧城有很远距离，步行的话，看一次现状，来回大半天

---

① 另两个首先获得批复的规划为西安市初步规划和洛阳市初步规划。

图 4-9　兰州西固区建设场景（1957 年）
资料来源：兰州市规划建设及现状（照片）[Z]. 中国城市规划设计研究院档案室，案卷号：1113. p10.

时间就没了。那时候，兰州的情况是个什么样子呢？到西固区看皋兰山，皋兰山上只有一棵树，其他地方都是土，没有什么东西，没有太多的耕地。当时，就连石油化工企业的厂址在哪儿，我都不知道，也就给我了一片居住区，等我算完，摇了几个月手摇计算机，工作就完了（图 4-9）。

访问者：关于劳动平衡法，据说它不是苏联的原创，而是苏联从法国学到的，源自法国一个人文地理学家的思想，但我还没有查到原始的资料来源。不知您知道这方面的信息吗？

夏宁初：不知道。当年我们搞经济工作，主要就是根据什基别里曼的一些讲课和具体项目的汇报和指导。这个问题不是我本行，我也没有钻研它。

访问者：关于经济假定的分析方法，有的老同志讲，它并不是苏联的经验，而是咱们国家本土的创新探索。对此，您是怎么看的？

夏宁初：好像是自己弄的吧。在运用劳动平衡法的时候，要计算基本人口，基本人口从哪儿来呢？这就需要我们到各个部门，搜集各个部门"五年计划"及远景的工厂项目和计划，了解工厂规模、建设年限和一般有多少人，最后我们把工业分成几类，哪个工厂多少面积、需要多少工人，根据当时工厂发展水平，弄出一个人口数字，作为基本人口，把这个作为经济假定的内容。

所谓经济假定，其实也不全是假定的，其中有真实的东西，有国民经济的项目，也有将来要发展的远期的项目。但究竟真不真，就不得而知了。尽管如此，我们自己要有根据，我们就根据从国家建委或者各个工业部门收集到的资料，根据经济假定和分析，来确定城市规划的指标。搞总图设计的人，通常只是在经济工作给出城市规模后，才开始搞方案，我们搞经济工作的最辛苦了，要确定经济指标可不是那么容易的事情，是最辛苦的工作。

访问者：关于经济假定，还有一个相关的问题。1960年11月份，第九次全国计划会议提出"三年不搞城市规划"，这个事情比较重大，我在追踪相关的档案时了解到，之所以提出"三年不搞城市规划"，可能跟经济假定也有一定联系，特别是在"二五"计划的时候，在"大跃进"期间，一些城市的发展规模，被"假定"得过头了，有些地方甚至变成了"造假"。您是如何看待这个问题的？

夏宁初：经济假定，也不是我们脑子里凭空给想出来的，我们都是根据国家计委近期和远期的一些设想，或者工业部门远期的计划项目，根据国民经济计划，作为我们的根据，近期规划、远期规划统筹考虑，做出假定分析。

另外，国民经济的那个计划可能会变大，也可能会变小，国家计划是在变化，国家计委的工业项目，一天从早到晚都在变。它变了，我们跟不上，就说我们的假定不正确？这个问题，不应该怪到我们头上。

访问者：也就是说，经济假定分析还是一个比较科学的方法。

夏宁初：我们城市规划是代人受过。做城市规划要有远景，那个远景如果没有考虑，怎么发展呢？规划工作做不下去。远景怎么考虑呢？我也不能凭空瞎想。我们所谓的假设，是因为你的国民经济计划，这个东西不固定，所以我们做了假设，但并不是假设虚无缥缈的东西，我们的假设也是有根据的。城市规划的根据跟不上国民经济计划的变化的时候，城市规划工作又能怎么办呢？当年，我们确定了人均居住面积9平方米的远景指标，现在怎么样？19平方米都不止了。

当然了，城市规划的经济指标，是根据各方面的资料，汇总、综合到我们经济工作组的，各方面的资料，都会有一点点的不正确或不准确，你一点点，我也一点点，他来了又是一点点，几个一点点加在一起，到规划综合部门就变得很大了，这也是事实。经济假定只是我们城市规划工作的一种方法，没有办法情况下的一种办法。

六、关于长江三峡库区移民搬迁费用的测算

访问者：您刚才讲到了1980年代三峡库区的搬迁规划，据说咱们城市规划方面测算出来的指标，要大于水利部门的原有设想，他们提的搬迁移民的经费比较少，最后国家采用了咱们城市规划方面的数据，也就是扭转了国家的一个决策。在当年的规划工作中，有没有什么比较关键的问题？您能否大概回忆一下？

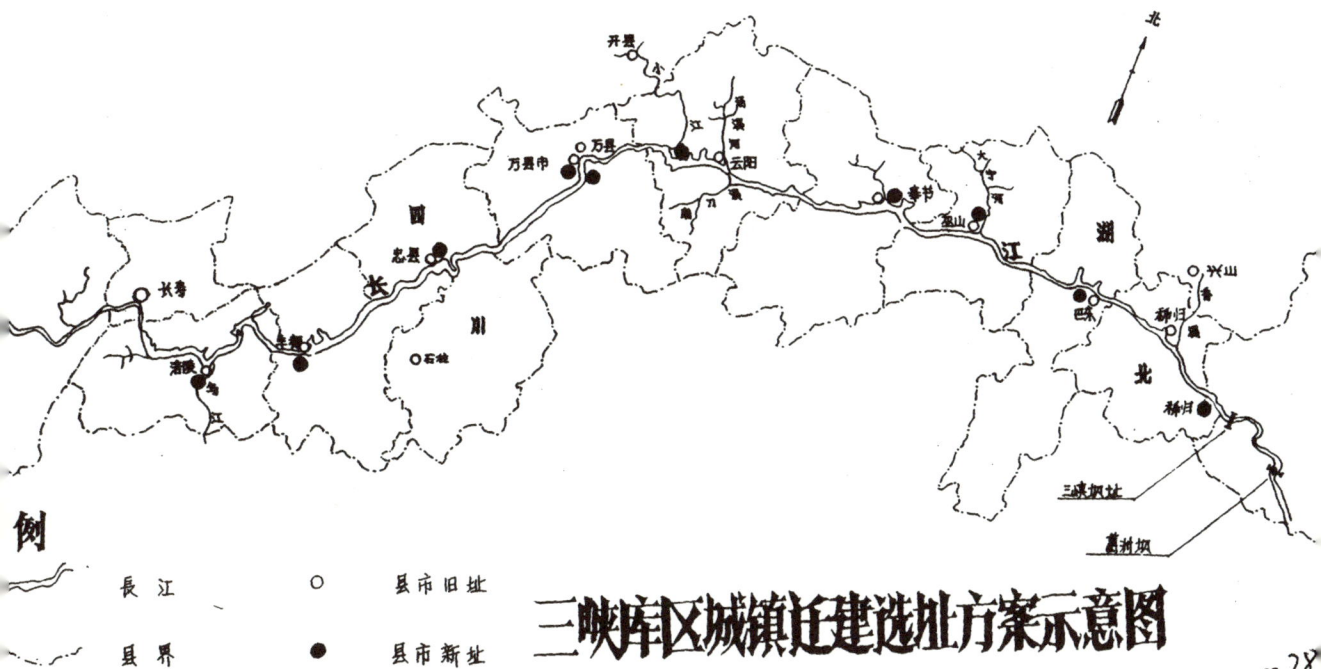

图 4-10　三峡库区城镇迁建选址方案示意图（1984 年）

资料来源：中国城市规划设计研究院．长江三峡库区城镇迁建规划纲要迁建选址汇总报告（1984 年 11 月）[Z]．// 中国城市规划设计研究院．长江三峡库区城镇迁建规划纲要工作成果（1984 年）．中国城市规划设计研究院档案室，案卷号：101678. p28.

夏宁初：这是 1982 年以后的事情了，你说的情况确实是个问题。最后的决算是我提出来的，这个数字应该由我负责。

我是怎么提出来这个数字的呢？当年，我和四川省规划院的王华明院长一起，发动了三峡库区十个城市的建设局、建委的局长和主任，调查、了解、分析他们的民用指标、民用造价，选取实例计算，每平方米多少钱，道路多少钱，居住建筑多少钱，商业建筑多少钱。然后他们算出来了，道路每平方米多少钱，居住建筑每平方米多少钱，公共建筑和其他方面，也都算出来了。各方面的造价和指标计算出来后，交给我，我汇总以后，再分类计算。

我根据十个城市的淹没情况进行分类，一类是全淹，一类是半淹或局部被淹[1]，我把淹没的范围划出来以后，计算它淹没和受损的具体内容，重新建设的代价，最后得出赔偿的数据。这是一点一点计算出来的指标，仔仔细细给做出来的，不是凭空提出来的（图 4-10～图 4-11）。

---

① 据《长江三峡库区城镇迁建规划纲要投资估算汇总报告》，三峡库区"被淹 10 个城镇分为基本全淹和部分淹没两种类型。其中秭归、巴东、巫山、奉节等 4 个城镇属基本全淹；云阳、万县、万州区、忠县、丰都、涪陵等 6 个城镇属于部分淹没"。资料来源：中国城市规划设计研究院．长江三峡库区城镇迁建规划纲要投资估算汇总报告（1984 年 11 月）[Z]．// 中国城市规划设计研究院．长江三峡库区城镇迁建规划纲要工作成果（1984 年）．中国城市规划设计研究院档案室，案卷号：101678. p94.

表 6

三峡库区淹没城镇迁建规划投资估算表（含县、市城被淹农业人口的40%）

项目	万县市 万元	万县市 元/人	万县 万元	万县 元/人	忠县 万元	忠县 元/人	巫山 万元	巫山 元/人	奉节 万元	奉节 元/人	云阳 万元	云阳 元/人	丰都 万元	丰都 元/人	涪陵 万元	涪陵 元/人	巴东 万元	巴东 元/人	秭归 万元	秭归 元/人	合计 万元	合计 元/人	各项占总投资比例%
迁建总人口（人）	95128		27698		26605		41309		61075		55154		41033		30474		25201		37116		440793		
城市建设 居住建筑	16600	1745	4648	1678	4704	1768	7778	1883	11513	1885	10187	1847	7193	1753	5571	1828	4561	1810	6985	1882	79740	1809	
公共建筑	13898	1461	3955	1428	3799	1428	5982	1448	8856	1450	7810	1416	5888	1435	4224	1386	2606	1034	5493	1480	62511	1418	
公园绿地	951	100	213	77	186	70	260	63	489	80	496	90	271	66	222	73	192	76	345	93	3625	82	
市政工程公用事业	20662	2172	6012	2170	6096	2291	9398	2275	14368	2353	9504	1723	7118	1735	6375	2092	3941	1564	7622	2054	91096	2067	
室外工程配套费	2216	233	679	245	596	224	1239	300	1496	245	1230	223	1026	250	795	261	504	200	928	250	10709	243	
征地费、场地平整地大型工程	9969	1048	2246	811	2160	812	8175	1979	8838	1447	8163	1480	6705	1634	4571	1500	4488	1781	5682	1531	60997	1384	
其它	11187	1176	2174	785	1266	476	3259	789	3848	630	2951	535	2515	613	2676	878	1260	500	2386	641	33522	760	
城建部分投资小计	75483	7935	19927	7194	18807	7069	36091	8737	49408	8090	40341	7314	30716	7486	24434	8018	17552	6965	29441	7932	342200	7763	68.45
对外交通	15972	1679	2925	1056	3381	1271	5164	1250	7469	1233	5598	1015	4411	1075	5485	1800	5128	2035	5831	1571	61364	1392	12.27
各项专业设施	8200	862	4832	1745	4211	1583	6906	1672	10362	1697	9441	1712	7379	1798	3072	1008	4128	1638	5112	1377	63643	1444	12.74
以上各项合计	99655	10476	27684	9995	26399	9923	48161	11659	67237	11009	55380	10041	42506	10359	32991	10826	26809	10638	40378	10879	467200	10599	93.46
管理、规划、勘测费	1998	210	554	200	528	198	963	233	1345	220	1108	201	849	207	660	217	536	213	808	218	9349	212	1.87
不可预见费	4985	524	1384	500	1320	496	2408	583	3362	550	2769	502	2126	518	1650	541	1340	532	2019	544	23363	530	4.67
总计	106638	11210	29622	10695	28247	10617	51533	12475	71944	11780	59257	10744	45481	11084	35501	11584	28686	11383	43244	11641	499953	11342	100

说明：1.市政工程、公用事业包括：给水、排水、道路广场、环卫、天然气（部分城镇）。
2.其它包括：私房赔偿、搬迁安装费、非镇属机构、特殊机构、衣贸市场。
3.对外交通包括：公路、码头、桥涵、车站、停车场。
4.各项专业设施包括：电力、邮电、广播电视、仓库、文物古迹、蔬菜基地、防洪。
5.管理、规划、勘测费占总建设投资的2%。不可预见费占总建设投资的5%。

图4-11 三峡库区淹没城镇迁建规划投资估算表（1984年）

资料来源：中国城市规划设计研究院。长江三峡库区城镇迁建规划纲要投资估算汇总报告（1984年11月）[Z]. // 中国城市规划设计研究院。长江三峡库区城镇迁建规划纲要工作成果（1984年）。中国城市规划设计研究院档案室，案卷号：101678. p109.

各县、市、省城规院及中国城规院投资估算汇总数字比较表

表5

		万县市	万县	忠县	巫山	奉节	云阳	丰都	涪陵	巴东	秭归	合计
迁建总人口	地方数	10.0万	4万	3.3万	5.0万	7.6万	7.6万	5.0万	5.2万	2.6万	4.1万	54.4万
	省院数	10.5万	3.4万	3.1万	1.5万	7.1万	6.5万	1.8万	3.6万	2.6万	4.1万	50.2万
	中国院数	9.51万	2.77万	2.66万	4.13万	6.11万	5.52万	4.10万	3.05万	2.52万	3.71万	44.08万
迁建总投资	地方数	14.8亿	4.28亿	3.33亿	8.61亿	10.91亿	11.16亿	5.06亿	7.18亿	3.00亿	4.79亿	73.12亿
	省院数	12.42亿	3.84亿	3.21亿	5.90亿	9.26亿	7.42亿	5.49亿	4.23亿	3.0亿	4.79亿	59.56亿
	中国院数	10.66亿	2.96亿	2.82亿	5.15亿	7.19亿	5.93亿	4.55亿	3.53亿	2.87亿	4.32亿	49.99亿
人平投资	地方数	14802元	10703元	10097元	17224元	14361元	14680元	10118元	13806元	11538元	11683元	13438元
	省院数	11830元	11300元	10350元	13110元	13040元	11420元	11430元	11740元	11538元	11683元	11368元
	中国院数	11210元	10695元	10617元	12475元	11780元	10744元	11084元	11584元	11383元	11641元	11342元

图4-12 三峡库区各省市、四川省规划院及中规院投资估算汇总数字比较表（1984年）

资料来源：中国城市规划设计研究院. 长江三峡库区城镇迁建规划要投资估算汇总报告（1984年11月）[Z]. // 中国城市规划设计研究院. 长江三峡库区城镇迁建规划纲要工作成果（1984年）. 中国城市规划设计研究院档案室，案卷号：101678. p108.

说明：迁建总人口及总投资数字，系包含县（市）域被淹农业人口40%转入城镇的数字。

我们计算出来的数据，还是极抠、极抠的（图4-12）。我说过，如果数字再低的话，我绝对不同意。

结果，我们计算出来的造价数字，要比长江三峡水利规划委员会的数字大了很多，不知道大了多少倍。他们对我们当时的计算不满意，不肯发布我们的报告。

访问者：可能当时他们是想少花点钱，节省点投资。

夏宁初：我就坚持我们的这个数字，我说这个数字并不多。现在，实际情况怎么样？比我们计算的数字还要大得多。

刚开始时，三峡水利委员会还不给我们看他们的数字，他们自己算的数字，抠得要死。他们要建坝，移民搬迁费越少越好，但后来实际的移民搬迁费也不知道超过了多少倍。

我们认为，不能让搬迁城市的老百姓亏本，应该赔的就要赔。我这个人做事情，对自己的要求是一步一个脚印，不要没有根据就去瞎干。

访问者：听说最后国家接受了咱们城市规划方面的这个数字，这是一个很大的功绩。

夏宁初：你叫我改，我就不改，我就是这个数字。要就要，不要就拉倒。

访问者：这项工作前后干了大概有多长时间？

夏宁初：记不清了。反正是我调回规划院以后主持的第一件事，前面的一些同志做了半截，做不下去了，叫我去做的。我直接去的现场，十个城市全走遍了。

访问者：可能有的规划人员缺乏工程方面的实际经验。

夏宁初：他们没有工程的经验，我搞过很长时间的工业设计和建筑施工。我这个人，在建筑、施工方面，还算全面都做过。

访问者：谢谢您的指导！

（本次谈话结束）

高殿珠先生访谈

当时不愿意学，我们当地人把翻译叫"支牙棍"。没办法，工作需要，就这么一个原因，工作需要就得干。在高中以前，我的志愿是想搞工业，摆脱繁重的体力劳动，没承想走上了这条路，当"支牙棍"。

（拍摄于 2016 年 05 月 24 日）

专家简历

高殿珠，1931 年 12 月生，吉林长春人。

1950～1953 年，在哈尔滨外国语专科学校学习俄语。

1953 年 6 月，在建筑工程部城市建设局参加工作。

1958～1959 年，参加建工部赴苏联考察团。

1959～1960 年，下放劳动锻炼。

1961 年起，调入外交系统工作。

1961～1964 年，在外交学院法语系调干班学习。

1964～1971 年，在中国驻瑞士大使馆工作。

1972～1976 年，在阿尔巴尼亚驻华大使馆工作。

1976～1977 年，在摩洛哥驻华大使馆工作。

1977～1983 年，在中国驻苏联大使馆工作。

1983～1985 年，参加中央驻江苏省省委整党联络员小组工作。

1985～1987 年，在外交部干部司工作。

1987～1991 年，在中国驻法国大使馆工作。

1991～1994 年，在外交部老干部局工作。

1994 年退休。

"一五"时期，曾担任苏联工程规划专家马霍夫的专职翻译。

2015 年 10 月 14 日谈话

访谈时间：2015 年 10 月 14 日下午

访谈地点：北京市朝阳区武圣北路 6 号院，高殿珠先生家中

谈话背景：《八大重点城市规划》书稿（草稿）完成后，于 2015 年 9 月 25 日呈送高殿珠先生。高先生阅读书稿后，与访问者进行了本次谈话。

整理时间：2016 年 4 月 2 日

审阅情况：经高殿珠先生审阅修改，于 2016 年 5 月 19 日定稿

高殿珠：你的这本书稿，题目中讲，八大重点城市规划是新中国城市规划事业的奠基石①。要我说，这应该是一本"中国城市规划发展史"。

李　浩（下文以"访问者"代称）：这本书稿主要写了"一五"时期城市规划工作的部分情况，其他时间城市规划发展的好多内容都还没有写。如果用"中国城市规划发展史"作为题目，还得有好多内容要写。

一、对《八大重点城市规划》（草稿）的意见

高殿珠：关于书稿的内容，我没有什么意见。援引的材料都是真实的、可靠的，观点也是正确的。对于苏联专家而言，即使有点什么个别问题，完全否认也不对。但

---

① 《八大重点城市规划》一书在征求意见的草稿阶段，采用的书名全称为《八大重点城市规划：新中国城市规划事业的奠基石》。

是呢，也不能说苏联专家讲的内容一切都对。实际上，中国的情况和苏联不一样，国内、国外尽管同样都应该这样做，但具体的情况是不一样的。你的一些观点，我都同意。

我给你讲一些小的问题。像专家的名字，南方人和北方人的发音不太一样，翻译出来的文字也不一样。拿城市设计院的几位苏联专家来讲，经济专家的名字应该是"什基别里曼"，翻译成"史基别里曼"不太准确；电力专家应该是"扎巴罗夫斯基"，有的地方是"扎伯洛夫斯基"，不准确。当年的一些书刊中，有的文件的行文中，相关表述也不太一致，你的书稿应该统一表述。

还有其他一些小的问题。比如，"156项工程"的名单中，"丰满电站"的前面可能还应该有个"小"字，日本侵占东北的那时候叫"小丰满"，我是东北吉林省长春人。苏联的货币单位应该是"戈比"，不是"哥比"。

此外，有一个较普遍的问题，书稿中的有些地方，特别是"苏联专家的技术援助"这部分，你引用的一些档案中，有些内容的原文本身就是不准确的，但是后来也形成文字了，放进档案了，你想给它改掉，又不好改。对于这些问题，我的意见就是，你直接把它改掉。

访问者：书稿中凡是加引号的文字，都是引用的一些内容，按道理我是不能随便修改的，只能加一个方括号"[ ]"来修正，或者加脚注，给予适当说明。如果我直接改了的话，就不真实了，存在"造假"的嫌疑。

高殿珠：我看出来你有这个顾虑。

访问者：在正文的前面，我专门写了一个"凡例"，对引用档案内容以及我的注释和改动，制定了一些基本规则，有一个专门的说明。这样处理，是希望能严谨一点。

高殿珠：我看到"凡例"了。有些内容肯定是错的，比如"先斩后凑"、"边斩边凑"、"斩而不凑"，绝对不是这个，应该是"先斩后奏"、"边斩边奏"、"斩而不奏"。既然错了，就应该改掉，这还是成语呢，都给写错了。这可能与当时做记录时比较着急有关系。类似这样的问题还真不少，既然出书，让它那么累赘干吗？再比如"工叶"的"叶"字，应该是"专业"的"业"，本身它就是个错别字。

访问者：这个字有点特殊，好像不是错别字，这是写法的问题。我查档案时注意到，在那个年代，很多材料中的工业都是按"工叶"这么写的，大多数文件当中都是这么写的。

高殿珠：也有可能，原来的有些字，写法跟现在不太一样。我认为，该纠正的还是要纠正。出书以后，人家会觉得作者怎么这么啰嗦？实际上，这不是你的事，而是别人的事。不管原文是什么，原文本身就有问题。也有些内容，可能档案本身就搞错了。

访问者：您说得对，有些档案本身是有问题的。比如说许保春先生的名字，他参加过洛

图 5-1　高殿珠先生提供照片

阳和武汉这两个城市的规划工作，结果，在洛阳的规划档案中，他的名字被写成"许宝春"，在武汉的规划档案中，他的名字又是"许保春"。

高殿珠：错的就可以明确改过来。但究竟怎么处理，你再考虑。

二、提供一些照片和翻译人员资料

高殿珠：这里，我给你提供几张照片。这些照片中的一些人，凡是能查对的，我都给你查对了，名字我都写好了（图 5-1）。

这张照片（图 5-2）有些历史意义，这是苏联专家马霍夫及其夫人、女儿，受邀在城市设计院副院长李蕴华家做客，前排左 1 是李蕴华的女儿，后排最右边是我，照片的地点是在李蕴华家，也就是在政协礼堂的东边。这张照片能够表现出苏联专家和我们城市设计院的领导关系很密切，邀请他到家里做客。

这张照片（图 5-3）是在北海公园，1956 年 8 月 25 日，照片中有苏联专家库维尔金、扎巴罗夫斯基和她的女儿，城市设计院副院长史克宁、李蕴华，翻译人员韩振华、周润爱和我。

这张照片（图 5-4）给我印象比较深的是，我们坐在一条船上，当时船拥挤得很厉害，但照片的背景不是太清楚。

这张照片（图 5-5）是城市设计院欢送苏联专家马霍夫回国的留影。

图 5-2 苏联专家马霍夫一家在城市设计院副院长李蕴华家做客
前排左起：李蕴华女儿（左1）、马霍夫女儿（左2）。后排左起：马霍夫（左1）、马霍夫夫人（左2）、李蕴华（右2）、高殿珠（右1）。
资料来源：高殿珠提供。

图 5-3 苏联专家在中国同志陪同下游北海公园
注：1956年8月25日于北京。前排左起：韩振华（左1）、库维尔金（左2）、史克宁（左3）、扎巴罗夫斯基女儿（左4）、周润爱（左5）、李蕴华（左6）、高殿珠（左7）。后排：扎巴罗夫斯基。
资料来源：高殿珠提供。

图 5-4　中国同志陪同苏联专家游北海公园

注：1956 年 8 月 25 日，北京。前排：高殿珠。
后排左起：马霍夫（左 1）、什基别里曼夫人（左 2）、扎巴罗夫斯基女儿（左 3）、周润爱（右 2）、韩振华（右 1）。资料来源：高殿珠提供。

图 5-5　城市设计院欢送苏联专家米·沙·马霍夫回国留影

注：1957 年 6 月于北京。
前排左起：安永瑜（左 1）、李蕴华（左 2）、玛娜霍娃（左 3）、扎巴罗夫斯基（左 4）、王天任（左 5）、什基别里曼（左 6）、鹿渠清（左 7）、马霍夫（右 7）、史克宁（右 6）、库维尔金（右 5）、程世抚（右 4）、谭璟（右 3）、姚鸿达（右 2）、归善继（右 1）。
后排左起：赵允若（左 1）、王慧贞（左 3）、夏素英（左 4）、杜松鹤（左 5）、高殿珠（左 6）、王进益（左 7）、刘达容（左 8）、陶振铭（左 9）、王乃璋（左 10）、凌振家（右 5）、黄树（右 4）、徐道根（右 3）、陈卓铨（右 2）、冯友棣（右 1）。
资料来源：高殿珠提供。

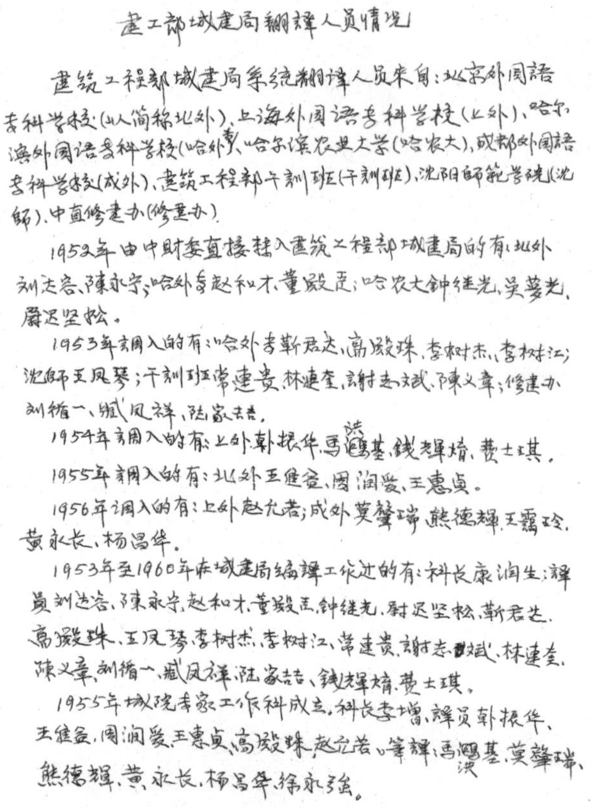

建工部城建局翻译人员情况

建筑工程部城建局系统翻译人员来自：北京外国语专科学校（以下简称北外）、上海外国语专科学校（上外）、哈尔滨外国语专科学校（哈外专）、哈尔滨农业大学（哈农大）、成都外国语专科学校（成外）、建筑工程部干训班（干训班）、沈阳师范学院（沈师）、中直修建办（修建办）。

1952年由中财委直接转入建筑工程部城建局的有：北外刘达容、陈永宁；哈外专赵和才、董殿臣；哈农大钟继光、吴梦光、蔚迟坚松。

1953年调入的有：哈外专靳君达、高殿珠、李树杰、李树江；沈师王凤琴；干训班常连贵、林连奎、谢志斌、陈义章；修建办刘循一、臧凤祥、陆家吉。

1954年调入的有：上外靳振华、马洪基、钱辉焴、费士琪。

1955年调入的有：北外王继鑫、周润发、王惠贞。

1956年调入的有：上外赵允若；成外莫肇瑞、熊德辉、王露玲、黄永长、杨昌华。

1953年至1960年在城建局编译工作过的有：科长康润生；译员刘达容、陈永宁、赵和才、董殿臣、钟继光、蔚迟坚松、靳君达、高殿珠、王凤琴、李树杰、李树江、常连贵、谢志斌、林连奎、陈义章、刘循一、臧凤祥、陆家吉、钱辉焴、费士琪。

1955年城院专家工作科成立，科长李增，译员靳振华、王继鑫、周润发、王惠贞、高殿珠、赵允若、笔译：马洪基、莫肇瑞、熊德辉、黄永长、杨昌华、徐永强。

图 5–6 高殿珠先生提供的翻译人员情况资料

资料来源：高殿珠提供。

访问者：这张照片好清晰啊，太珍贵了。已经过去快 60 年时间了，您的这些照片还能保存得这么好，太不容易了。

高殿珠：另外，我给你提供一份“建工部城建局翻译人员情况”（图 5–6）。这个材料是经过考证的，凡是现在在世的人，我都核对了。

早期的苏联专家是从中财委转来的，第一批翻译人员也是从中财委转来的。在 1952 年的时候，从中财委转入建工部的翻译人员，主要是刘达容、钟继光。还有吴梦光，她也是在建工部系统，但没在城建局。当时，建筑工程部有好多部门都需要翻译，有建材局，还有建筑设计院等。在这份名单中，建工部其他部门的那些翻译人员，我都没写。我写的人员主要都是建筑、城建系统的，经常在一起工作的一些翻译人员。一共有哪几批翻译人员，哪一年来的，这上面写的都有。

就城市设计院的专家工作而言，实际上也就是从 1955 年开始的。什基别里曼、扎巴罗夫斯基、马霍夫等，这些苏联专家来了以后，才成立的苏联专家组。原

图 5-7 原城市设计院专家工作科的部分翻译人员留影（1994年10月18日）
前排左起：王慧贞（左1）、周润爱（中）、赵允若（右1）。
后排左起：高殿珠（左1）、王进益（中）、韩振华（右1）。
资料来源：高殿珠提供。

来的时候，只有部里的编译科。

就建工部早期的编译科而言，做"口译"工作的主要是刘达容、靳君达、我、韩振华等。其他那些翻译人员，主要都是"笔译"工作，收集、编译资料，比如翻译从外国引进的杂志，从各方面汇集来的一些东西，编译成册，有点搞情报的性质。另外，苏联专家讲的一些内容，他们也参与翻译和整理。

当年，李增是城市设计院专家工作科的科长，康润生是城建部编译科的科长。实际上，部里和院里的翻译人员，经常流动，是一码事，翻译工作经常是统一安排的（图5-7）。

访问者：高先生，当年在城市设计院工作的几位苏联专家，据说都有不少讲课，也专门整理过一些讲稿。我曾看到过经济专家什基别里曼的讲稿。不知您手上还保存有一些专家讲稿吗？比如说马霍夫的讲稿。

高殿珠：我手头没有。马霍夫有不少讲课，但是没有系统整理。那时候，与马霍夫对口工作的，主要是城院的道路组，他们每次都会进行记录，记录人员主要是冯友棣。但那些材料后来哪儿去了，我都不太清楚了。我记得没有汇编成册。

访问者：您主要是给马霍夫当翻译？

高殿珠：对。

访问者：我查档案的时候注意到，您也给巴拉金翻译过，对吧？

高殿珠：也翻译过。当年的翻译人员中，"大拿"是刘达容，中财委的时候就是他，他跟着穆欣做翻译。

访问者：我听靳君达先生说，您们翻译人员都叫他"二科长"。

高殿珠：是这样没错。中财委的时候就有刘达容，巴拉金那个时代也有他，后来刘达容又到城市设计院工作了。

图 5-8 高殿珠先生所保存的时间最早的个人照片（1940 年）
注：当时伪满洲国统治下生活困难，大病初愈，照片中头发有多处脱落。
资料来源：高殿珠提供。

在城市设计院，经济专家什基别里曼是苏联专家组组长，他的主要翻译是王进益。后来不知道是什么原因，刘达容也给什基别里曼当过一段时间的翻译。

三、学习俄文的缘起

访问者：高先生，能否请您回忆一下，当年您是怎么会走上翻译这条路的？刚才我听您说，您是长春人，是不是您在上学的时候，就会说俄语，从小就有俄语的一些生活环境？

高殿珠：不是。我小的时候，还处在伪满洲国时期，一直到高小毕业，我们都是在日本人的统治下生活的（图 5-8）。

在上小学的时候，我们就开始学日文了。到现在我还记得，当年我们学的语文课本，第一课叫《朝日红》，这是什么意思呢？中国人得向日本人朝拜。那时候，每天都有朝会，也就是每天一大早，学生们都集中在一起，背"国民训"，还有"回銮诏书"。所谓"回銮诏书"，也就是溥仪访问东京以后，回来的时候，对伪满洲国的国民发表的演讲[1]。这些内容，每天早上朝会时，都要讲的。我们是从三年级开始学的日文。

---

[1] 1935 年（民国 24 年）4 月 2 日，溥仪为答谢日本天皇御弟秩父宫雍仁的来访，由关东军安排，去日本访问。同月 27 日返回长春。次月 2 日，发表《回銮训民诏书》，其中谈道："朕自登极以来，亟思躬访日本皇室，修睦联欢，以伸积慕。今次东渡，宿愿克遂。日本皇室，恳切相待，备极优隆，其臣民热诚迎送，亦无不殚竭礼敬。衷怀铭刻，殊不能忘。深维我国建立，以达今兹，皆赖友邦之仗义尽力，以奠丕基……朕与日本天皇陛下，精神如一体。尔众庶等，更当仰体此意，与友邦一心一德，以奠定两国永久之基础，发扬东方道德之真义。则大局和平，人类福祉，必可致也。凡我臣民，务遵朕旨，以垂万口。钦此！"
资料来源：梁磊. 溥仪访问日本 [E/OL]. 今日头条网. 2016-04-02[2016-04-15].http://toutiao.com/i6268793452775866882/

访问者：小学的前两年，您还没有开始学日文？

高殿珠：前两年没学日文，因为没有老师。后来有了老师，就让我们学日文。课本是日本人编的，所以叫"朝日红"，"朝朝红"。"国民训"也是如此。还要唱日本日文的国歌，叫《君之代》。这种情况，一直持续到1945年8月15日，日本人倒台。

访问者：那时候您是几年级？

高殿珠：应该是六年级。我是1931年出生的。那个时候，除了上学以外，在家里时，还得参加劳动。

访问者：1945年日本投降的时候，您大概14岁左右。

高殿珠：对，虚岁14岁。很小的时候，日本人侵占东北的时候，我们是个什么想法呢？拿农村种庄稼来说，东北人种地，前面马拉犁耙，小孩穿靰鞡①在后面跟着"踩格子"，大人往格子里撒种子，一天下来很累。上学时候的想法是，如果什么时候能不跟在犁耙后面跑，该多好。当时，听说过有拖拉机，心里就想，如果能看看用拖拉机种地，那该多好（图5-9）。

那时候，我们对日本人的翻译非常恨，当地老百姓叫"支牙棍"。日本人经常到村里骚扰，我们家在郊区，一看到有日本官或者翻译官来了，吓得不得了。

访问者：那时的翻译官，通常是中国人还是日本人？

高殿珠：中国人。但日本人也经常到我们那里骚扰。我家离长春市中心没多远，十多里地。上中学的时候，日本投降、东北光复以后了。那个时候，我的理想就是当个工程师，不想干别的。即使种地，也可以搞机械化了。1950年6月15日，朝鲜战争爆发，就抗美援朝了，那时我已经是高中了。在日本人投降之后、上高中之前，我还学过一段时间的英语，主要是初中三年级以前。后来，在抗美援朝之前，我又学了一点俄语。

访问者：您是从哪一年开始学俄语的？

高殿珠：正式学习俄语，也就是1950年12月抗美援朝的时候，在长春市唯一的一个高中，叫"省高中"。除了个别的学生，像"伪满洲国"一些大臣的孩子们，除此之外，其他所有高中学生，都参与抗美援朝走了，其中就有我。

访问者：您们参加抗美援朝，是去担任翻译吗？

---

① 靰鞡（wù la），又写作"乌拉"、"兀剌"，其名称来自满语对皮靴称谓的音译，意即内部垫有靰鞡草的鞋，是一种东北人冬天穿的"土皮鞋"。东北话往往把靰鞡的后一个字读成"噜"或"喽"的音。制作靰鞡的原料多是用黄牛皮，选择一般以脊背部位的皮子为最好，也有用马皮或猪皮的，但属于低档货。旧时俗语："东北有三宝，人参、貂皮、靰鞡草"，这是三种东北的特产，前两样一是珍稀药材，一是名贵毛皮，靰鞡草则是植物。靰鞡草亦称乌拉草，属莎草科多年生灰绿色草本植物，这种草紧密丛生，其茎和叶晒干后，捶软絮垫在靴鞋里，能保暖抗寒。

图5-9　高殿珠先生在家乡留影

注：1962年8月26日，照片中左上方的桥为白沟屯桥，系伪满洲国康德六年（1939年）日本人所建。高先生记忆犹新的是，孩提时在桥上玩耍，头曾经被卡在桥孔中很长时间。资料来源：高殿珠提供。

高殿珠：我们参加抗美援朝，但还不是担任翻译，那时叫参军、参干。大家报了名以后，就分成几部分，先搞学习。其中，一部分人是去"哈尔滨外专"，外国语专科学校，实际上就是学俄文；一部分人是到"北安"，学医，"北安"在哈尔滨以北。

访问者：学校的全称是？

高殿珠：我记不清了，反正是学医的。那是我们高中二年级的时候。为什么要学俄文？因为战争爆发了，考虑有苏军参战，有翻译工作的需要。我们在学校学了三年俄文，1953年6月毕业。那时候的外专学校，都是军事性质的，生活待遇是供给制。

访问者：当时您去学习的那个学校，全称叫什么？

高殿珠：哈尔滨外国语专科学校，简称哈外专。除了上面说的这两部分，我们还有一部分同班同学，是学"机要"的。当时，主要就是这三部分去向。

那时候学习俄文，在思想上是想不通的。以前的那些翻译，都是给日本人当"支牙棍"，我们现在还学这个？我们也清楚，所谓翻译，也就是给人家来回传话，没多大意思，不太愿意学的。在学校时，经过了一番思想斗争。学校也进行过动员，就说美国人都打到鸭绿江边了，你怎么办？不去支援行吗？

到学校后，第一件事情是挖战壕，防细菌战，然后修建南岗机场。干完这些事情，接下来才正式开始学俄文。老师们都是一些"白俄"，也就是在俄国的十月革命以后，被赶到哈尔滨去的一些有钱的俄罗斯人。他们主要分布在哈尔滨的南岗地区，像秋林公司、喇嘛台、毛子坟等，这些地方都是当时白俄的势力范围。

访问者：您当时学俄语，使用的是什么词典？

高殿珠：那时候，没有什么词典。我记得有个日文的《八杉真棣》，里面的俄语是用日语注释的，可以看懂。中国人学日文太容易了，也就是发音不大一样。

访问者：听靳君达先生讲，他也是先懂日文，然后学的俄文。

高殿珠：他是铁岭的。我们到哈尔滨去的，还有长春市和吉林市的中学的，很多人。我是85班，他好像是87班的，记不清了。

访问者：您们两位是一个年级吗？我感觉您和靳老的感情很深。

高殿珠：我们感情很深，我们同时去的。清一色男士，没有一个女生（图5-10）。
当时的考虑，是给苏联出兵东北的空军或者是机械化部队服务，让我们当翻译。当时我们叫"六级部"，我们这批人，全部是因为抗美援朝给召集去的，包括沈阳、铁岭、吉林、长春等几个城市。此外，还有个别的华侨。

访问者：您们正式到哈尔滨，是在1950年的什么时候？

高殿珠：11月份或者12月份。

访问者：也就是中国出兵朝鲜以后。中国人民志愿军是1950年10月赴朝参战的。

高殿珠：对。那时候，个别的有南洋的爱国华侨回到国内，支援国内建设的，像我们这些翻译人员里面的陈永宁就是华侨。

四、参加翻译工作之初

高殿珠：我们从哈尔滨到了北京以后，可能是1953年6月10日左右，首先是落脚在西直门的南小街，住的是当时北京市有钱人家的马棚，在马棚里的地面上铺一些草，在那上面睡觉。

访问者：这就是老同志们所说的"车马大店"吧？

高殿珠：差不多。不是"大店"，肯定是马圈。半夜睡觉的时候，蝎子就出来了，我在老家和在哈尔滨的时候，都没有见过。
我记得还比较清楚，从北京的前门火车站下车，把我们弄到吉普车上，一路都是红墙，在西直门下车，南小街住下。

访问者：为什么说"一路都是红墙"呢？

高殿珠：那时候，我们走的这一路，两边的建筑都是红色的，和天安门两侧的红墙一样。记得我们刚到北京时，北京城所有的城门都在，前门、崇文门、宣武门、阜成门、建国门、东直门、德胜门、安定门……说北京时，一般常说"九门提督"，共9个城门。后来逐渐给扒掉了。这些城楼，解放的时候没让炮火给摧毁，后

图 5-10　哈尔滨外国语专科学校八十五班全体毕业留影
注：1953 年 6 月 14 日，端午节其前夕，摄于哈尔滨外国语专科学校新教学楼前。
前排左起：王全福（左1）、丁彦（左2）、王希贵（左3）、金铁侠（右2）、张兴（右1）。第2排左起：尉国勋（左1）、崔福奎（右2）、库斯马尔彩夫（右4）、王世范（右1）。第3排左起：高乃卿（左1）、闫立本（左2）、张敬儒（左3）、田雨滋（左4）、赵连城（右4）、李景波（右3）、高殿珠（右2）、乔俊吾（右1）。第4排左起：韩铭（左1）、赵文栋（左2）、董国柱（左3）、李顺安（左4）、葛坤明（右3）、钟殿恭（右2）、崔福山（右1）
资料来源：高殿珠提供。

来却让自己给拆掉了。记得早年曾有拆除城墙之争，梁思成极力主张要保留城墙，这是记忆犹新的事。其实，大家都是拥护梁思成的想法的，包括在私下议论也是如此（图5-11）。

当时，我们刚到北京，什么都不懂，在哈尔滨学的都是军事内容。来到北京以后，大概过了一段时间，就在宣武门外的下斜街，由技术人员给大家上课，这就是建筑工程部的干部训练班，一共上了有几个月时间。有不少人在那儿学习，上海外专毕业的，哈尔滨外专毕业的，还有沈阳师范和成都外专过来的。当时的一些翻译人员的来源，基本上是以哈外专、北京俄专为主的。

访问者：北京外语专科学校，跟东北有什么渊源吗？

高殿珠：北京的外语学校是解放军进城以后搞的，具体来源不太清楚①。那时候，北京俄专是在宣武门内，西边不远的地方。刘达容，还有陈永宁，他们两位就是从北京俄专毕业的。赵和才、董殿臣是从哈尔滨外专毕业的，他们比我们早毕业半年，我们前后也就相差几个月时间。还有比我们早毕业三个月的一批人，他们大部分是去军队了，包括二机部，三机部，这是航天工业部的前身②。

轮到我们这批学生快要毕业的时候，学校进行动员，说朝鲜战争双方正在停战谈判，肯定是要签字了③，你们就不用去军队了，你们再学习一些国家建设的知识，都到北京去。所以，我们那个班的同学，几乎全都到北京来了，有分配到外交部的，有分配到地质部的，有建工部的，二机部的，三机部的，北京市委的，等等（图5-12）。

现在，我们在北京的这些同学，只剩下6个人了。其中，外交部有两个，航天工业部有一个，地质部有两个，核工业部有一个，新华社还有一个，大家都80多岁了。我们虽然是"半路出家"，其中也有成为专家的。比如，当时我们班里年龄最小、最调皮的一个人，叫韩铭，这个人跟着苏联专家学习过，在刚毕业的一二十年间也没干过什么大事，现在已经是成都直升飞机制造公司的高级专家了，很厉害（见图5-10）。原来他并没有学过这个专业，跟着苏联专家时学习认真，"文化大革命"期间也没有胡搞。现在，连国际上都怕他。他出国

---

① 今北京外国语大学的前身是1941年成立于延安的中国抗日军政大学三分校俄文大队，后发展为延安外国语学校，建校始隶属于党中央领导。新中国成立后，学校归外交部领导，1954年更名为北京外国语学院，1959年与北京俄语学院合并组建新的北京外国语学院。参见：北京外国语大学网站.2015-03-01 [2015-12-20]. http://www.bfsu.edu.cn/overview

② 1963年9月，从第二机械工业部中分离出航空工业局，组建第三机械工业部，主要负责航空工业。首任部长为孙志远。

③ 1950年6月25日，朝鲜战争爆发。10月25日，中国人民志愿军应朝鲜请求赴朝参战。1951年7月，美国政府同意举行停战谈判，并于1953年7月27日在《朝鲜人民军最高司令官及中国人民志愿军司令员一方与联合国军总司令另一方关于朝鲜军事停战的协定》（简称《朝鲜停战协定》）上签字。1958年，中国人民志愿军全部撤回中国。

图 5-11　参加翻译工作之初的高殿珠
注：1955 年 7 月 17 日。
资料来源：高殿珠提供。

图 5-12　在颐和园游泳时留影
注：1954 年夏。左起：高乃卿（左 1，高殿珠先生的一个叔叔）、高殿珠（右 2）、李××（右 1）。
资料来源：高殿珠提供。

去参观的时候，好多项目，人家都不敢给他看，怕他看了后中国马上就能搞。俗话讲，师傅领进门，修行在个人。

当年学外文的时候，早上起来就开始学习，上大课。上午教文法，下午口语练习，等于是辅导。上午一般是年轻、文化程度比较高的一些老师教我们，下午是助教指导我们，这些老师都是俄罗斯人。我们这些人，一天内，从早到晚，都是跟外国人学习，不管说生拉硬拽也罢，学不学都是它，听不懂也得听，所以我们学的俄语都还算比较地道。在各个外语学校中，哈尔滨外专算是水平比较高的，我们学得算是比较扎实的。其他的学校，像上海的，北京的，都比不过我们，因为很多人都不是直接跟外国人学的。

说到北京俄专，刘达容算是一个例外，因为他出来参加工作的时间比较早，文化程度和外语水平都比较高。说起来，外语也是一个工具，要经常使用的话还可以，但若是不经常使用的话，很快就会忘掉了。我们在哈尔滨外专毕业以后，跟着苏联专家搞翻译，使用了有七八年时间，所以，一般是忘不了的。

访问者：高先生，当年做翻译工作，不光是对俄语有要求，还得懂专业才行。1953 年 6 月您到建工部参加工作时，是怎么样接触城市规划的相关知识，获得对专业的认识和了解，从而胜任专业翻译这项工作的？

高殿珠：那时候，确实原来一点都不懂。到了北京以后，主要就是靠建筑工程部的干部训练班，也就是给大家培训专业知识，由一些专业技术干部给大家讲课，像"营造法式"等。

访问者：当时，主要都是由哪些人来给您们讲专业知识的？

高殿珠：比如周干峙等，基本上都是这些人给我们这些翻译来讲课。我们确实是白纸一张，什么都不知道。我们学了三个月左右后，就被分配到部里的编译科，开始做翻译工作了。

那时候，大家都兢兢业业，没有想个人问题，不去想我住的好不好，吃的好不好，都是想尽一切办法，看书，思考怎么样能把这个工作给拿下来。下班以后，晚上，除了体育运动以外，就是认真学习。那个时期，大家几乎都是如此，真是认真地学，不懂就问，不耻下问。不然的话，根本没有办法干翻译（图 5-13、图 5-14）。

访问者：靳君达先生形容，刘达容先生是他的师傅。

高殿珠：没办法，必须得靠传、帮、带。而且城市规划这个专业，涉及的科学知识非常的多。在那个时期，我不但需要学建筑方面的知识，连地质的、矿业的、电力的知识，我都学习过，认真看过书。不然的话，连城市规划工作中这些词语的意思都不知道，怎么搞翻译呢？

那时候，我想的就是要尽快地把这个工作给拿下来。如果苏联专家说的一些名词，我可以把中文给对到一起，就已经是很大的成绩了。

图 5-13　随同苏联专家到西安考察的技术人员在西安人民大厦院内合影
注：1956 年 7 月初，这是高殿珠先生参加工作后的第一次出差（陪同苏联专家）。
前排左起：徐道根（左 1）、王乃璋（左 2）、陶振铭（左 3）、王之俊（右 3）、松鹤（右 2）。
后排左起：高殿珠（左 2）、夏素英（右 2）、冯友棣（右 1）。
资料来源：高殿珠提供。

图 5-14　参与洛阳规划工作时在龙门石窟地区留影
注：1956 年 7 月 8 日，龙门石窟对面。
左起：高殿珠（左 1）、冯友棣（左 2）、王乃璋（右 2）、夏素英（右 1）。
资料来源：高殿珠提供。

访问者：您跟的是工程方面的专家，可能比规划专家的工作难度更大。因为城市规划专家相对还专业一点，工程方面涉及的领域更广，知识更多。

高殿珠：对。上至天文，下至地理。水、电、铁路、交通，什么都得懂。不懂的话，翻译不出来怎么办？就连建筑艺术也得懂一点，否则根本说不出来。

访问者：我听靳老说，他第一次口译时，曾经被换下来了，翻译不下去了。您有类似的经历吗，是否有什么印象？

高殿珠：我没有印象了。我是1955年才开始正式给马霍夫当翻译的，到那个时候，我已经跟人家学了很多知识了。我还去清华听过课，梁思成、吴良镛，我都见过。

访问者：1955年您开始给马霍夫当翻译，在这之前，比如1954年这一年，您的任务主要是学习？

高殿珠：不光是学习，也翻译一些东西，以笔译为主。那时候，除了苏联，还有其他国家的专家来中国，比如就有保加利亚的专家代表团来过。

大概是1954年，捷克的一个教授贝鲁莎（Беллуису）来中国，我给他做翻译，后来我还准备了一张个人照片，本来打算送给他作留念，记不清是什么原因，最后照片没有送出去，我至今还保留着（图5-15）。

另外，我记得，我陪波兰的专家到杭州出过差。

访问者：波兰的专家，他来中国是一个人吗？

高殿珠：对，他是城市规划方面的专家。那次去杭州，同行的还有周干峙，清华的郑孝燮[1]，还有一个人，名字记不清楚了。另外，北京市市委讨论城市规划，我也参加过。除了这些工作，其他时间都是学习业务，收集资料，翻译杂志上发表的文章。

访问者：马霍夫是哪一年回苏联的？

高殿珠：1957年6月，这张照片（图5-5）上写得很清楚。那时候请的苏联专家，基本上都是两年时间。

访问者：对。巴拉金和穆欣比较特殊。巴拉金是三年，计划两年，延期一年。穆欣来得早，在中国是一年半左右的时间。

高殿珠：我没见过穆欣，只见过巴拉金。那时候，我们在灯市东口办公。巴拉金给我的印象是，这个老头特别随和，比如他的办公室，我们这些翻译经常过去，跟他在一起聊天。他经常随手拿起一张透明纸，随便就开始勾画城市的规划草图或示意图。

---

[1] 郑孝燮，1916年2月生，辽宁沈阳人。1935～1937年在交通大学唐山工学院（即唐山交通大学）土木系学习，1938～1942年在中央大学（今东南大学）建筑系学习，毕业后在重庆、兰州和武汉等地从事建筑设计和城市规划业务。1949～1952年，在清华大学建筑系任教。1952～1957年，在重工业部基本建设局设计处工作。1957～1965年，先后在城市建设部城市规划局、建筑工程部城市规划局、国家建委城市规划局、国家计委城市规划局等机构工作。

图 5-15 一张未送出的照片及背后的签名
注：1954 年，计划送给捷克教授。
资料来源：高殿珠提供。

访问者：巴拉金经常画图，对吧？

高殿珠：对，他经常自己亲手画图。还有一次去北京市讨论城市规划，彭真出席了，那次会议是我去当的翻译，给我印象最深的是吃到了鲥鱼，这种鱼惟有长江里才有。为什么给我的印象最深呢？当时做出来的鱼，鱼鳞没有给弄掉，鱼鳞上面有一层黄油。但是，那次讨论会具体谈的是什么内容，我已经记不清楚了。

那时候，大家真的是诚心诚意地钻研业务，想尽一切办法，利用一切时间去学习，搞好这个工作，早上、晚上，都是点着灯干这个事。当年，我们国家刚刚成立，建设社会主义，热情非常高。

除此以外，还参加一些社会上的劳动，到合作社去帮人家劳动，帮人家收这个，收那个。那时，没有其他的想法，不会去想我们的待遇低了，或者想点什么窍门，干点什么事。就是一心一意地工作，一丝不苟。

访问者：在当年的规划工作中，工程规划具有综合协调的性质，马霍夫是很重要的一位专家。关于他的谈话记录，我已经查到了一些，但还没有过多展开，暂时以穆欣、巴拉金和克拉夫丘克为主。关于马霍夫的谈话，对规划工作的指导，您有什么比较深的印象吗？

高殿珠：过去的时间太长了，都忘了。技术方面的一些内容，我想不起来。当时，都是一些即席的提问，即席的回答，即席的翻译。

访问者：偏重于工作任务性质的？

高殿珠：没像吃鱼那么印象深刻。

访问者：在马霍夫回苏联之后，您继续给谁当翻译呢？

高殿珠：马霍夫是 1957 年 6 月走的。那时候，我开始准备建材局的一些工作了。

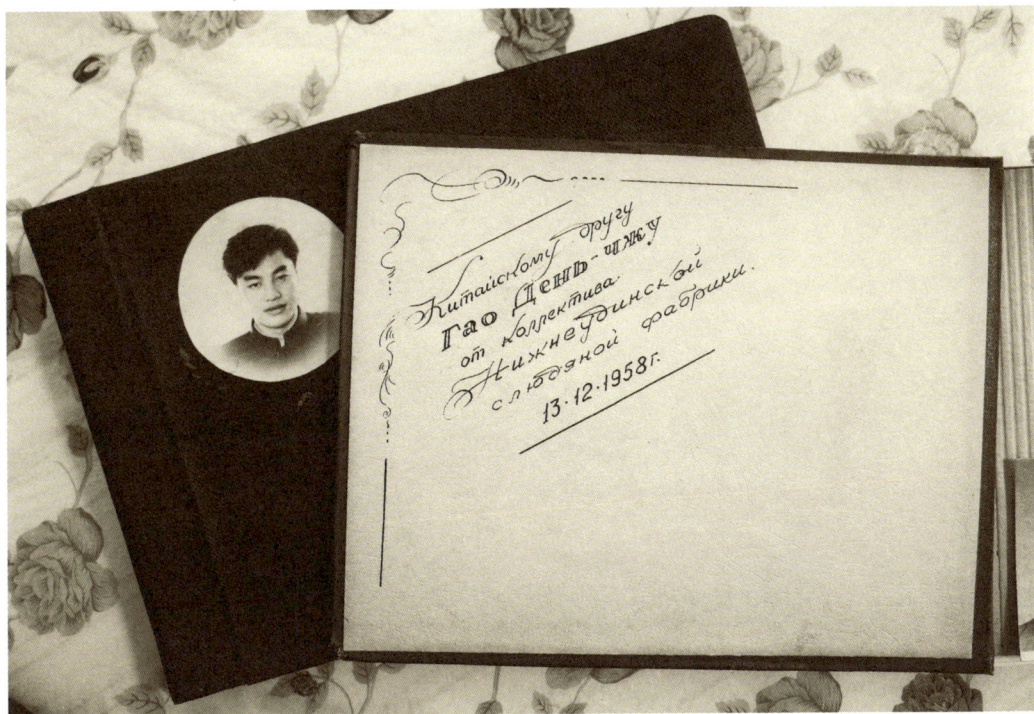

图 5-16 苏联下乌金斯克云母加工厂赠送的相册

注：苏联下乌金斯克（Нижнеудинск）云母加工厂为中国考察团的每位成员各赠送两本相册，其中 1 本为活动照片，另 1 本为当地的风景照片。本相册中俄文的内容为："赠中国朋友高殿珠先生，下乌金斯克云母加工厂全体同志。1958 年 12 月 13 日"。

资料来源：高殿珠提供。

五、1958 ～ 1959 年第一次去苏联考察

高殿珠：建材局也是属于建筑工程部的①，他们要组织一个代表团去苏联考察，我就做
　　　　那方面的准备工作。
　　　　那次去苏联，主要是去考察非金属矿，包括航天工程的一些材料，这个题目也
　　　　很大。当时的代表团有三部分专家，分三个组。翻译人员除了我，还有王慧贞、
　　　　钟继光。

访问者：当时，您等于是工作调动了，对吧？

高殿珠：没有调动，当时的工作内容虽然以建材局的业务为主，但并不是以建材局的名
　　　　义出去考察，而是由建工部组织的代表团，去苏联考察（图 5-16 ～图 5-23）。

---

① 1952 年 8 月，国家成立了建筑工程部。1955 年 4 月，建筑工程部城市建设总局从建筑工程部划出，作为国务院的一个直属机构；以此为基础，1956 年 5 月又成立了城市建设部。同时，以原重工业部建筑材料工业管理局为基础，于 1956 年 5 月成立建筑材料工业部。1958 年 2 月和 3 月，城市建设部和建筑材料工业部相继撤消，合并到建筑工程部。

图 5-17　苏方为中国考察团举行的欢迎会
注：照片左侧发言席右边站立的翻译人员为高殿珠先生。
资料来源：高殿珠提供。

图 5-18　中国考察团工作场景
注：左 1 为考察小组组长。
资料来源：高殿珠提供。

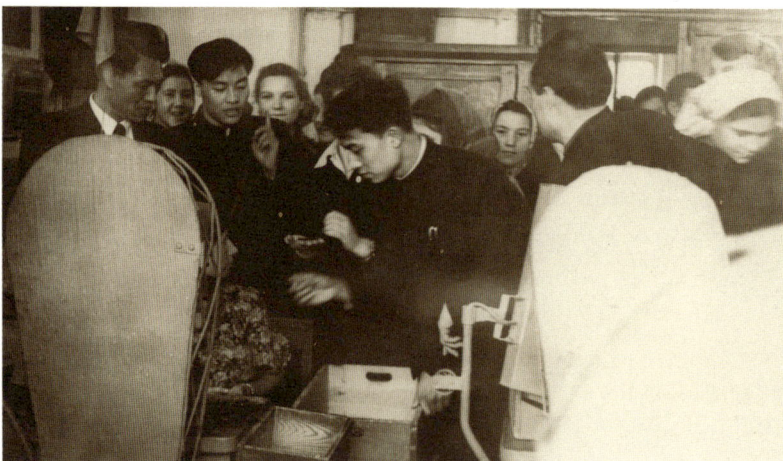

图 5-19　中国考察团工作场景
注：左 1 为考察小组组长，左 3 为高殿珠先生。
资料来源：高殿珠提供。

图 5-20　中国考察团与苏联下乌金斯克云母加工厂职工合影
资料来源：高殿珠提供。

图 5-21　中国考察团与苏联下乌金斯克云母加工厂职工合影
资料来源：高殿珠提供。

图5-22　高殿珠先生与苏联下乌金斯克云母加工厂职工合影
资料来源：高殿珠提供。

图5-23　苏联下乌金斯克云母加工厂为中国考察团举行的欢送晚宴
资料来源：高殿珠提供。

访问者：当时的准备工作，前后有几个月？去苏联考察大约是什么时候？

高殿珠：去苏联是 1958 年的 10 月份。

访问者：等于作了一年左右的准备工作。

高殿珠：对。刚开始时什么也不知道，什么也不懂，要到矿山和工厂认真学习才行。当时要考察非金属矿，像矿产是怎么回事？怎么个成因？石英是怎么回事？为什么水晶的学名叫压电石英？这些问题，根本一点都不了解。

水晶这个东西，只要给它压力，它就产生电，给它通上电，它就会振荡，每秒振荡几千次。现在所有的石英表，就是这个原理。包括无线电发射，发射的电台，真空电子管，都得有这个材料，没这个材料不行。所以，一定要把它生产得很薄，根据它所需要的频率，制造某个零件。

当时我们去考察的非金属矿，除了有石英、云母、石棉，还有钻石，考察研究钻石是怎么制造的。此外，还有航天工业的陶瓷，耐火材料。

那时候，中苏关系，毛泽东跟赫鲁晓夫，已经产生分歧了①，但下面的人还并不知道。我们的考察，前期都挺顺利，到其他部门，到下面去，接待都还可以。下面的一些人，对我们很热情，所有先进的东西，都可以开放给我们看。但是，到莫斯科的时候就不行了，比如说钻石怎么生产，人家根本不理你了，虽然大致也知道，原理讲，碳加高温、高压，就可以产生钻石，但具体怎么做，人家没告诉我们，对我们保密了。

访问者：您们去苏联，有多长时间？

高殿珠：在苏联有半年多时间。因为要到矿山去看，要参观生产，参观工厂具体怎么样制造。那次在莫斯科时，还赶上了红场阅兵，我们代表团参观过，红场的观礼台很小，离检阅部队的距离也就一二十米远。

访问者：那次红场阅兵是什么时间？

高殿珠：11 月 7 日，苏联的十月革命节。我们在莫斯科停留的时间不长，后来王慧贞和钟继光去别处了，我们小组往东走。苏联有几个地方都生产出了云母，云母的特点就是透明，哪怕很厚，也是透明的，如果把它削得很薄很薄，也还是透明的。云母能耐高温，几千度的高温都没有关系，所以把它放在发射的电子管里。别的材料支持不住那么高的高温。

我们到过苏联的一个矿山，叫"妈妈"，在贝加尔湖以北。当时是冬天，零下51 度，冷到什么程度呢？说话时出来的哈气，出了嘴就变成冻的冰了，吐一口痰，掉地上就碎了。当时，我里面穿着绒线毛裤，外面穿着厚的棉裤，上身也

---

① 1958 年，中苏两国关于建立"长波电台"和"共同舰队"问题上产生分歧，并在"炮轰金门"事件上出现对外政策的分歧，中苏关系一度出现紧张局面。

是这样的，最外面还得再披上一件苏联严寒老人穿的羊皮大衣，帽子里和露着的一些头发都结了霜。

有一次，我感到脖子的地方太冷了，想把大衣扣给扣紧一些，就伸手扣纽扣这么短的时间，手指尖就冻白了。

当年我们去考察的那个地方，只有一种出入方式，用"安2"型的飞机把你载进去，再用"安2"型的飞机把你拉出来，除此之外，都别想出来。矿山上的那些工人，几乎都是罪犯，其中还有德国俘虏，如果把你送到那儿去，你就在那儿老老实实给他开矿吧，想走的话，是根本走不出来的。

那个地方，在一年中有六个月都是冰天雪地，夏天只有两三个月时间，河水可以融化半米深，再往底下都是永冻层。在那里长的树，都是白桦树。

访问者：您这次去苏联考察，也是一段非常传奇的经历。

高殿珠：那时候，苏联的下层部门对我们都很好。当时，中国还没有检查放射线的仪器，我们一共去了十来个人，他们送了我们每人一个。我们把这些小东西随身带回中国来了，以后就上交了。此外，还有其他一些东西，他们本来答应送给我们的，比如小型发电机、矿灯等，都是比较先进的。这些东西自己随身带不走，只能靠火车或者飞机运输，当时没有带走。苏联上边一下命令，就完了，不让给了。

那次去苏联，我记得当时有两个考察项目没有开放给我们看，一个是钻石的生产，一个是高温的陶瓷，这两个项目都是在莫斯科。其他方面的项目，基本上都让我们参观了。这是我第一次去苏联。后来我调到了外交部时，又在苏联呆过五年时间。

访问者：您第一次去苏联考察，您刚才说有大半年的时间，大概是1959年4、5月份回国的？

高殿珠：差不多。1958年，整个一年，搞大炼钢铁，我没有参加。当时我在准备出国考察的这些事情。要出国去搞专业考察，得有充分的准备，不然的话，没法当翻译。当年我们是坐火车去莫斯科的，走了七天七夜。火车经满洲里出境，我们看到过一些大炼钢铁的场景，热火朝天的。我老家是农村的，当时就认为炼出来的东西根本没法用，本来是成品，炼出来就完了，就剩炉渣了，我们管它叫马粪渣。

那时候，除了大炼钢铁，还有"深挖地"①。1958年，东北的农村本来是丰收的，结果，大家都"深挖地"去了，地挖1米多深，而黄豆就在地里，反不去收割，

---

① 1958年的一些群众运动口号：大炼钢铁，十年超英赶美；深挖地，亩产万斤粮；全民搞体育，人人都当运动健将等等。

图 5-24　高殿珠先生全家合影（1959 年）

注：1959 年初从苏联考察回国后，路过家乡时的一次全家留影。前排坐者为奶奶。后排站立者中：左 4 为母亲，右 3 为父亲，右 2 为高殿珠，其余为高殿珠先生的兄弟姐妹。

资料来源：高殿珠提供。

没给收回来。冬天下雪，黄豆全都掉到地上了。土豆、白菜，都进了窖里，没有人管，结果都烂掉了。我从苏联回来以后，遇上了反"右倾"，我这个人心眼直，有什么说什么，但绝没有造过谣（图 5-24）。在建工部办公厅里，我是批判对象。批判完了以后，就让我到猪圈去喂猪，我喂过约一年的猪。

访问者：好像在 1957 年的时候，已经有过一个"反右"的高潮。

高殿珠：1957 年的"反右"是另外一回事，我说的是反冒进。1959 年，组织上让大家对大炼钢铁、"三面红旗"①发表意见，我就说了我了解到的一些现象。我还创造一个理论，我说党的政策就像骑自行车，向一个目标前进，不可能是直线，一定得两边摇摇摆摆，才能最终达到目的。这么一说，就更不得了了，批判我歪曲了大炼钢铁的路线，反对大炼钢铁和总路线。办公厅里开会，批判过我好

---

① 指 1958 年前后政治运动的一个口号，包括社会主义建设总路线、"大跃进"和人民公社，又曾被称作"三个法宝"。

几次，让我写检查，不知道有多少次。不过，后来也没有给我戴什么帽子，就说你去劳动吧，喂猪去。

访问者：1958-1959 年去苏联的考察，您是作为翻译人员，其他一些参加考察的中国工程技术人员，主要是各个工业部的，对吧？

高殿珠：不是，主要是建工部的，当时以建材局系统的为主，团长是齐景开。据说"文化大革命"期间，齐景开被批判了，被戴了一个帽子。那时候我不在国内，我是在中国驻瑞士大使馆，当年我已经调到外交部了。

六、1961 年以后的工作经历

访问者：高先生，可否请您接着讲一讲，1959 年四五月份从苏联回来以后，主要的一些工作经历？

高殿珠：那时候，我没有什么具体工作。

访问者：1959 年从苏联回国以后，您没有继续给苏联专家当翻译了？

高殿珠：没有了。苏联专家 1960 年全部撤回苏联了，我的工作对象马霍夫早已经走了。我随代表团回来以后，就不在城建系统了，我被调整到建筑工程部办公厅下面的专家工作科工作，那里也有十来个人。我遭到批判，是在那儿工作期间，我是建筑工程部办公厅的重点批判对象。

访问者：您在那儿待了多长时间？去外交部之前。

高殿珠：当时苏联撤回专家以后，在西郊友谊宾馆，全北京的俄语翻译，都到那儿去学习。我是"打前站"的，前面一些准备工作都是我安排的，等到开学的那一天，部里说你别去了。当时听说，将来学习完了都统一分配，靳君达就是在那次会后统一分配的。我没有参加学习过程，没被统一分配，我就回到了建工部直属的专家工作科。

访问者：这是在 1960 年？

高殿珠：对。我被批判以后，喂猪去了。我正在喂猪期间，不到一年的时候，外交部为了迎接即将到来的中法建交——中法两国是 1964 年正式建交的①——在 1961 年的时候，提前到中央各部委选调一批青年干部。我是在 1961 年被选调到了外交部的，然后被分配到外交学院法语系调干班学习。在调干班那儿，学习了三年法语（图 5-25、图 5-26）。毕业以后，我就被分配到中国驻瑞士大使馆工作。

访问者：这是在 1964 年？

---

① 1964 年 1 月，中法两国正式建交，法国成为第一个与中国建立正式外交关系的西方大国。

图 5-25　在外交学院学习的毕业证书
注：1964 年 7 月 15 日，外交学院院长为陈毅。
资料来源：高殿珠提供。

高殿珠：对，我是 1964 年 7 月份去的瑞士。

访问者：您在瑞士待了有多长时间？

高殿珠：我是 1971 年 12 月份回来的。到 1971 年回到中国时，文化大革命早期国内发生的一些事情，我基本上都躲过去了。不少事情我没有经历。

访问者：十年"文化大革命"，其中的前三年属于高潮阶段。我想，正因如此，您的一些与苏联专家有关的珍贵照片，还能完好保存至今。

高殿珠：对。1971 年 12 月 30 日，我回到了北京，马上就要分配我工作，让我到阿尔巴尼亚驻华大使馆去工作。当时我说，我出国了好多年，连使馆的中国人都不认识，怎么去工作？他们就说，等过了新年吧，你先熟悉熟悉使馆内的中国人，再去上班。然后，我就到阿尔巴尼亚驻华大使馆工作了，我在那儿待了五年多时间。1976 年，我生了一场大病，非常严重，发高烧，5 月份开始住院。我是 7 月 15 日才从医院里出来的。

7 月 28 日唐山大地震的时候，我还不会走路呢，在家里躺着呢。我从 5 月 1 日一直躺到 7 月 15 日，人都病得不会走路了，怎么办？那时候，我们住的那一带，我是地震后第一个到室外睡觉的。孩子说，你走不了路，怎么办呢？往外面给你搬一张床吧，在一棵树的底下，弄几个棍儿来支，几个破的塑料布给罩了一下。要是我不生病的话，还不会那么早就搬出去。

当时，阿尔巴尼亚使馆明确要求，中国派的中文秘书必须懂两门外语，俄文和法文，我正好符合条件，就把我给弄去了。阿尔巴尼亚驻华使馆的参赞和大使，他们都是留法国学生，下面的秘书是留苏联学生。这段时间的工作非常困难，一直工作到我生病，实在没法工作了。

访问者：您在阿尔巴尼亚驻华大使馆工作，一直待到什么时间？

图 5-26　外交学院的同班同学留影

注：1964 年 6 月。

第 1 排左起：郭又昌（左 1）、何希圣（左 2）、张金龙（左 3）、关继云（右 2）、王会立（右 1）。第 2 排左起：唐宏钧（左 1）、赵佩霞（左 2）、王尚民（左 3，法语老师）、李伟（左 4，法语老师）、冯晓岚（右 3）、佟淑德（右 2）、王春湘（右 1）。第 3 排左起：李金存（左 1）、王新友（左 2）、袁青侠（左 3）、刘荣生（右 3）、沈舟昌（右 2）、高殿珠（右 1）。

资料来源：高殿珠提供。

高殿珠：一直到 1976 年 4 月，巴卢库①来华访问。那时候，中阿关系已经恶化了②，阿尔巴尼亚驻华大使馆就剩我一个中国人了。当时，使馆的商务处和使馆的办公室，一个在东楼，另一个在西楼，就我一个人，来回两边跑，还要接待巴卢库，累得我实在是没办法，又发烧，还不能休息。

访问者：您那次生病，可能就是过度劳累所造成的。

高殿珠：就是过度劳累造成的，当时连水都喝不上。什么事都没人管，我想喝口水，还得自己去烧。自己生了病不说，使馆办公室和商务处都还对我有意见：使馆办公室说，你去哪儿了？我说我去商务处了；商务处说，你去哪儿了？我说我在使馆办公室呢。来回两头跑，事情多得忙不过来，又着急又上火，还都不敢怠慢。巴卢库来了，若出了什么问题，对两国关系的影响可不得了。我发高烧了，还根本不能休息（图 5-27、图 5-28）。

后来，正好到五一劳动节了，他们说这下子你可以休息了，我儿子用板车把我拉到北京医院。到了医院那儿，就让医院方面给扣下了，人已经被折腾到这种程度了，再折腾就完蛋了。连我伸胳膊的时候，都可以听到自己的肌肉在吱吱儿地响，当时高烧到 40.5 度那种程度，不是一两天，而是连续烧了两个多月。

访问者：当时，您的这场病是怎么给治好的，中医还是西医？

高殿珠：中西医结合，中药西药都用。当时实在是难受得要命，原来刚住院的时候，是三个人住一个屋。后来一看我人不行了，就把我放在单间了。被送到单间里的人，恐怕就只有我一个人又出来了。

访问者：在阿尔巴尼亚驻华大使馆的这段工作之后，您又到哪个部门工作了？

高殿珠：我又到摩洛哥驻华大使馆工作去了，在那里待了两年。再后来，外交部又把我派到中国驻苏联大使馆去了，在那儿待了 5 年。我是 1978 年去的莫斯科，1983 年回来的。

访问者：1983 年之后呢？

高殿珠：1983 年回国后，我参加了整党联络员小组。我是 1983 年 7 月初回到中国的，

① 巴卢库，阿尔巴尼亚国防部部长，率政府代表团访华，据说回国后即被枪毙——高殿珠先生注。
② 1949 年 11 月 23 日，中国与阿尔巴尼亚两国建立了大使级外交关系。1954 年起，两国互设大使馆。1960 年 6 月，在布加勒斯特会议上，以赫鲁晓夫为首的苏共同一批东欧国家共产党，对中国的内政外交政策展开了猛烈的批判攻势。在这次会议上，阿尔巴尼亚选择与中国站在一起，于是苏联停止了对阿援助，中国接替苏联，成为阿尔巴尼亚最大的援助国。但是，在中国连用来赈济大饥荒的进口粮都援助给了阿方的时候，阿方却出现贪得无厌、浪费严重的问题。除了无节制的援助之外，中国居然还要替阿方领导人专门生产特供香烟。1972 年的尼克松访华，极大地缓解了中国的国家安全问题，但却使阿尔巴尼亚非常恼怒。1974 年以后，阿方不断要求增加对阿援助，中国力不从心，无法满足阿方的一系列要求，中阿关系逐渐恶化。1978 年，外交部根据邓小平的指示，正式作出终止对阿援助的决定。资料来源：中国援助阿尔巴尼亚始末 [E/OL]. 腾讯历史频道 .2012-08-27[2016-04-10]. http://view.news.qq.com/zt2012/aerbny/index.htm

图 5-27　中国媒体报道"阿尔巴尼亚青年热情学习毛主席著作"（1968年）
注：该年中国对阿援助达到最高峰。
资料来源：中国援助阿尔巴尼亚始末 [E/OL].腾讯历史频道.2012-08-27[2016-04-10].http://view.news.qq.com/zt2012/aerbny/index.htm

图 5-28　北京群众隆重集会庆祝阿尔巴尼亚解放25周年（1969年）
资料来源：中国援助阿尔巴尼亚始末 [E/OL].腾讯历史频道.2012-08-27[2016-04-10].http://view.news.qq.com/zt2012/aerbny/index.htm

当时组织上马上派我去南京,驻江苏省省委,整风联络员小组。当时有12人左右,组长叫谭开云, 新疆军区的政委, 副组长是外交部的王若杰大使, 我是王若杰大使的秘书, 其他人还有南京军区、江西军分区的, 福州军区的, 农林部的, 社会科学院的, 等等。我们是1985年回来的, 在京西宾馆开了一个总结会, 中央电视台南边的大楼, 胡耀邦还接见过, 在中南海照过一张照片, 整风就结束了。

1985年回到北京之后, 我又在外交部干部司三处待了两年。干部要提拔的话, 提拔前需要审查一遍, 到中组部看档案, 看看有没有什么问题, 然后才能提拔。

访问者: 您说的这些接受审查的干部, 是中央政府各个系统的干部, 还是只是外交部的干部?

高殿珠: 外交部的。结束这段工作以后, 1987年底, 我又被派去中国驻法国大使馆工作, 1991年6月份回来。回国后, 我已经快到退休年龄了, 但因为外交部的老干局刚成立不久, 缺少干部, 就让我到老干局工作去了。我的工龄一共是45年, 我到1994年6月才退休。

访问者: 高先生, 听您这么讲下来, 相当于您在参加工作之初给苏联专家当过几年翻译, 后面几十年时间主要是在外交系统工作。

高殿珠: 对, 1961年以后我一直都是在外交系统。外交部的干部, 很多人都和我一样, 是从各个地方调来的。外交学院培养出来的人, 有部分人分配在外交部工作, 大部分人不是在外交部工作, 而是全国各地都有分配。也有的是先下去锻炼, 让你实践一段时间以后, 再调回外交部。

七、对翻译工作的再认识

访问者: 高先生, 几十年工作下来, 您现在怎么看翻译工作? 刚才听您说到过, 起初刚开始学俄语时, 知道将来要当翻译, 心里还有点委屈。

高殿珠: 当时不愿意学, 我们当地人把翻译叫"支牙棍"。没办法, 工作需要, 就这么一个原因, 工作需要就得干。在高中以前, 我的志愿是想搞工业, 摆脱繁重的体力劳动。没承想走上了这条路, 当"支牙棍"。在东北人来讲, 最恨日本的翻译官, 有好多事情都是他们造成的。一提起翻译官, 就恨得不得了, 他们直接为日本人服务。

当时真是不想当翻译, 但是没有办法, 朝鲜战争打到东北边境了, 国家需要, 怎么办? 我们已经给日本人当过一次亡国奴了……还是去吧, 硬着头皮也得去干。这个时间, 思想波动起码有一年多, 后来才慢慢接受了。

后来我的一些工作，都是由国家的需要来决定，放在哪儿，就学什么东西，基本上都是现学现卖。现在回想，似乎没有什么特别专业的特长，但是，什么事情也都难不倒我，我都懂一点，基础的知识都知道点儿。

比如放射性的物质，我也懂一些这方面的知识。人本身就有放射性，探测仪开动了以后，往脑袋上一放，就"哒、哒、哒、哒"的响，这个叫做合理范围之内的放射。就像手表，夜光什么的，都有放射性。包括人的骨头，也都有放射性。放射性在一定范围内是无害的，没有关系，但多了就很危险了。这些知识，都是在实际翻译工作过程中学习到的。

八、对当前城镇化和城市发展问题的一些看法

访问者：高先生，您参加工作之初就曾接触城市规划工作，后来又在国外工作很多年时间。想问问您，对比国外的城市规划建设，有哪些比较深的感触？

高殿珠：咱们国家的城市规划建设，现在面临什么问题呢？我觉得，一个突出问题，就是城市规模发展的太大。如果按欧洲或者其他国家的一些标准，几十万人口就是大城市了，中国现在的情况是，连一些小县城都达到这个标准了，而大城市都是十分巨大的，一两百万人。比如东北的长春，这是我的老家，刚解放的时候，也就是十几万人，不到 20 万，结果现在有 200 多万。这么大的规模，发展方式有问题。

以前讲城市化，光"城市"这么两个字，太笼统了，不对。现在有所改进了，叫"城镇化"。因为不能把所有的人都搞到大城市里，这是不对的。中小城镇都可以去，甚至于如果你能把那些农村人口就地发展起来，合并成一个村或一个小镇什么的，就已经不错了。

整个国家的经济发展，能完全把所有的人都集中到大城市吗？不可能的事。现在光是一个镇，就不止几万人、几十万人，受得了吗？我原来在瑞士待过，最大的工业城市是苏黎世，也就四十几万人。日内瓦，城市人口大概 18 万人。瑞士的首都伯尔尼，也只有十几万人。还有个化工城市巴塞尔，也就几万人。城市不能这样发展。这样发展的话，会带来很多的问题，很大的浪费。这不光是城市规划的问题，而是体制问题，一些领导人脑子里有问题。老想着要跟资本主义国家一样，城市化率达到很大的百分比，这就算成功了，如果百分比小，就不成功，这种认识是不对的。

应该实事求是，根据中国的情况，采取适合中国的城市发展模式。展开中国地图，看看那么多密集的农村，都给集中到一起，现实吗？现在就有很多实例，城乡发展思路不对。

我的想法是，作为中国的政策来讲，能让农民就地生活得好，怎么样都可以。让广大农民能生产，能生活，而且生活水平能提高，这就是中国的实际。有人想把中国所有的农民都给搞到城市里，看着拆迁的时候能给你几个钱？几年以后，钱花光了以后，怎么办呢？怎么活着？没有技能，你说生活怎么办？甚至于说，将来城市中会养一些懒汉，这可不行。国家还能发展吗？

访问者：我是农村长大的，我感觉，农村和小城镇比较根源的问题就是没有自己的独立认识，都是随波逐流。由此造成的结果就是，农村的人都想到镇上去，镇上的人都想到县里去，县城的想到市里去，或者省会去。遇到一些年轻人，甚至"越级跳"，直接想去二线城市、一线城市，甚至到首都去。也不认真想想为什么要去，将来怎么生存，在哪种地方过得会更舒心一点，根本不想，就是要去。价值观都扭曲了。

高殿珠：要真正帮助农民，提高农民的文化水平和生活能力，在当地能生产，能提高生活。进到大城市里来，结果给人家推垃圾桶，他愿意吗？妻离子别，他愿意吗？不会的。这都是政策的结果。

访问者：一方面是政策，另一方面，农村的形势变化得也很快。比如说农业生产方式变了，现在都比较普遍地机械化了。所以，如果真的在农村生活，其实也没多少事可干了。同时，好多事情都产业化了，据我了解，有不少农村，现在连婚丧嫁娶都是职业化了，比如说哪家人去世了，居然有专门去哭的，去哭上一天，给多少钱。这是现在农村的一些情况，想让农村的这些农民真正待在农村，也挺难的，他没事儿干。这个问题比较复杂。

高殿珠：随着社会生产力的发展，社会结构肯定要变化，避免不了。但是，不能把所有的人都搞到城里来，这是不对的。现在提倡城镇化，还有农家院，我觉得这是个方向性的问题。在农村，应该多搞这种东西，让农民有出路，生活可以提高，城里人，也可以改变一下在高楼大厦、水泥森林中单调的生活，到农村去换换新鲜空气。我觉得这个方向是对的。

访问者：也就是建设"美丽乡村"。

高殿珠：比如说，原来的农村，都是些土房子，现在都可以回想起来，哪里有几棵树，有几个院子和小庙，有几个桥，几口井。现在，很多村子都给拆掉了，都变成了六七层的高楼了。到处看着都一样，水泥高楼林立，没有生气，特别单调。

访问者：在这种情况下，即使回到农村去，也找不到农村的感觉了。有的人，索性也就不回去了。

高殿珠：这确实是社会发展的问题。总的来讲，城镇化不能太过分重视城市。中国很大，各个地区都不一样，政策不能完全一样。要根据当地的地貌、生活条件、自然条件，来确定适合的方式。

像东北平原，可以搞大型机械化，甚至华北地区搞大型机械化也可以。如果不是平原地区，搞什么机械化？即使搞了，也施展不开，其实并不能提高生产力，要适合当地的条件才可以。如果没有这个认识，将来的发展，就要迷失方向了。

东北、华北地区，甚至于河南这一带，属于大平原，搞大型机械化确实生产力高，效率高，但你要考虑当地农民，不能说现在拆房子，拿几个钱就可以了，以后的生活怎么办？现在我们也处在十字路口。

像法国，有很多地方，我都去过。法国的特点，除了几个大城市，发展得确实很快，除此之外，很多地方，一直都是农村。原来的人口没有那么多，出生率也没有那么高，有些地区基本保持了原来的面貌，没怎么大的变动。这种情况，与人口政策和国家的发展方向，都有很大的关系。

去年我到三峡看了看，比如涪陵，还有旁边的忠县，修的房子有几十层那么高，搞那么大的城市，还搞彩灯夜景。在船上时，我就听说，那些农民坐着公共汽车回乡下种地，能受得了吗？长期这样，能行吗？农民就是要有平面的地方，要放劳动工具。我一看到这些情况，脑子嗡的一下。

县城是应该发展的，总是平面发展，土地不够用，但不能这样。拿农民来说，现在给他钱，他住得起，将来他能住得起吗？水、电的钱从哪儿来？现在给他的钱，花不了几年，以后的生活怎么办？

访问者：您去三峡，是旅游，还是有工作安排？

高殿珠：我是去旅游。以前，长江截流那年，我也去过。那次去三峡，就是为了看看截流之前的情况，看到后非常心酸，巫山、白帝城，都淹掉了。这种大的水利工程，今后不应该在长江地区搞了，它的代价太高了。

访问者：对于三峡工程，现在有很多的议论。

高殿珠：关于兴修水利，我有点体会。比如北京的金海湖，是亚运会时候的水上运动中心，现在就剩几盆水了。原因是什么？当时修建这个水上运动中心的时候，上游还没有小水库，但自那时以后，上游又建了很多小水库。金海湖的大坝里，原来的时候有很多水，现在已经不行了，船都在岸上放着，或靠在岸边，枯水位恐怕有几十米高，损失很大。不光一个金海湖，平谷区有好几个地方，我都去看过，水利工程对下游的影响太大了。

原来的时候，北京的西山、海淀区这一带，有很多水。自从修了官厅水库以后，下面就完了，水逐渐没了。后来靠密云水库取水，从2002年开始，沿岸的鱼塘、果园、菜田等，都不让使用引水渠的水了，这一下，这一片也就全完了。

水利工程的影响很大，不能盲目的追求大。包括三峡在内，都有得有失，甚至失去的比得到的还大。一些荒无人烟的山区还可以，稍微搞大一点，问题不会

图 5-29　参观阿薇尼翁断桥留影
注：1988 年 8 月 9 日。这是高殿珠先生第二次参观阿薇尼翁（Avignon）断桥（第一次参观是在 1987 年 7 月 5 日）。
资料来源：高殿珠提供。

图 5-30　参观噶赫德桥留影
注：1988 年 8 月 9 日。
资料来源：高殿珠提供。

太大。长江流域这么搞，能行吗？黄河已经出现过问题了，三门峡的库容已经填死了，泥沙问题考虑的不周到。如果再搞一个这样的水利工程，就完了。大江大河不能这样搞。要搞的话，搞小一点的工程本来是可以的。

包括现在所谓的南水北调工程，我自己都有看法。那么远的距离，弄到北京，中间不说别的，光蒸发的水量就受不了。长期能受得了吗？如果再有个战争破坏的话，你还想喝水吗？不说别的，沿途农民要用水，给你捅一个口，水就差不多流掉了，能不让人家喝水吗？

在法国时，我参观过 [古] 罗马帝国在法国境内兴修的两个水利工程：阿薇尼翁（Avignon）断桥和噶赫德（Garde）桥，法国人称它们为桥，实际上是引水渠的渡槽。

前者位于流经阿薇尼翁城的河上，天主教皇在迁往罗马之前就驻在此城，现在当时的教堂依然存在。这个渡槽起点就在城下，只修了一半就停工（图 5-29）。后者修在山谷之间，全部由石块砌成，高约 40 米左右，渡槽分两层，底层通水，上层行车，宽约 6 米。目前渡槽的土质引桥已荡然无存，渡槽孤独矗立。在谷底无风，爬到槽上站不稳（图 5-30）。

那么，为什么偌大的工程今天成了历史遗迹呢？就是大自然的规律。那些土壤筑成的河道都被水冲走了，看不到水渠的痕迹。这两个渡槽的历史昭示我们，水利工程建设不能违背自然规律，违者必食恶果。决策者应引以为鉴，不能好大喜功。

城市规划工作，和这些事情都是紧密联系的，要从宏观的观点观察问题，不能从局部观察。搞城市规划，就是得这样，要宏观的去看这个问题到底怎么样，然后才能定盘子，具体体现在图纸上。

九、城市建设方式与风貌控制问题

访问者：现在，经常在强调国际经验，我注意到您两次去法国，还挺长时间，而法国跟中国在体制上很相似，都有些中央集权的特点，法国的城市规划建设，有没有给您一些比较深的印象？

高殿珠：我觉得国外不像咱们国家这样，说拆就拆。某个地方，不管是否合适，说建就建，说拆就拆。莫斯科也搞城市规划，巴黎也搞城市规划，莫斯科的城市规划是很严格的，人家制定的城市规划，是不能随便乱修改、乱改动的。

在我们国家，刚修起来还没有几年的房子，说扒就扒了。比如天文台南边那个楼，在建国门的东南角，说扒就扒了。这栋楼的产权是属于粮油公司的，中粮的，很好的楼，修好没几年，最多也就十几年，也是接待外宾用的，拆了。一年多以后，又给修起来了，变成了几十层。原来十几层。想要赚钱了，就把这个楼搞成几十层，比原来赚的钱要多得多，暴利。这种事情太多了。

再比如说崇文门的哈德门饭店，那个楼多好啊，修好后没多少年，扒了，也改成住宅了。难道北京不需要饭店吗？我觉得用不着都去改建成住宅楼，这是巨大的浪费。所有权的单位，只考虑怎么样多赚钱，不考虑对社会是什么样的影响。人们用血汗盖起来的房子，被彻底的给摧毁了，还要重新再盖。

以前，我对"GDP"[①]的计算方法有很大的意见，连拆房子都算 GDP。当时，GDP 的概念一出来，我就觉得不大对劲。

访问者：有点误导城市发展和规划建设。

高殿珠：结果到处拆，有些甚至是很有历史价值的建筑，也给拆掉了，真是太可惜了。你说原来盖房子时，难道不消耗建筑材料吗？难道不消耗大量能源吗？最终是什么结果呢？都没留下来，留下的是新建的，新建的又是新的能源消耗堆起来的。这对国家和社会有利吗？根本没利。但是，对具体的所有权单位，确实是

---

① Gross Domestic Product 的简称，即国内生产总值。

多赚钱的。中国的这一点，最害人。

法国的巴黎，是真正听取民众的意见。巴黎的房屋，原来都是六七层的房子，后来曾经在塞纳河左岸修建了七八栋高层，建了这几个高楼后，群众意见大，后来全改了，除了这几个高层以外，不许再修高层了。巴黎的拉德芳斯①是出名的，原因就是在大城市搞大高楼，群众不干，规划也不干，一定要保持城市的面貌，所以才产生了拉德芳斯。

拉德芳斯在巴黎的西北部，这真是大工程，地下起码有五六层，地铁、公共交通、地下停车场，上面都是高楼。住在高楼上面，下面的交通很便捷，去哪儿都可以，也有自己的停车场。

巴黎的这种建设方式，克服了城市乱建的弊端，避免把原来已经成型的规划重新打乱，包括保护了城市的风景线和放射线。巴黎就有这个特点，在一条街上的房子，风格基本上差不多，没有大的突然变化。比如房屋的颜色都是米黄色的，城市轮廓线的曲线高低怎么配合，基本都是这样的。不是说谁想怎么盖就怎么去盖，不是这样的。

法国有这方面的法律规定，某栋古建筑，你想改造可以，但外壳不能动，原来的风格不能变，房屋内部的功能，则可以按实际需要来灵活调整。

访问者：也就是说，要维护良好的城市风貌。

高殿珠：再比如我们中国的一些城市，现在到处灯火辉煌。在法国，可不是这样，某栋楼，如果晚上想要搞彩灯，起码得有一百年以上的历史才可以，必须得这样做。包括巴黎市中心的议会和广场附近，塞纳河边上，都很像样，灯火辉煌，但背后的房子，也就是保留原来的小街道，有的路面两三米宽，旁边是人行道。特别是拉丁区，都保持这个形式。

比较宽的道路，两边的建筑物一般是最近修的，特别是塞纳河两岸，有古老的，也有新的，但风格必须跟原来的一致，如果不一致的话，不会让你修建。虽然房屋是你的私人财产，你想要翻修和现代化都可以，但原来的面貌一律不许动。要改造的话，就是得这样改造。过去老的房子，都是层高很高的，比如本来是三层的，如果你想把里面搞成五层，都可以的，但外貌不能变。

法国的这一点经验，我们应该吸收。

另外，已经形成的规划，不能随便乱改。我们国家有不少城市，谁上台就重新规划一次，换了领导就重新规划一次，而且提出一些不切实际的口号。比如北京市，提出要建"世界城市"，什么叫世界城市？你说说世界城市的内容究竟

---

① 拉德芳斯区位于巴黎市的西北部，巴黎城市主轴线的西端，1950 年代开始建设开发，它给巴黎古城带来了浓烈的现代气息，是现代巴黎的象征。拉德芳斯的名称来自该地的一座雕像 "La Dé fense de Paris"（直译为"保卫巴黎"）。

图 5-31　高殿珠先生谈话后留影
注：2015 年 10 月 14 日，高殿珠先生家中。

是什么？很空洞的口号，现在不怎么提了。

就北京市而言，搞得好的地方，也就是西单、复兴门这一带，风格一致，能构成城市的风景线，其他地方不行。建外一带[1]，搞的高低不平，乱七八糟，到处都是玻璃房子，有什么用？现在是没遇到地震和战争，如果遇到地震和战争，人都没处跑，跑也跑不了。一旦玻璃被震下来，都成了刀子，砍到谁身上都活不了。我最反对搞大玻璃，搞那些有什么用？

而且，不少建筑的外形，北京市还搞得乱七八糟的，什么颜色都有，甚至有黑的，简直没法说。假设拿一条街来讲，构成这条街的建筑，色调基本上应该是一致的。比如北京站口，国际饭店西边的房子，现在改的可以了，原来是八个大柱子，全部是红色的，特别难看。

还有妇联盖的几栋楼，现在是纺织工业部的楼，色调根本不调和，白色加绿色，现在改了，还可以。交通部的大楼，也把红柱子改成了深一点的米黄色，这还可以，能配合起来，跟周围的建筑稍微可以协调一点，原来一点也不协调。

城市规划工作，最大的毛病，就是谁上台、谁当政，就要搞一套，都想出点政绩。

---

[1]　指位于北京市朝阳区东三环中路的"建外 SOHO"和国贸中心一带。

访问者：简单地说，也就是折腾。

高殿珠：瞎折腾。北京最大的毛病，是什么赚钱就干什么，凡是能赚钱的，都往北京弄。北京市搞那么多的汽车厂干什么？光是原来的吉普汽车厂还不行，还要有120厂。光120厂不行，还搞了一个要破产的"韩国现代"，淘汰的生产线，生产"北京现代"。这还不行，还搞一个奔驰厂……

何苦呢？北京缺少这个东西吗？北京的性质应该就是行政中心、文化中心，甚至于搞科技中心，搞金融中心也可以，不需要那么多的劳动力。可北京倒好，什么挣钱都想往这儿弄。到现在不行了，又要给赶出去。不能这样搞。北京人口膨胀到什么程度了？根本不能这样搞（图5-31）。

访问者：今天听您讲历史和人生，收获很大。下次有机会再听您指教。

（本次谈话结束）

2015 年 12 月 3 日谈话

访谈时间: 2015 年 12 月 3 日上午

访谈地点: 北京市朝阳区武圣北路 6 号院, 高殿珠先生家中

谈话背景: 2015 年 10 月 14 日, 高殿珠先生与访问者谈话时, 曾提供一些珍贵照片、翻译人员情况说明等。12 月 3 日, 访问者将有关材料的原件归还给高先生, 并借此机会又向高先生请教了一些问题。高先生与访问者进行了本次谈话。

整理时间: 2016 年 4 月 2 日

审阅情况: 经高殿珠先生审阅修改, 于 2016 年 5 月 19 日定稿

访问者: 高先生, 这次过来, 除了给您归还一些材料之外, 还有几个问题, 想借机会再向您请教一下。首先, 上一次您谈话的时候, 对马霍夫这位苏联专家没有太多展开。马霍夫这位专家, 他的性格和工作作风等怎么样, 您有没有一些比较深的印象, 或者记忆比较深刻的一些事情?

一、对苏联专家马霍夫的印象

高殿珠: 马霍夫专家, 给我留下深刻印象的是, 这个人比较严肃认真。

访问者: 跟巴拉金相比, 马霍夫比较严肃。

高殿珠: 对。马霍夫对待中国人的态度, 应该说很友好, 但他很少评论。在工作上, 马霍夫比较严肃认真。在某些问题上, 他和什基别里曼的意见不太一致, 但也是认真地讨论和争论。

访问者：可能思考问题的角度不一样，什基别里曼是位经济专家，马霍夫是从工程方面来考虑问题。

高殿珠：他纯粹是工程专家。马霍夫认真到什么程度呢？他在指导规划工作时，连实际的坐标和高程，都说得很细致。当时，我什么都是外行，马霍夫的有些讲话，我甚至连名词的含义都不知道，他说了以后，我得现去找资料，现去研究，究竟什么意思。一般来讲，马霍夫要讲什么话的时候，事先会跟我说一说，如果我有什么不懂的问题，得问问他，不然翻译不出来。在很多时候，马霍夫还是很耐心的。

什基别里曼也是比较严肃的，他是城市设计院苏联专家组的组长。比较起来，库维尔金比较嘻嘻哈哈，他是建筑专家，韩振华跟着他做翻译，后来是王慧贞。有一段时间，韩振华陪着中国的实习生到苏联去了，就改由王慧贞给库维尔金做翻译。我们1958–1959年到莫斯科去考察的时候，我还和王慧贞到过库维尔金的家里，我们两个人一起去的，在莫斯科郊区的森林里。

访问者：森林里？这么说，库维尔金的家里是别墅？

高殿珠：不算别墅，木房子。苏联的树木比较多，有很多木房子。库维尔金的家是在莫斯科郊区，我们是坐有轨电车过去的。

访问者：那次去苏联，您去找过马霍夫吗，跟他见过面吗？

高殿珠：没有，没有见过马霍夫。在马霍夫离开中国以后，我就再也没见过他，没有他的消息，也不知道他住在哪里。马霍夫走了以后，我忙代表团要去苏联考察的事了。那时候，咱们的知识也有限，必须得找点东西认真看一看，根本不了解情况。当时出国考察的任务，与我跟马霍夫做翻译时的任务，完全是两码事。那次考察，更多的是属于地质、材料方面的问题，性质不一样。

访问者：马霍夫指导规划工作的具体方式，是现场指导的情况比较多，还是规划人员完成了成果，先拿给他看一看，等他看完了以后再约时间谈？

高殿珠：马霍夫现场指导比较多。那时候，他负责的这一块工作对口道路组，道路组的规划人员如果有什么问题，提出来了以后，马霍夫就去现场看看。当时在阜外大街，那栋楼现在还在，就在南礼士路和北礼士路交叉口角上的那个红楼。苏联专家的办公室在二楼，规划人员的工作室是在三楼（图5–32）。

访问者：马霍夫指导规划工作，一般是去规划工作人员的工作场所，还是在专家办公室？

高殿珠：工作场所。他不是在办公室指导，而是到现场看。规划人员画图什么的，都是在工作场所。我记得规划人员的工作场所面积比较大，实际上也就是规划工作人员的办公室，规划人员的制图室。

访问者：所以，马霍夫跟其他苏联专家还是不太一样，比如巴拉金，据我查到的档案，巴拉金指导规划人员的情况，经常是规划人员有了一个阶段成果，或者画出一

图 5-32　城市设计院旧址（阜外大街办公楼外景）
注：拍摄于 1994 年。
资料来源：中规院党办。

个规划方案了，规划工作人员到巴拉金的办公室进行汇报，听取他的指导意见。
马霍夫指导规划工作的方式，有点类似于老师辅导学生们学习一样。

高殿珠：差不多。马霍夫指导规划工作，主要就是看看工作干到哪个步骤了，情况对不对，
属于这种性质的指导。很具体，不是很抽象的开会。马霍夫开会指导的次数很少，
到现场指导的情况比较多。

二、关于翻译人员的管理工作

访问者：第二个问题，我听其他老同志讲，您虽然不是城市设计院专家工作科的科长，
但也是管事的，属于翻译人员中的一个"头儿"。这是怎么回事呢？

高殿珠：那时候也叫不上"头儿"。那是城市建设部的时候，部长是万里。办公的地方
在展览路一带，现在可能拆了，那个房子修的质量太差。差到什么程度呢？水
泥地板，用笤帚扫一扫，就可以扫出一个坑来，那个房子是赶上反对大屋顶的
时候修的，那批房子质量根本不行。当时，包括住宅和办公楼，都是那样，赶
上那个运动，尽量节约，但是过头了。

在城市建设部下面，有个编译科；我们是在城市设计院，属于城市建设部领导，
院里有个专家工作科。等于是有两个翻译机构同时存在。城市设计院的专家工
作科，苏联专家的人数比较多，前后有五六个，专家工作科的科长叫李增。李
增有哮喘病，几乎没怎么正常上班，一犯病，根本没有办法，所以，我就帮他
的忙，干过一些组织协调的事情。

另外，在城市设计院专家工作科的这批翻译人员中，有的曾经在部里的编译科工作过，有的没有到过编译科，而是毕业后直接分配到城市设计院工作的。我在部里的编译科工作过，在我之后参加工作的一些人，不少人没有在部里的编译科工作过，对规划工作前面的一些情况不太了解。我之所以承担一些组织协调的事情，可能与这些情况也有点关系，毕竟和部里人比较熟一些。

城市建设部编译科，科长是康润生。像刘达容，后来到城市设计院专家工作科那边工作。当时城建部系统的翻译人员，除了科长康润生，就是刘达容了，还有靳君达，虽然和其他同志相差不了几岁，但参加工作的时间要相对早一些（图5-33）。

访问者：说到翻译方面的一些管理工作，就刘达容先生而言，原来的时候，他不是也属于专职翻译的工作性质嘛，他跟着穆欣和巴拉金做翻译。为什么到了后来，刘达容先生不干专职翻译工作了？后来靳君达先生接替他，给巴拉金做翻译。

高殿珠：刘达容是资格最老的翻译人员，从中财委转过来的，建工部成立以后转来的。当时，建工部的第一位正部长叫陈正人，刘达容跟着苏联专家穆欣做翻译，据说，当时建工部的一些重要活动，刘达容都参加了。在业务上，刘达容跟苏联专家打交道比较多，所以在管理方面，翻译人员的业务分配，他没有时间投入。后来，刘达容从城市建设部的编译科转到城市规划设计院的专家工作科了，什基别里曼的翻译，有一段时间也是刘达容承担的。

访问者：听有的老同志评价，说刘达容先生把苏联专家的感情都给翻译出来了。

高殿珠：刘达容的翻译水平比较高，是建工部翻译人员中比较杰出的代表。像过去周荣鑫、宋裕和等部领导，他们出国访问的时候，都是让刘达容去担任翻译的。在城市规划方面，刘达容也算是半个专家了。领导们说的那些事，他都经历过，什么事情都知道。

"文化大革命"的时候，我在中国驻瑞士大使馆，等于没有参加过"文化大革命"。刘达容这个同志，可能算职业毛病，因为当翻译，必须得写得快，总是愿意搞速记，结果不知道怎么回事，据说写出了点问题，被别人误解了，被打成了现行反革命，结果被下放，让他去一个地方劳动了。他走到半路时，还把腿给摔坏了。刘达容这个同志太可惜了，他去世得比较早。

访问者：我感觉比较奇怪的是，在1952～1953年的时候，刘达容先生承担了很多专职翻译工作，到了1954～1955年，他从事管理方面的事情多了一点，为什么会出现这种变化？我思考是不是这样的情况：每个专家都有专职翻译，他相当于是给大家分配任务，或者说协调一些工作。

高殿珠：对，有这些方面的因素，但他不是主要的管理人员。给翻译人员分配工作，还

图 5-33　刘达容先生（1957 年）
注：截取自"城市设计院欢送米·沙·马霍夫专家回国留念"。
资料来源：高殿珠提供。

是由康润生负责。在城建部的编译科，还有一部分笔译的人员，也属于他们管，大家也得提高业务水平，要传、帮、带。那时候的同志们，真是这样，没有时间胡思乱想、逛大街，都得看东西，要么去图书馆，要么买书，真的很认真地学习。当时，脑袋里什么都没有，不灌输点东西，没办法开展工作。

三、几点提问

访问者：马霍夫专家俄文名字的全称，您现在还能写出来吗？

高殿珠：这个我能写出来：Михаил　Саввич　Махов。翻译成中文，应该是：米哈依尔·沙维奇·马霍夫。

访问者：穆欣和什基别里曼的名字的俄文，您还有印象吗？

高殿珠：穆欣我不清楚，连人我都没见过。再问问其他人，看看谁能知道。巴拉金我是见过的，有时候还闲聊过。什基别里曼的名字，拼音我能拼出来，具体写不准确了。我可以打电话问问王进益，他一直身体不太好，五六年前病得厉害，活到现在已经创造奇迹了。

访问者：关于"城市规划"这个名词，据说是当年翻译俄文时，翻译人员创造的一个名词。中国古代叫"规画"，近代受日本的影响，比较流行"都市计划"的概念。当初翻译俄文时，为什么选用"城市规划"这四个字？为什么没有用"城市计划"或"城市设计"等相关概念？您知道这方面的情况吗？

高殿珠：这个问题，我没有什么印象了，记不清楚了。除了一些名词，具体技术上的有些名词，像坐标、标高，和中国的词语一样，用在某个地方，就应该是某个字，发音差不多。但是，这么长时间了，也记不太清楚了。"城市规划"这个名词的来历，不太清楚。

图 5-34　陪同波兰专家在杭州考察（1957 年 9 月）

前排（坐姿者）左起：城建局某同志（左 1，组织者）、萨伦巴（左 2，波兰专家）。后排（站立者）左起：周干峙（左 1）、郑孝燮（左 2）、高殿珠（右 2）、警卫（右 1）。

资料来源：高殿珠提供。

访问者：从我现在查到的档案资料来看，早在 1949 年 8 月底前后，刘少奇秘密访苏联回国时，就已经带回一批苏联专家，开始指导规划工作了，当时的重点是北京和上海。对我们国家而言，东北地区的解放时间比较早，城市建设和工业建设项目启动得也比较早，在 1949 年 10 月新中国成立以前，东北地区是不是已经有苏联专家指导过？我是指城市规划建设工作。不知您听说过这方面的情况吗？

高殿珠：这方面的情况，我没有听说过。我们是 1953 年到的北京，这个问题不太清楚。1953 年以前的事，我不太清楚。我们刚来的时候，城市建设局的局长是孙敬文，副局长有王文克、高峰、贾震，我接触比较多的是高峰。我和高峰去上海一起出过差。1956 年 11 月份在上海时，当时发生了匈牙利事件①，我们正好在上海，高峰领队。当时形势比较紧张，苏联专家紧张，中国人也比较紧张。

访问者：您给马霍夫做翻译的时候，马霍夫大概去哪些地方出过差？

高殿珠：马霍夫来中国了以后，大概去过上海、苏州、杭州、无锡、西安、洛阳、沈阳、鞍山、抚顺，还有重庆、成都。别的地方，他没去过。

另外，当年波兰建筑代表团来中国，是周干峙我们陪着去的。波兰和苏联的语言，

---

① 即匈牙利十月事件，1956 年 10 月 23 日至 11 月 4 日发生在匈牙利的由群众和平游行而引发的武装暴动，又称匈牙利事件或 1956 年匈牙利革命。在苏联的两次军事干预下，事件被平息，事件共造成约 2700 匈牙利人死亡。

图 5-35 杭州富春江风貌（1957 年 9 月）
注：图 5-34 的拍摄地点即本照片下方中部的小亭子。
资料来源：高殿珠提供。

等于中国上海和陕西，有些地方不太一样，名词什么的完全一样。那个人来考察完，就走了，没有什么突出印象。我保存有几张照片，是在浙江桐庐照的（图 5-34）。

访问者：波兰专家来中国，具体是哪一年？在中国待了有多长时间？

高殿珠：1957 年，9 月份前后，秋天。当时富春江①很漂亮，一片竹子的景色，我们还参观了严子陵钓台的遗址，这是当时我们照相的地方（图 5-35）。波兰专家来中国，没有多长时间，也就是十来天，谈了一些事情，到浙江那儿看一看（图 5-36）。

访问者：这几张照片非常珍贵，能反映出建国初期的国际援助，不光是苏联，还有别的国家。另外还有保加利亚那个代表团。

高殿珠：保加利亚代表团的事情，我不太清楚。当时我好像有什么事，正好不在。

1958～1959 年我参加了去苏联的考察团，当时马上要建国十周年大庆了，天刚一冷我们就去了，在莫斯科逗留了半个月，我们还参观了红场十月革命的阅兵。我们代表团被安排在检阅台上，作为政府代表团，看到了赫鲁晓夫本人。实际上，那个检阅台地方很小，宽度也就是 60 米左右，在列宁墓的台子上

① 中国浙江省中部河流，为钱塘江建德市下至萧山区一段河流的别称，长约 110 公里，流贯浙江省桐庐、富阳两县区。

图 5-36 波兰专家萨伦巴与中国同志合影（1957 年 9 月）
注：前排左起：萨伦巴（左 1，坐姿者）、贺雨（左 2）、郑孝燮（右 3）、周干峙（右 1）。后排：程世抚（左 2）、高殿珠（左 5）。
资料来源：高殿珠提供。

图 5-37　在苏联考察时中苏双方交换资料（1958 年）
注：左 2 为高殿珠，右 2 为中国考察团本小组组长。
资料来源：高殿珠提供。

检阅（图 5-37～图 5-39）。

记得当时参加阅兵时，还发生了一个故事，苏方给我们的代表团，每人都发了观礼证，结果有个人的观礼证给弄丢了，但是人家很通融，没有为难弄丢观礼证的这位同志，让大家都上了观礼台，具体是谁我记不清楚了。

另外，还有一次，在车上，因为没有专车，在莫斯科时都是坐公共汽车，结果我的手提包落在了公共汽车上，等我们到了宾馆后，还没多久，人家就给我送回来了。

不过，当时中苏两国的上层关系，已经不行了。赫鲁晓夫从中国回苏联了以后，我们本来计划考察苏联比较尖端的一些东西，比如金刚石怎么制造，还有航天的材料，属于一种陶类，本来很想考察，结果被取消了。

访问者：当时在莫斯科时，您们坐过它的地铁吗？

高殿珠：莫斯科的地铁很漂亮。我不但坐过莫斯科的地铁，1985 年以后，我还在那儿住了五年多。我保存有一些照片，都是当时照的。

苏联的地铁真是漂亮，每一站和另外一站都不一样，而且进深非常深，有 70 多米左右。中国人去莫斯科的话，接触的第一站，通常是共青团站，那里雕塑最多。还有风格比较特殊的站点，像马雅可夫斯基站[①]，这是纪念苏联的一个诗人。

另外，苏联的地铁特别便宜，拿 5 个戈比的硬币随手一扔，就进站了，也不用

① 马雅可夫斯基（1893～1930），著名的俄国诗人，代表作长诗《列宁》从正面描写列宁的光辉一生，描写群众对列宁的深厚感情。他的喜剧讽刺了小市民及揭露了官僚主义，并在戏剧艺术上有创新。

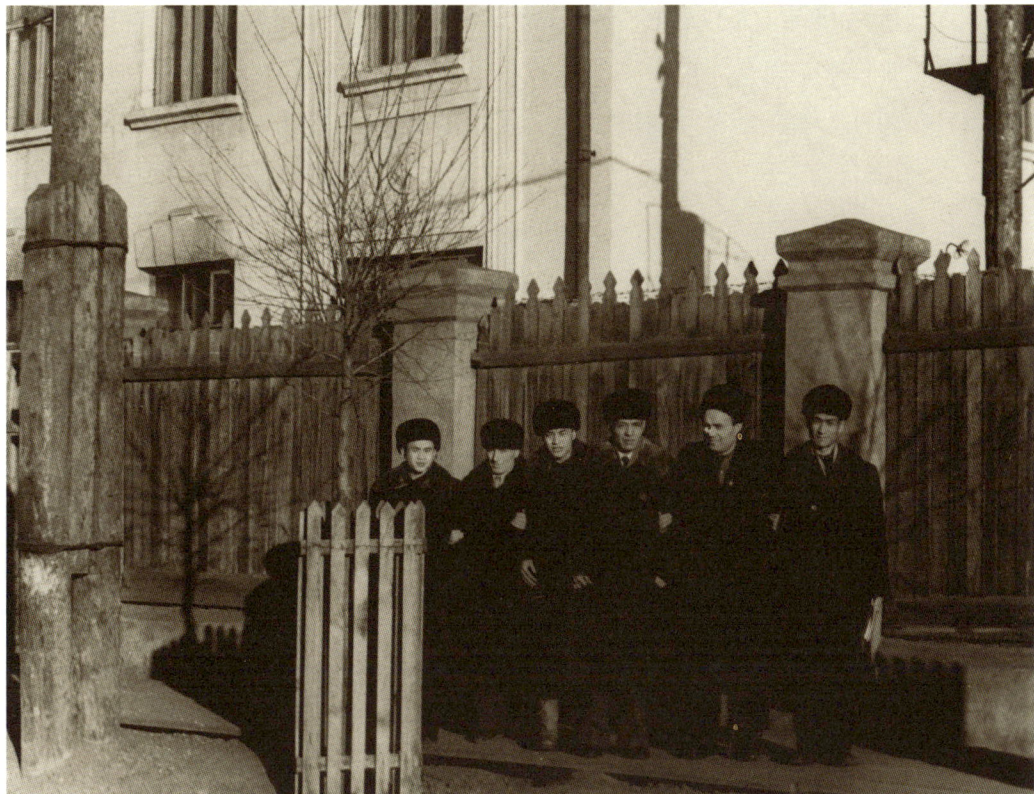

图 5-38　在苏联考察时留影（1958 年）
注：左 3 为高殿珠，左 4 为中国考察团本小组组长。
资料来源：高殿珠提供。

图 5-39　中国考察团与下乌金斯克云母加工厂职工合影（1958 年）
资料来源：高殿珠提供。

买票。如果没有零钱的话，前面有地方可以换币。5个戈比可以跑遍整个莫斯科，去哪儿都可以。

莫斯科的地铁是环形放射型的，而且不像咱们国家这样有这很多出口都是单独的出口，莫斯科的地铁出口，都是在商店里出来或者在公共场所里出来，基本都在建筑物里，非常方便。苏联的地铁确实很好，当然，修建的费用也相当大。

访问者： 谢谢您！

（本次谈话结束）

迟顺芝先生访谈

包头的城市建设有一个优越性，自从党中央批准了规划以后，从上到下，包括市里主管规划的领导，规划局、规划处的负责人，以及工程技术人员，思想看法都挺一致的，也就是怎么样为老百姓方便，就怎么弄。

（拍摄于 2015 年 10 月 11 日）

迟顺芝

专家简历

迟顺芝，1932 年 2 月生，山东蓬莱人。

1952～1954 年，在天津大学土木建筑工程系学习。

1954 年 8 月，分配到包头市建委规划处参加工作。

1955～1958 年，在包头市规划局工作。

1958～1962 年，在包头市建委规划处工作。

1962～1967 年，在包头市城建局规划处工作。

1968～1970 年，在包头市建筑设计院工作，任城市规划组组长。

1970～1974 年，在包头市建设局工作。

1974～1979 年，在包头市建委城建处工作，任副处长。

1979～1983 年，在国家城建总局城市规划设计研究所工作，任详细规划研究室副主任。

1983 年起，在中国城市规划设计研究院工作，曾任院详细规划研究所所长、城市规划标准规范编制组组长等。

1993 年退休。

"一五"时期，曾参与包头等重点新工业城市"156 项工程"的联合选厂和初步规划工作。

2015 年 11 月 2 日谈话

访谈时间：2015 年 11 月 2 日下午

访谈地点：北京市海淀区建设部大院，迟顺芝先生家中

谈话背景：《八大重点城市规划》书稿（草稿）完成后，于 2015 年 9 月 28 日呈送迟顺芝先生。迟先生阅读书稿后，与访问者进行了本次谈话。

整理时间：2016 年 7 月 18 日

审定情况：经迟顺芝先生审阅修改，于 2016 年 9 月 6 日定稿

迟顺芝：对于"一五"期间的八大重点城市规划工作而言，总的来说，我只是接触了包头。包头市的规划是 1955 年 11 月批准的，它是八大重点城市规划中唯一一个由党中央批复的，当时批准的是初步规划。那时候，搞"156 项工程"建设，国家从上到下，都非常重视。

一、学习情况及参加工作之初

访问者：迟先生，您是从哪个学校毕业的？

迟顺芝：我是从天津大学毕业的。

访问者：您是哪一年入学的？

迟顺芝：我是 1952 年入学的。入学前，录取通知书中写的是天津大学土木建筑工程系建筑学专业五年制。当时，除了通知书之外，还有一本全国 1952 届有招生任

务的大学名单，以及本届被各个大学录取学生的名单和录取专业的名称。

访问者：您的老家是在天津吗？

迟顺芝：我的老家不在天津。原籍山东蓬莱。我的出生地是北京。

访问者：那怎么不在北京上大学，而要去天津上大学呢？

迟顺芝：我的小学和中学，都是在北京上的（图6-1、图6-2）。去天津上大学，主要是受我父亲的影响，以及中学同学之间的影响。

我父亲在青年时代，和他的哥哥从山东龙口港出发，乘海轮到了天津港。他在天津求学，先是就读于天津南开学校，相继又就读于财经学校。那时候，这两个学校的名称都叫"学校"，不是叫什么"中学"或"大学"。学完之后，到北京就职。他在北京就职时，也换过工作单位。其中，工作时间最长的，是在北京仁立公司就职。直至北京解放后，从该公司退休。我去天津上大学，和我父亲在那里上过学，有些关系。

我去天津上大学，还有一个原因，就是我在北京上中学时，6年时间是在贝满中学。我是1946年考入这个学校的。1945年日伪占领北京时，这个学校曾改名为女四中。1952年我们毕业那年，学校改名为北京市立166中学，直到现在。这个学校以前是女中，现在已经改为男女生合校。这个学校的历届高班毕业生中，有不少是去了天津上大学。主要的投向是南开大学和北洋大学。1952年院系调整后，北洋大学被撤销，工科全部并入新建立的天津大学，南开大学则调整为文理科大学。

那时候，我看到有些高年级同学，在节假日的时候，坐火车往来于京津两地，我挺羡慕她们的。我从小在北京长大，家住北京东城区。中、小学都在东城区内，离家不远。特别是我还没坐过火车。时常想，如果能有机会到北京以外的地方看看，那该有多好（图6-3）。

访问者：您在学校时，天津大学有哪些比较有名的老师，现在还有印象吗？

迟顺芝：沈玉麟[①]。他跟余庆康[②]是同学。改革开放后我调来北京，到中规院工作时，主

---

① 沈玉麟（1921.3～2013.4），中学时就读于上海格致公学，1943年毕业于之江大学建筑系，后就职于上海协泰建筑师事务所与华联建筑师事务所，1947年赴美在伊利诺伊大学学习，获得建筑学硕士和城市规划硕士。1950年1月，经香港回国，后受聘于唐山工学院建筑系。1952年院系调整后，随唐山工学院建筑系并入天津大学任教，并于1954年创办城市规划专业。曾任天津大学建筑系城市规划教研室主任，教授。出版有《外国城市建设史》，参与编写《外国近现代建筑史》等著作。

② 余庆康（1921.10～2006.10），江西南昌人。1938-1942年，在上海之江大学建筑系学习。1942-1949年，先后在上海鹏程工程司、公营永茂建筑公司工作。1950-1954年，先后在北京永茂建筑公司、北京市建筑设计院、北京市建筑专科学校工作。1954年7月起，调到包头市，曾在包头市城建委、包头市规划局、包头市设计公司、内蒙古自治区建设厅、内蒙古建筑学院、内蒙古勘察设计院、内蒙古建筑设计院等单位工作。1979年12月，调回北京，在国家城建总局城市规划研究所。1982年起，在中国城市规划设计研究院工作，曾任院副总工程师、顾问总工程师，是中国城市规划设计研究院的第一位硕士生导师。1987年退休。

图 6-2　初三甲班毕业留影（1949 年）
注：前排左 2 为迟顺芝。
资料来源：北京贝满女中五二届同学纪念画册（1946-2015）[R]. 2015-07. p43.

图 6-1　中学时期的迟顺芝
（1949 年前后）
资料来源：迟顺芝提供。

图 6-3　高中时"海克力"篮球队留影（1950 年前后）
注：后排手拿篮球者为迟顺芝。迟顺芝提供。
资料来源：北京贝满女中五二届同学纪念画册（1946-2015）[R].
2015-07. p55.

持过一个"居住区详细规划的研究"课题，我找过沈先生。

那还是在 1980 年代初的时候。当他听完我介绍了我们的课题研究计划时，马上就说：我一定得参加。并且说现在在居住区的规划和建设方面，存在的问题挺多的。随后沈先生便以指导教师的身份与王嵘生（研究生）一起参加了"居住区中心建筑布局"这个专题的研究。同时，天津大学建筑系还由方咸孚、魏挹澧、王全德、李雄飞四位老师负责完成另一个专题"居住区儿童游戏场的规划和设计"。这两个题目的研究成果，当时都得到了各方面的好评（图 6-4）。

天津大学的教师们，给我的感觉都是挺敬业的，尤其是讲课多年，加上实践经验丰富，也都是挺有名气的。比如，教过我们课的老师，就有古建筑专家卢绳①先生、营造学专家宋秉泽②先生等，给我留下了深刻印象。

访问者：迟先生，当年您为什么会选择学建筑呢？

迟顺芝：在中学的时候，总的来说，教我们各门功课的老师都是挺不错的。我们那个年龄，考入贝满女中初一时，正值 1945 年日本投降之后的第二年（1946 年入学），一直到 1952 年高中毕业。我们初中三年级的时候，北京解放，1949 年 10 月建立了中华人民共和国。

在这段时间，学校的气氛非常活跃。我们一些喜欢美术的同学，参加了当时由我们美术老师陈今言先生组织的美工队。每当重要节日和各种活动需要时，陈先生就带领我们完成美工的任务。我们一起完成过许多美工的任务。在平时美术课时，也经常在课堂上给我们讲绘画的原理，绘画的方法，并常常提醒我们注意绘画基本功的练习，让我们身上经常带上小本本，练习速写、素描的基本功（图 6-5）。

像素描的练习，陈先生说不必非得有了石膏头像再画。在家有空的时候，坐在那儿，就可以对着镜子画自己。这不仅对我们喜欢美术的学生受益，同时也使我们明白了当时一些著名画家是怎么刻苦练出来的。

解放初期，由于政治上的需要，《人民日报》报纸上经常要出现对外的讽刺性的漫画。陈今言老师的爱人是方成，方成和钟灵两个人是当时《人民日报》的知名画家作者。陈今言老师和我们说，他们在紧急情况下，需要有作品拿出来时，

---

① 卢绳（1918～1977 年），江苏南京人。1942 年毕业于中央大学建筑系，同年进入中国营造学社任研究助理。新中国成立后，历任北京大学、唐山交通大学副教授，天津大学副教授、建筑历史教研室主任。九三学社社员。长期从事建筑历史的研究和教学。

② 资料显示，1952 年，天津大学土木建筑系部分师生在徐中、宋秉泽、冯建逵及杜齐礼等几位经验丰富的设计前辈带领下，成立了天津大学基建处设计室，开始进行天津大学的校区规划和单体设计及南开大学校区部分单体的设计工作。该设计室便是天津大学建筑设计规划研究总院的前身。资料来源：栉风沐雨 60 载，春华秋实谱华章——设计总院发展历程回眸 [E/OL]. 天津大学新闻网，2012-09-17[2016-07-18]. http://www.tju.edu.cn/newscenter/ztlm/jzsjghyjzy/201209/t20120918_160058.htm

图 6-4　刚考入大学时的
留影（1952 年）
资料来源：迟顺芝提供。

有时半夜起来，揉揉眼睛构思一会儿，手下画就出来了。我们听了，都挺佩服
他们的（图 6-6）。

到了高中快毕业时，陈今言老师对我们几个美工队的同学说，如果我们愿意去
中央美术学院①的话，今年就可以不参加高考了。不过，当时我们几个美工队
的同学，都响应了国家让大家学理工科的号召，全都报考了工科，学了建筑。

访问者：迟先生，当年您刚参加工作时，和严仲雄先生（迟顺芝先生的丈夫）②是在同
　　　　一个单位工作吧？

迟顺芝：老严是 1955 年到包头工作的。我是 1954 年夏季到包头工作的。当时，我工作
　　　　的单位是包头市城建委规划处。报完到，很快就到北京国家城建总局城市设计
　　　　院包头城市规划组，参加城市规划工作（图 6-7）。

访问者：严先生应该是 1955 年夏季毕业的吧？他刚毕业的时候，被分配到了哪儿？没
　　　　有直接去包头吗？

迟顺芝：他是直接被分到了包头，时间是 1955 年夏季（图 6-8～图 6-10）。当时包头
　　　　市由于快要大搞建设了，相应的有关机构，也在调整或建立。老严暂时被分配
　　　　到市政工程局报了到。直到包头方面参加北京城院包头规划组的工作告一段落

----

① 中央美术学院的前身是国立北平艺术专科学校，可以追溯至 1918 年成立的国立北京美术学校。1949 年 11 月，
国立北平艺术专科学校和华北大学三部美术系合并，成立国立美术学院，徐悲鸿任第一任院长。1950 年 1 月，
正式定名为中央美术学院。

② 严仲雄，1932 年生，上海人，1955 年毕业于上海同济大学都市建设与经营专业，分配到包头市规划局工作。
1980 年调到国家城建总局规划司工作。曾任建设部城市规划司副总规划师。因病于 2015 年 2 月 24 日在北京逝世。

图 6-5 美术课老师陈今言
先生
资料来源：北京贝满女中五二届
同学纪念画册（1946-2015）[R].
2015-07. p39.

图 6-7 在包头市城市规划管理局大门前的留影（1956 年）
注：此时包头市城市规划管理局的办公地点在包头旧城区。
左起：严仲雄（左）、迟顺芝（右）。
资料来源：迟顺芝提供。

图 6-6 在游行队伍中的陈今言先生
注：前排左 2（与左 1 交谈者）为陈今言先生。
资料来源：北京贝满女中五二届同学纪念画册（1946-2015）[R]. 2015-07. p39.

图 6-8 金经昌先生拍
摄：毕业设计时的严仲雄
（1955 年）
资料来源：迟顺芝提供。

图 6-9 老师指导规划设
计课（1955 年）
左起：李铮生（左1）、钟耀
华（左2）、黄作燊（右2）、
严仲雄（右1）。
资料来源：迟顺芝提供。

图 6-10 在毕业设计答辩中的严仲雄（1955 年）
资料来源：迟顺芝提供。

图 6-11　结婚时的留影（1957 年 3 月）
资料来源：迟顺芝提供。

（上报中央待批），人员陆续回到包头。1955 年 11 月中共中央批准包头市初步规划后，包头市城市建设委员会撤销，与包头市建筑事业管理局合并成立包头市规划局，老严在这时候被调至包头市规划局工作。

老严我们两个人，也是在包头市规划局成立以后，开始同在一个单位工作的。之后，1958 年到 1962 年，在包头市建委规划处工作；1962 年到 1967 年，在包头市城建局规划处工作。这期间，我们俩人都是在同一个单位工作（图 6-11）。

二、城市规划工作的时代背景

迟顺芝：你的这本《八大重点城市规划》书稿（草稿）中，有些章节谈到了"一五"期间的政治、经济情况。就城市规划工作而言，在实践中总结，也主要是政治、经济、技术和艺术。其中，前两个方面（政治、经济）是决定性的。

1931 年，日本侵占我国，在东北占领了十四年。1937 年卢沟桥事变后，又占领了北京，我们经历了"八年抗战"。1945 年日本投降后，美军又进来了。在这种情况下，中国人是多么盼望着自己的新政权啊！

我记得 1949 年初北京解放那天①，清早起来，打开四合院的门，看到解放军把胡同里的环境、秩序弄得非常的好。过去拉洋车的，蹬三轮的，全变成开汽车的司机了，街上要饭的也没了。那时候就感到，我们这个国家有希望了。

一个年龄段，赶上一个年代。我们这一代，当时到了比如"五一"劳动节、"十一"国庆节的时候，晚上大喇叭一响，年轻人就都去天安门广场了。看烟火，跳集体舞，有时跳到凌晨三点钟，自己回家都没事儿，非常安全。

---

① 1949 年 1 月 31 日，北平和平解放。

图 6-12　在包头市城市规划局后院的留影
（1957 年）
注：此时包头市城市规划局的办公地点已经搬迁
至包头新市区。
资料来源：迟顺芝提供。

在这种情况下，就必然要想到，我们这个国家的人民怎么富起来？国家怎么强大起来？不再被外国人称我们是"东亚病夫"，因为以前在国际体育赛事上，中国人没有什么成绩。国家"一穷二白"，贫穷落后。我们就想到，必须得赶上去。

三、"一五"时期包头城市规划工作概况

迟顺芝：国家确定包头市为第一个五年计划期间建设的工业基地之后，中共中央华北局成立了以刘澜涛为主任，刘秀峰、乌兰夫、苏谦益为副主任的包头建设委员会。1953 年 2 月，包头市人民政府成立了包头市建设委员会。同年下半年，华北行政委员会、建筑工程部和包头市城建委，共同参加国家有关部委组织的厂址选择工作（图 6-12）。

1953 年 7 月，建工部城建局孙敬文局长和城市规划苏联顾问专家穆欣，配合重工业部和第二机械工业部，对包头钢铁公司和六一七厂、四四七厂以及第一、第二热电厂（"156 项"重点工业项目中的 5 项）进行选址工作。包头新市区的位置，确定了在距离旧市区 15 公里的昆都仑河以东，包宁公路以南的位置。

1954 年上半年，以建工部城建局城市设计院为主，包头市城建委派员配合组成包头规划组，在北京开始包头市规划工作。着重拟定包头新市区规划方案，在苏联专家指导下，由赵师愈、何瑞华、沈复芸三位规划师主笔设计，规划方案得到城市规划苏联顾问专家巴拉金的赞同和支持。当时，苏联专家也执笔画过草图。

包头新市区的城市规划，采用苏联城市规划技术经济指标的数据。最关键的是远期每个人的居住面积确定为 9 平方米，每个人的生活居住用地确定为 76 平

图 6-13 朱德副主席视察包头（1958 年）
资料来源：耿志强主编．包头城市建设志 [M]．呼和浩特：内蒙古大学出版社，2007. p1（彩页）.

方米。按照苏联的做法和经验，通常楼房建筑比例占 80%，平房占 20%，以此标准，加上人口规模的设想，计算出城市用地规模。

在此期间，朱德副主席来到包头视察工作，对包头城市规划工作做出了重要的指示，强调了要切实贯彻"勤俭建国"的建设方针。包头规划组对城市规划方案和各项技术经济指标，进行了多次充分的讨论研究，并进行了修订。总体规划的期限分为近期、远期和远景三个阶段，其中远期的时间为 1962 年，即第二个五年计划的时间。每人居住面积定额为：近期 4.5 平方米，远期 6 平方米，远景 9 平方米。生活居住用地为：远景 76 平方米，近期 40 平方米。近期的楼、平房建设比例为：平房占 70%，楼房占 30%（图 6-13）。

1954 年 10 月，在国家建委召开的几个重点城市建设会议上，包钢提出将包钢住宅区建在昆都仑河以西的建议。同年 11 月，在国家建委召开的包头市总体规划审查的会议上，包钢重新提出了这个建议。但是，都未被国家建委所采纳。会后，包钢又分别向国家建委和中共中央领导提出，坚持将包钢住宅区建在河西，六一七厂、四四七厂住宅区建在河东，分建两个城市的方案。

中央对包头城市规划中发生的分歧十分重视。1955 年 8 月 8 日至 12 日，国家建委派出以国家建委副主任孔祥祯、城市建设总局局长万里为首的中央联合工作组，以及由各部、委 15 名苏联专家组成的工作组，来包头解决分歧。经过广泛听取各方意见，对河东、河西两个城市规划方案进行论证和经济技术比较，召开三次会议，充分讨论研究，并进行实地踏勘。最后取得一致意见，形成《关于包头市城市规划方案讨论纪要》（以下简称《纪要》）。

《纪要》指出："包头市城市规划自 1954 年 4 月确定包钢、二部两厂、热电

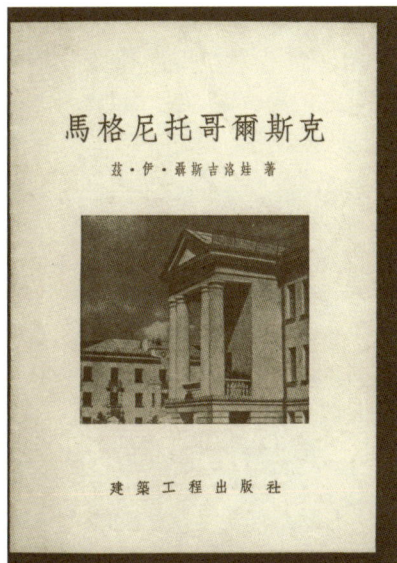

图 6-14 《马格尼托哥尔斯克》
一书封面（1954 年中文版）
资料来源：李浩收藏。

站厂址及城市住宅区位置后，进行一年多的规划设计工作。后来因为包钢的住宅区究竟放在昆独[都]仑河东，还是放在昆独[都]仑河西有分歧意见，所以城市规划方案迟迟未能确定。为解决这个问题，国家建委指示城市建设总局负责，组织重工业部、铁道部、卫生部、水利部、中央人防委员会、内蒙古、包头市、包钢等单位组成工作组，并组成苏联专家工作组，国家建委副主任孔祥祯和城市建设总局局长万里亲自参与并领导这项工作"。

《纪要》在概述包头市和包钢双方对各自方案的论述，阐明各部委和苏联专家对河东、河西方案利弊评价和论证之后，强调指出："包头住宅区建在河东是正确的方案，是符合为工业生产和劳动人民服务的要求的"。《纪要》还对河东方案若干具体问题，如人防问题、工人上下班过桥问题、风沙防治问题等，提出了解决办法和意见。到此，包钢住宅区建在昆都仑河以西还是以东的问题得以解决。

"一五"期间，苏联有一本书，介绍马格尼托哥尔斯克钢铁城（图 6-14）。这是苏联在第二次世界大战以后建设的一个新城。这也是苏联先走的一步。因此，不能说我们的规划就是受苏联框框的影响，一直走到现在。我们在包头的规划人员，从编制、批准初步规划开始，就在那儿不断地改总图，修修改改。比如包头的规划，开始时都是小街坊，7～8 公顷左右的地块，然后主干道是框架（图 6-15）。60 万的人口，都是计算出来的，比如机械厂多少，电厂多少，每个人平均 76 平方米的用地（指远景）。这方面的一些标准，都是需要有的，而且是在一步一步地实施的。

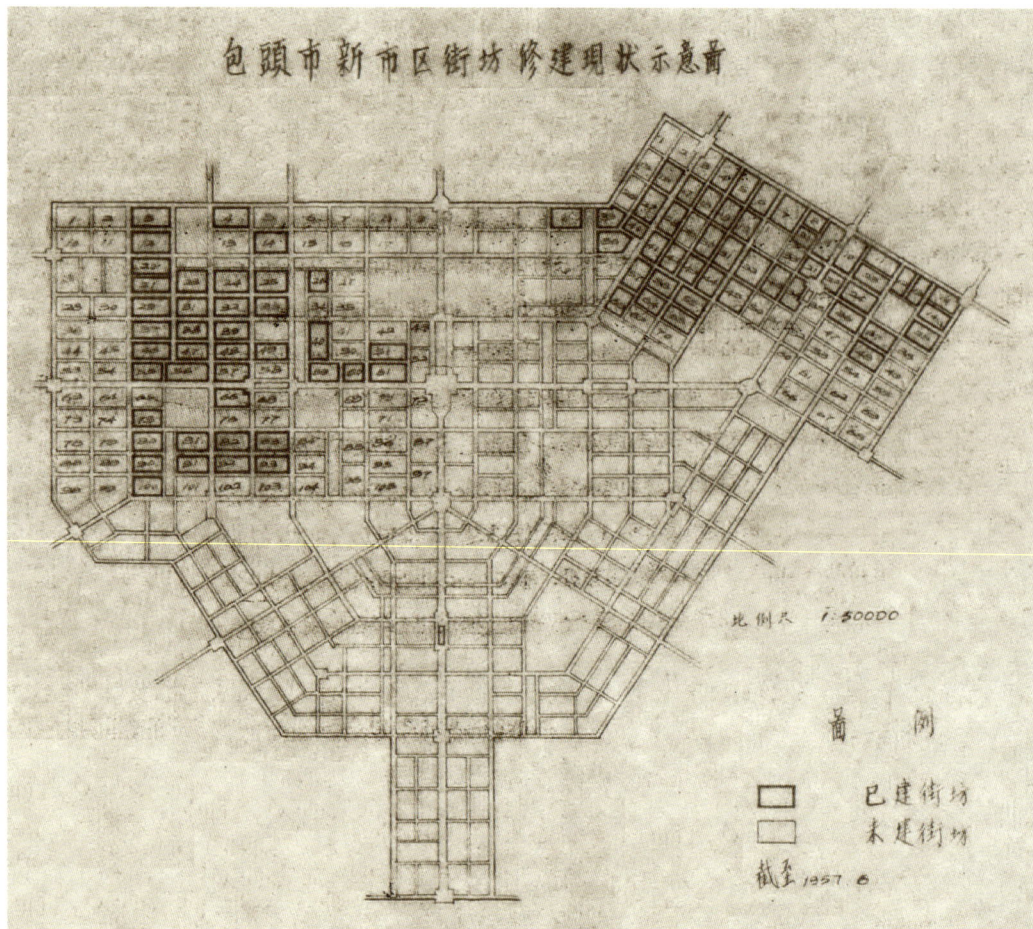

图 6-15　包头市新市区街坊修建现状示意图（1957 年）
资料来源：包头市城市规划管理局．包头市新市区建筑现状统计表（1957 年 7 月 29 日）[Z].// 包头市民用建筑调查统计．中国城市规划设计研究院档案室，案卷号：0506. p15.

四、包头市规划的实施情况（"一五"时期）

访问者：迟先生，您长期在包头市当地工作，对包头市规划实施的情况比较熟悉，可否请您讲一讲这方面的有关情况？

迟顺芝：包头市在 1954 年下半年，即新市区总体规划布局基本确定之后，为了配合包钢和六一七、四四七两厂的委托国外设计和厂外工程建设准备工作的需要，城市规划就已经开始实施。中共中央批准包头城市规划方案以后，根据中央批示的精神和国家建委党组的审查意见，又对规划实施方案逐条进行落实。

1955 年 9 月 24 日，国家建委党组正式审查包头市委和孔祥祯、万里的报告，并提请党中央审批。国家建委党组在给党中央的报告中指出："包头的城市规划，一年来曾经各有关方面多次研究，……我们认为基本上是可行的，因此建议中央对该初步规划方案的几个问题予以原则批准：（1）把包头新的城市建设在昆独[都]仑河以东；（2）城市远期人口发展规模暂定为六十万人；（3）城市布局，如工业区、住宅区、市中心等位置；（4）近期内钢厂住宅区与第二机械部工厂住宅区分开两处进行修建，暂不连成一片；近期内房屋建筑，除面临干道广场可以修建楼房外，其他地方基本上修建平房"。

报告还指出："该初步规划方案尚有若干问题待继续研究，如城市生活用地的轮廓，因采用远期每人平均居住面积九平方公尺的定额，规划面积过大，尚须按照每人平均居住面积六平方公尺计算，进行适当缩小，以及远期的建筑层数、各种工程管道的布置等，可责成城市建设总局协同包头市在编制总体规划时再进一步研究解决"。

1955 年 11 月 19 日，中共中央以电报形式对包头城市规划方案等问题作出批示，全文如下："内蒙古党委转报包头市委《请审核包头城市规划的请示》和国家建设委员会党组转报孔祥桢、万里两同志《关于在包头市工作情况的报告》及对该两个报告的审查意见阅悉。上述报告中所提的包头城市规划方案、建筑基地的建设、水源及防洪等问题，对保证包头工业基地均甚重要。中央原则同意该两个报告的内容和国家建设委员会党组的审查意见，现转发给你们，望按此分别遵照办理"。这是全国第一个由中共中央直接批复的城市规划方案。

在第一个五年计划时期，包头规划实施的主要内容有：向包钢、617 厂、447 厂国外设计提供城市道路及给水、排水等厂外工程节点坐标、标高；确定以新市区几条城市主要干道网构成的城市布局中心控制点的坐标、标高、道路走向、宽度、断面；协调城市干道各大企业厂区大门和包头站等主要控制点的衔接；按照国家建委党组关于"近期包钢与 617 厂、447 厂住宅区分两片建设"、"除面临干道广场可以修建楼房外，其他地方基本修建平房"的指示，以及有关修改用地定额、缩小规划面积等精神，规定近期修建范围，确定楼、平房建设比例，安排居住建筑、公共设施建筑布局，编制近期修建地区的详细规划；安排近期修建范围内的公共绿地建设和确定近期建设的几个公园为近期建设的公共绿地；安排建设东北郊工业区和昆都仑河防护绿地；安排近期内道路、桥梁、给排水、供电、邮电等市政公用设施的规划、设计和建设，配合大工业建设，适应生产和人民生活的需要。

包头市在"一五"时期的建设项目，都是按照城市规划布局，严格实施的。除包钢在城市规划方案批准以前，已在河西建了一批住宅建筑，以及由于厂区总平面布局国外设计变更、包钢大门未能正对城市主要道路的缺陷以外，"一五"时期城市规划的总体布局得到全部落实。

图 6-16　渡口（攀枝花）市总体规划图
资料来源：居住区详细规划的研究：附图（上、下）（送审稿）[Z]. 中国城市规划设计研究院档案室，案卷号：100777. p43.

包头的城市建设有一个优越性，自从党中央批准了规划以后，从上到下，包括市里主管规划的领导，规划局、规划处的负责人，以及工程技术人员，思想看法都挺一致的。

中央批准了包头市规划以后，把规划编制方面该做的事情都做完了以后，接着就进一步深入地搞规划管理了。实际上，规划管理工作还是城市规划的继续。就规划管理的目标而言，一个是大的方向，也就是要强国，国家要富强。另一个是要为老百姓方便生活着想，以后老百姓可以生活得更好为原则。

从详细规划的角度来说，譬如以前的小街坊，后来变成了小区，按照小区的标准来建。但这也不是绝对的。根据实际情况加以确定。

1980 年代初，我们做"居住区详细规划的研究"课题时，我到渡口（攀枝花）市考察过。那里地形复杂，但这个城市建设得挺不错的。它是在山坡上建起来的（图 6-16、图 6-17）。他们的不少住宅区设计图纸，用的是标准设计的图纸，有的整整齐齐的，有的高低错落、与绿化相结合，很漂亮的，但它还是小街坊

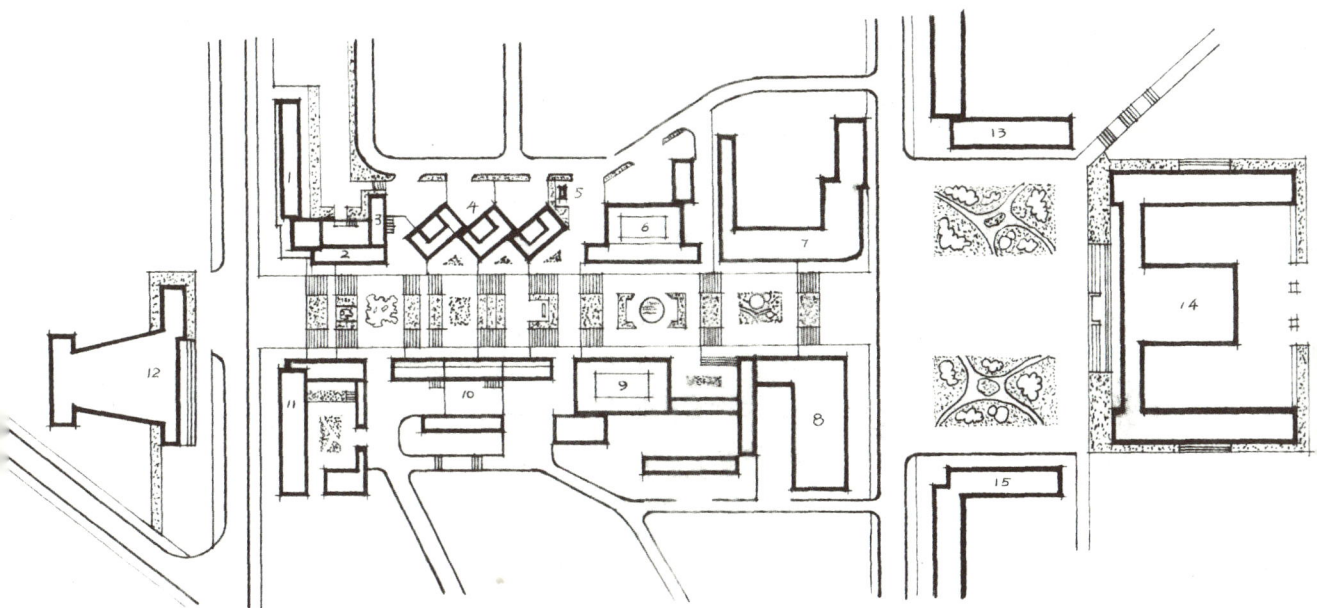

7-66
岌 戎 攀枝花路平面

0 20 40 60米

1妇女儿童用品商店 2冷饮、小吃 3茶馆 4专业商店 5公共厕所 6百货商店 7邮电大楼 8民族用品商店 9付食品商场

10专业商店 11服务大楼 12电影院 13银行 14科技馆 15新华书店

7-68
岌 戎 攀枝花路东侧立面

图6-17 渡口（攀枝花）市攀枝花路平面图（上）及东侧立面图（下）
资料来源：居住区详细规划的研究：附图（上、下）(送审稿)[Z]. 中国城市规划设计研究院档案室，案卷号：
100777. p48-49.

的模式。从地形方面考虑，以小街坊的形式规划，要比小区更为合适。他们过去提出的综合居住区的实践和理论，具有一定的创新和实用价值。

上海，还有几个地方，也是小街坊。可以说，根据实际情况，怎么好就怎么样弄。一提起"一五"期间的城市规划，就说是抱着苏联的框框不放，不是这样的，一直在变化。

五、"桂林会议"和"青岛会议"

访问者：1958年开始"大跃进"以后，城市规划工作方面有了很大变化，包头市的情况怎么样？

迟顺芝：1958年开始"大跃进"以后，包头城市规划的实施也遇到了一些干扰和冲击。主要表现在工业和城市建设方面大上项目，没有计划的乱占用地，造成了原规划的近期修建的范围被打乱，把原规划中的功能分区也都打乱了。

另外，农村人口不断的盲目进入城市，从1958年开始到1960年，这三年间就净增了49万人口。各项生活福利设施和市政公用设施不能适应急剧膨胀的需求。特别是在住宅的建设上，问题更为突出。虽然经过市政府的动员，大量流入城市的农民返乡生产，但在包头市区内的几个大厂的周围，还是建起了一些低标准的"干打垒"工人村。

包头市在1958年到1960年的这段时期内，使1955年11月被批准的新市区的规划和管理工作带来被动。但从总的情况看，城市规划道路、绿地系统的规划用地还没有发生被乱占用和盖房的现象。总体而言，城市规划布局没有发生大的破坏。

访问者：在1958年和1960年，有两次重要的会议，"青岛会议"和"桂林会议"，不知您了解这方面的情况吗？

迟顺芝：我参加过桂林会议。当时也没发什么材料，我们根据录音作过记录。

访问者：桂林会议没有下发一些会议材料吗？怎么会这样呢？

迟顺芝：没发材料。来参会的人，都知道，听录音，不发材料。就自己记录，谁如果记得快，就记得多一些。在这次会议上，发言的人很多，内容也很广泛，比如：有的省、自治区是如何开展区域性的规划的，也有很多发言介绍了近两年来小城市、县镇以及农村规划情况。

访问者：您说的这个会议记录材料，现在还有吗？

迟顺芝：有。我最近刚找到了，但是印的很不清楚（图6-18）。

访问者：据说，"大跃进"期间，有一个"城市规划三十条"的提法，当时好多行业都在提多少条，比如工业几十条、农业几十条。但是，我没有找到过这方面的档案。

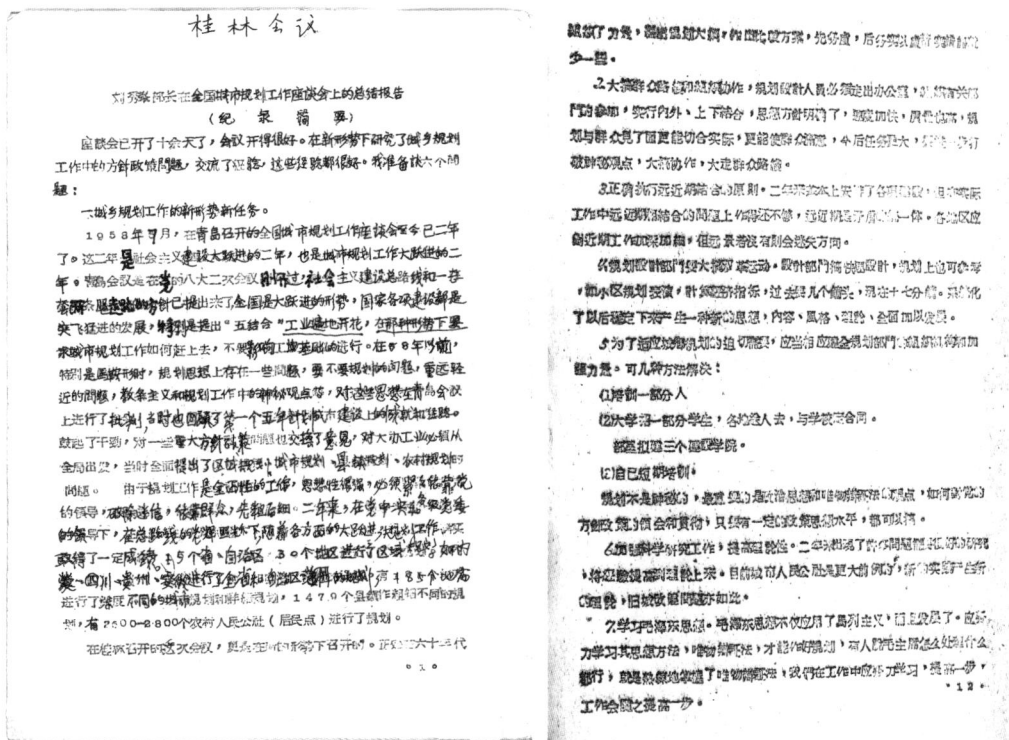

图 6-18 刘秀峰部长在"桂林会议"上的总结报告（记录稿）
注：左图和右图分别为记录稿的首页和尾页。
资料来源：迟顺芝提供。

不知您知道这方面的情况吗？

迟顺芝：我还没看到过"城市规划三十条"的内容。过去也没听说过。不过，最近我找
到并翻阅了有关青岛会议的材料，这个材料是 1980 年翻印的（图 6-19）。

在 1958 年 7 月 3 日《刘秀峰部长在城市规划座谈会上的总结报告（记录）》中，
他有这样的一段发言："在这次会上，还产生了一个'城市规划工作纲要三十条'
草案。这是由参加会议的一些同志起草，经过大家逐条讨论而拟成的。有了这
个草案，就使我们今后的工作有所依据，有了方向"。

访问者：1960 年的桂林会议，包括之前的青岛会议，都是特别重要的事件，都是大事儿。
但是，相关档案资料比较缺乏。您保留的这些材料太宝贵了。

迟顺芝：青岛会议是在 1958 年 6 ~ 7 月召开的，桂林会议是 1960 年 5 月初召开的。这
两次会议都是特别重要的事件，对于我们国家城市规划事业的初创来说，都是
大事儿。这一时期的政治、经济、社会形势都有了较大变化，影响到城市规划
工作上的变化，是必然的。

你说到的关于这两次会议相关档案资料比较缺乏，这的确是很遗憾的事。我们
是不是可以从目前仅有的资料中，加上已经流逝的过去 60 年的经验、教训中，
找出对我们以后有用的东西呢？

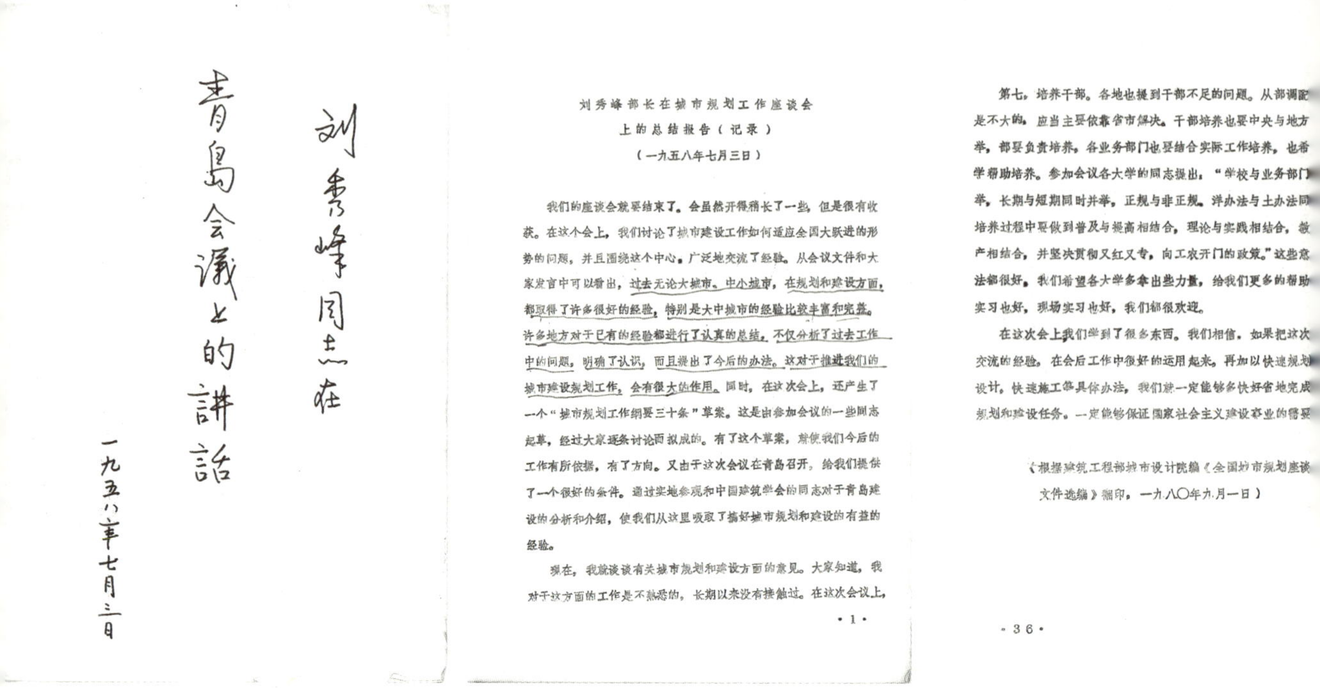

图 6-19　刘秀峰部长在"青岛会议"上的总结报告（1980 年翻印稿）

注：左图为封面，中图和右图分别为正文的首页和尾页。

资料来源：迟顺芝提供。

首先，我们先重温一下《刘秀峰部长在城市规划座谈会上的总结报告（记录）》（该文件根据建筑工程部城市设计院所编《全国城市规划座谈会文件选编》，于 1980 年 9 月翻印）。

在总结报告中，刘秀峰部长首先谈到了过去："无论大城市、中小城市，在规划和建设方面都取得了许多很好的经验。特别是大中城市的经验比较丰富和完整"。

这个总结报告一共讲了十个问题。即：关于如何从全面出发进行城市规划和建设的问题；关于大中小城市相结合的，以发展中小城市为主，在大城市的周围建立卫星城市的问题；关于从实际出发，逐步建立现代化城市的问题；关于城市规划标准、定额问题；在适用、经济的基础上注意美观的问题；近期规划和远景规划问题；关于旧城市利用和改造问题；关于集镇规划与建设问题；关于农村规划与建设问题；关于如何多快好省地进行城市规划和建设的问题。

刘部长在谈到上面十个问题时，对每个问题，都较为深入地讲述了城市规划和建设的看法和意见。这对至今我们已经走了 60 多年城市规划和建设道路的中国城市规划界，仍有借鉴价值。

访问者：您参加过的桂林会议，一共开了多少天？有哪些人参加？您还能回忆起来吗？

迟顺芝：桂林会议开了十余天。按照会议要求，包头市参加桂林会议的有：主管城市规划的副市长墨志清、市规划局局长杜其昌、规划处长杨谷化、城市规划方面的科技人员迟顺芝（我）。呼和浩特市也去了4人，人员身份大致如此。还有内蒙古自治区，也有4个人参会。

访问者：当时开会，是怎么个方式？

迟顺芝：领导先有一个报告（刘秀峰部长）。报告完了以后，大家讨论。讨论之后，各个地方上台发言。最后，刘秀峰部长做会议总结报告。会议休息时间和周末，组织大家参观学习和游览景点。

在由刘秀峰部长做总结报告之前，会议主持人就和大家打过招呼，让大家做好记录，大会不发领导讲话和大会上各地的发言材料。所以，在刘秀峰部长作总结报告时，大家都在认真地记录。由于内容较多，还是跟不上记，会议主持人说，再给放一遍录音，大家可以再对照一下。最后又放了一遍录音。

访问者：会上提没提"快速规划"的要求？

迟顺芝：翻阅刘秀峰部长在桂林会议上的总结报告（记录），他是这样说的："在青岛召开的全国城市规划工作座谈会至今已二年了。这二年是社会主义建设大跃进的二年，也是城市规划工作大跃进的二年"，"二年来，在党中央和各级党委的领导下，在总路线的光辉照耀下，随着各方面的大跃进，规划工作确实取得了一定成绩。15个省、自治区，30个地区进行了区域规划。如内蒙古、四川、贵州、安徽进行了全省和自治区范围的规划，有185个地市进行了深度不同的城市规划和详细规划，1470个县镇作粗细不同的规划，有2600～2800个农村人民公社（居民点）进行了规划"。

从这些数字来看，"快速规划"的提法，应该是在两年前的青岛会议期间提出来的。刘秀峰部长在1958年青岛会议总结报告的结尾部分谈道："在这次会议上，我们学到了很多东西。我们相信，如果把这次总结和交流的经验，在会后工作中很好的运用起来，再加以快速规划，快速设计，快速施工等具体办法，我们就一定能够多快好省地完成城市的规划和建设任务，一定能够保证国家社会主义建设事业的需要"。

访问者：那次会议为什么选在桂林召开？桂林比较偏僻，全国各地赶过去，挺不方便的。据说，青岛会议之所以在青岛召开，是因为毛主席说青岛好，所以大家要去调研、学习。在桂林开会，是不是因为桂林的风景比较好呢？

迟顺芝：桂林的风景确实很吸引人，"桂林山水甲天下"，自古以来就驰名天下。那次在桂林开会，让大家去那里调研、学习，我想是与青岛会议一样，有同样的意思（图6-20、图6-21）。

我们包头市和呼和浩特市去参加会议的人，从内蒙上了火车，经北京中转去桂

图 6-20　参加桂林会议
时的留影（1960 年 5 月 ）
资料来源：迟顺芝提供。

图 6-21　参加桂林会议时的留影（1960 年 5 月 ）
资料来源：迟顺芝提供。

林的火车，从当时大家的聊天中知道，中国北方城市去桂林开会的人员，有不少人都在那趟火车上。包括刘秀峰部长，也在那趟火车上。大家对能来到桂林这座名城来开会，都感到特别的高兴。桂林比较偏僻，越是这样，越是感觉到来得不容易，年轻人都会有很兴奋的感觉。

那次桂林会议，除了会内发言、进行交流外，会下和约定城市去交流也很多。比如，去海南岛的挺多的。我们去了上海，学习他们在卫星城内修建的"一条街"的经验。在"一五"时期，包头市大多按苏联经验，规划商业网点时较多考虑服务半径，没有形成相对繁华的一条街。再加上由于是新建城市，年轻人相对比较多，生活单调，节假日没地方去，连找对象想遛一遛马路都没地方。当时我们想到的是一定会有地方。上海的闵行一条街、张庙一条街等，在我们这个行业里介绍过，所以就想去上海，看看人家怎么干的（图6-22、图6-23）。从桂林到上海乘火车，途经两个大站，先到了衡阳火车站。要从这里中转去上海的火车。让我们没想到的是，下了火车，出不了站，时间又是晚上，那时还没意识到，满地铺着被褥，有的被褥捆得紧紧的，人们东倒西歪的趴在上面睡觉，原来是农民都挤进了城。这一夜费了很大的周折，脚步一点一点地挪动，我们才挤上去了由衡阳转乘到上海方向的火车。听车站大厅的服务人员说，那时候整天都是这样。

后来，火车经过杭州时，我们下了车。凭着介绍信，当地规划部门给我们四个人安排了在西湖岸边的宾馆住下来。西湖水中的金鱼游来游去，从西湖中的三潭印月景，想到了我们国家刚刚开始的大建设年代。前夜衡阳火车站的情景，相比之下，这里真不愧是"上有天堂，下有苏杭"。杭州规划部门的同志还陪我们游览了西湖美景，参观了主要街道、繁华地带。之后，我们很快就转去上海了。

访问者：据说，桂林会议后，建工部曾向中央提交报告，但中央没有批。跟青岛会议一样，桂林会议也没有得到中央的批示。其中的原因，您知道吗？

迟顺芝：这些情况，我不知道，也没听说过。包头的规划，主要的和重点的工作，是放在中央批准的新市区规划的实施上。桂林会议后，我们学习了上海的闵行一条街、张庙一条街。后来在包头探索借鉴、应用，实施效果还是不错的（图6-24）。

访问者：在桂林开会的时候，可能各方面的条件也不太好吧？

迟顺芝：在桂林开会的时候，各方面条件还可以。桂林会议讨论的时候，各地上台发言很热烈，大多是谈他们那儿怎么做的，受"大跃进"的影响比较大。会议过程中，多次组织学习，游览了桂林的驰名风景区。其中，有船队畅游了漓江的桂林至阳朔段，以及七星岩等。

图 6-22　上海闵行一号街规划模型（1958 年前后）
资料来源：建筑工程部建筑科学研究院. 建筑十年——中华人民共和国建国十周年纪念（1949-1959）[R].
1959. 图片编号：160.

图 6-23　上海闵行一号街旧貌（1958 年前后）
资料来源：建筑工程部建筑科学研究院. 建筑十年——中华人民共和国建国十周年纪
念（1949～1959）[R]. 1959. 图片编号：161.

六、1960年代地方城市的规划工作

迟顺芝：在桂林会议以后，1966年开始文化大革命。"文革"中，1968年至1970年，包头市城建局撤销，规划方面留有4个人，在那儿应付着规划管理工作。那时候，没有什么大的建设，但小的建设一直都有。另外，事先没有计划，要求"靠山、分散、进洞"的一些厂子，也来要地。规划处留下的这4个人，是在包头市建筑设计院的机构内开展工作。

访问者：在1960年桂林会议之后，不是又提出"三年不搞城市规划"了吗，后来城市规划院又被撤销了（1964年）。就地方上而言，包头的城市建设受到什么影响没有？规划工作有没有停止？

迟顺芝：桂林会议之后，1960年11月召开的全国计划会议宣布"三年不搞城市规划"，全国各地纷纷裁减规划人员，撤销规划机构。包头市在这个期间，人员和机构都没动（图6-25）。

但是，由于当时"左"倾错误思想影响，武断认定包头规划存在"脱离实际、脱离国情、脱离群众"的"三脱离"倾向。规划工作又机械搬用一般矿区城镇的规划方法，"干打垒"，不合理地压缩城市道路红线宽度，砍掉某些规划中的公园绿地，降低城市绿化标准。给整个城市建设工作造成了新的思想混乱，也给规划实施带来许多实际问题。

但规划工作一直都没停止过。哪个建设单位找来，要"出圈"[①]了，管网通不过去，水供不下去，还有的离厂房近，想在厂子边上建房子，这些都不允许。领导一般也都尊重技术人员的意见，上下都配合得挺好的。

访问者：1960年代，包头的规划局还在吗？包头有规划院吗？

迟顺芝：规划局还在，那时候没有规划院。国家计委提出"三年不搞城市规划"以后，我们都知道了，可能不搞新的规划了。那时候，我们的工作都还在那儿干着呢，我们一直坚守着，地方上该干什么还干什么。各大厂矿、城市生活区等，都是按规划建设着，这一点，与包头市规划是由中共中央批准的，有很大关系。

访问者："文化大革命"，对城市规划的影响大吗？

迟顺芝："文化大革命"对包头的城市规划和建设影响很大。先是把经中央批准的城市规划方案，扣上了一顶"修正主义大框框"的大帽子，把规划管理和规章制度说成是"封、资、修"的"管、卡、压"；这时规划机构被砍掉了。在这个时期，大搞"山、散、洞"给包头的规划和建设造成了破坏和损失。不分析建设条件是否可能，单纯强调"靠山、分散、进洞"，结果一些工厂因建厂条件太差，

---

① 指超出城市规划确定的建设用地范围。

图 6-24 参加桂林会议
的三位规划工作者留影
（1990 年代）
注：拍摄于中国城市规划女
规划师联谊会会议期间。
左起：孙敬萱（左1）、任斌
（左2）、迟顺芝（右1）。
1960 年参加桂林会议时，任
斌为内蒙古自治区建设厅规
划处处长，孙敬萱为该处技
术干部，迟顺芝为包头市规
划局技术干部。
资料来源：迟顺芝提供。

图 6-25 黏着爸爸不让离开
（1963 年）
左起：二女儿（左1）、严仲雄（右1）。
资料来源：迟顺芝提供。

建厂投资成倍增加，建起后不能投产而报废。

另外，城市的企事业单位这时各自为政，各行其是。公园绿地被挤占，大量房
屋建在河边上和高压线走廊上。包钢在昆都仑河行洪河边上建起 5 万多平方米
的住宅和学校，最后不得不全部拆除。

同时，社会上也出现了"乱挖、乱砍、乱占、乱建"的歪风。挖土砍树乱建房
屋，乱堵围墙，城市中大量的便道、街坊和空地被挤占，市政公用设施被破坏，
道路不畅，路灯不明，防洪沟、护岸堤坝被损坏，排水管线堵塞，井盖丢失，
污水外溢。

"文化大革命"过后，包头市政府曾组织了"城市三整顿"办公室，抽调了有关单位的相关人员，制定了若干项城市建设中必须遵守的一些规定，取得较好效果。总的来讲，第一个五年计划时期经中央批准的包头新市区规划方案，至今已有60年的实施过程。它是否是具有科学性、权威性、适度超前和可持续发展的规划方案？需要在长期的实践中检验。另外，随着社会主义建设事业的发展和经济体制的改革，加之这次城市规划的期限已经超过，经济结构发生了重大变化，城市规模和布局进行调整，是在所难免的，也可以说是必然的。

七、提问

访问者：迟先生，我有几个问题想向您请教一下。中规院50周年院庆的时候，您曾写过一篇《包头市"一五"时期城市规划工作回顾》的文章①，其中谈到苏联专家穆欣和巴拉金所勾绘的规划草图，这两位苏联专家的草图，您看到过吗？

迟顺芝：我看到过，而且我还抄绘了一份，带回了包头。1954-1955年，我以地方人员的身份，参与到建工部城建局和城市设计院的包头市规划工作组。等规划工作搞完了以后，地方上没有资料，包头的一个副市长李红同志对我说：你家在北京，你把留在城市设计院的那些图纸，每张都复制一份，带回去。后来，我就在朝阳门外的车马大店（城市设计院的办公地点），抄绘了好多张图纸，拿6B铅笔画的，整个重画了一遍。

访问者：您说的这些图，现在还能查到吗？

迟顺芝：当年（2004年）我在写中规院50年院庆回忆文章的时候，我回包头去找过穆欣和巴拉金的方案。赵瑾也让我一定把穆欣的方案找到，因为当时他们正在编写《当代中国的城市建设》，需要资料，但怎么找也没找到。

访问者：穆欣和巴拉金画的规划草图，我也没找到，中央档案馆和中规院的档案室都没有。

迟顺芝：包头有的资料不全，有的传来传去。有的图纸是在硫酸纸上画的，一折起来，就都碎了。当时，包头市的这些图纸，都是绝密资料。现在有个城市叫鄂尔多斯，当时叫东胜，在那儿有个档案馆，后来，包头市的资料全部移到那儿去了。再后来，这些东西是不是都拿回来了，我不太清楚。过去，有专人保管资料，挺严格的。那次我回包头去，没找到。

我的印象是，苏联专家穆欣和巴拉金画的图，都是用铅笔或炭条画的比较简单的草图。道路走向是东北往西南的方向。当时的风向玫瑰图资料显示，包头地

① 迟顺芝. 包头市"一五"时期城市规划工作回顾——祝贺中国城市规划设计研究院五十周年 [R].// 流金岁月——中国城市规划设计研究院五十周年纪念征文集. 北京，2004. p23-32.

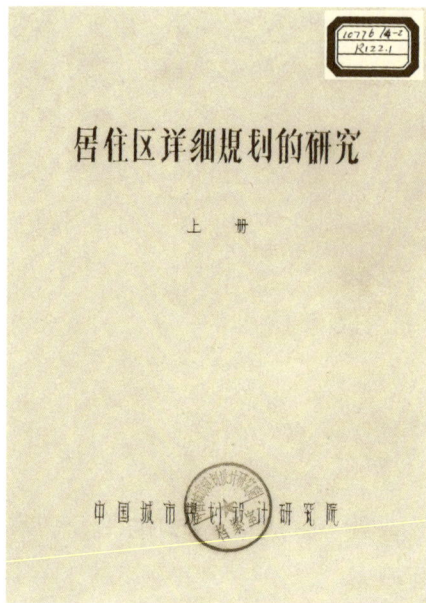

图 6-26 《居住区详细规划的研究》课题研究报告（封面）
资料来源：居住区详细规划的研究（上、下）[Z]. 中国城市规划设计研究院档案室，案卷号：100776. p1.

图 6-27 《居住区规划设计》一书（封面）
注：该书为"居住区详细规划的研究"课题完成后的公开出版物，1985 年正式出版.
资料来源：居住区规划设计 [Z]. 中国城市规划设计研究院档案室，案卷号：100781. p1.

区冬天以西北风为主要风向，夏天以东南风为主要风向，他们所画的方案，是城市生活区尽量躲开工业对其有害污染。另外，穆欣画的方案是利用旧城，从旧区往西发展的方案；巴拉金画的方案，位置就是中央批准的、现在的包头新市区位置。但他们两人画的主干道，即城市的横轴、纵轴，都不是正南北的，而是从东北方向向西南方向倾斜的。

那时候，我们搞"居住区详细规划的研究"课题（图 6-26、图 6-27）。把要研究的一些题目提出来，一共有八个方面①。从各地情况看，大家都抢着承担，最后确定了 16 个单位，包括中规院在内②。

当年，大家都非常认真地做这个研究，因为它有针对性，总结过去的经验和问题，

---

① 课题名称：居住区详细规划的研究。课题研究的内容，主要包括8个方面：1）居民活动分析与居住组团的改进；2）居民活动组织和商业服务设施；3）居住区规划多样性的研究；4）居住区绿地的研究；5）居住区综合造价分析；6）居住区合理节约用地途径的探讨；7）综合居住区规划研究及建设；8）居住区环境质量评价。资料来源：科研课题评议书 [Z]. // 《居住区详细规划的研究》计划任务书、科研成果评议书及成果交流会纪要. 中国城市规划设计研究院档案室，案卷号：100780. p40.

② 该课题的负责单位为中国城市规划设计研究院，参加单位包括"北京市城市规划管理局、北京市建筑设计院、清华大学、天津市城市规划管理局、天津市园林局、天津大学、上海城市规划设计院、同济大学、湖南省建筑设计院、武汉市城市规划研究所、广西城市规划设计院、广西建筑科学研究所、辽宁省城市建设研究院、常州市城建局、四川渡口市规划处"。资料来源：科研课题评议书 [Z]. // 《居住区详细规划的研究》计划任务书、科研成果评议书及成果交流会纪要. 中国城市规划设计研究院档案室，案卷号：100780. p38.

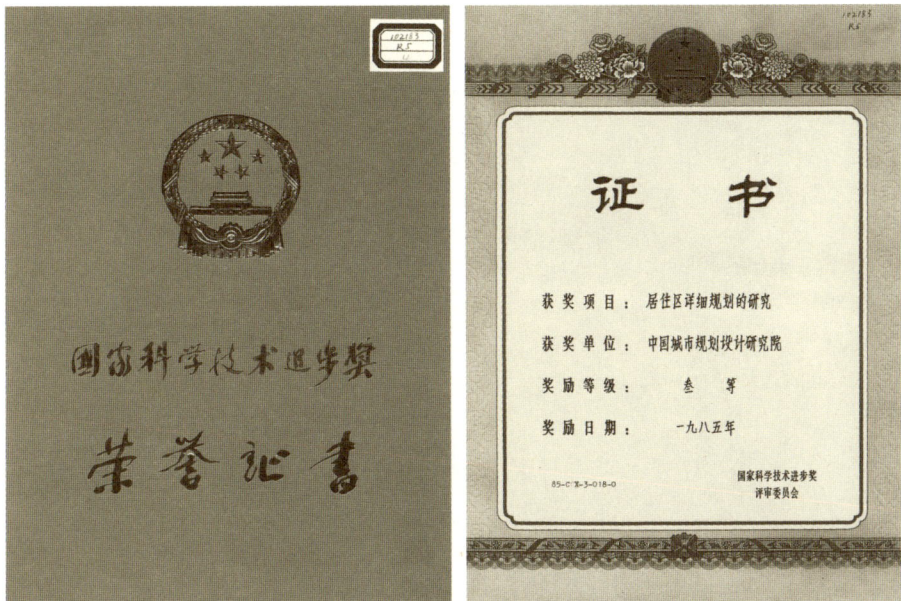

图6-28　国家科技进步三等奖荣誉证书（1985年）
资料来源：《居住区详细规划的研究》1985年荣获国家科技进步三等奖（证书）（1985年）[Z].//
包头市民用建筑调查统计. 中国城市规划设计研究院档案室，案卷号：102183. p1-2.

还研究现实对策。那次，我们的研究还获得了国家科技进步三等奖（1985年度，图6-28）。

那时候，并没想着要得什么奖。开始时是考虑"居者有其屋"，住房很紧张，光有住宅投资，给排水、道路等基础设施，绿化什么的，都没有。各地都把房子建在那儿，停下了。大家说房子盖了，住不进去。这个研究题目为什么受欢迎？就是因为实际需要。我们找的参加研究人员，都是感到特别需要弄的，觉得不研究不行了。

八、关于包头市规划的空间布局

访问者：迟先生，关于包头市规划的空间布局结构，分散式布局，通常所讲的"一个城市规划三大块，火车站建在荒郊，文化宫建在野外"，大家的议论也比较多，您现在怎么看？

迟顺芝：当时，"一宫"（包头第一文化宫）的地，还是我批的。"一宫"的设计，用的是北京虎坊桥俱乐部的图纸，市工会拿去的。"一宫"的投资比较大，全国总工会的投资。建设地点，选在三个区（昆都仑区、青山区、东河区）都有接触的地方。那时候，城市建设方面的投资很少，拿到这么大的投资，不容易，

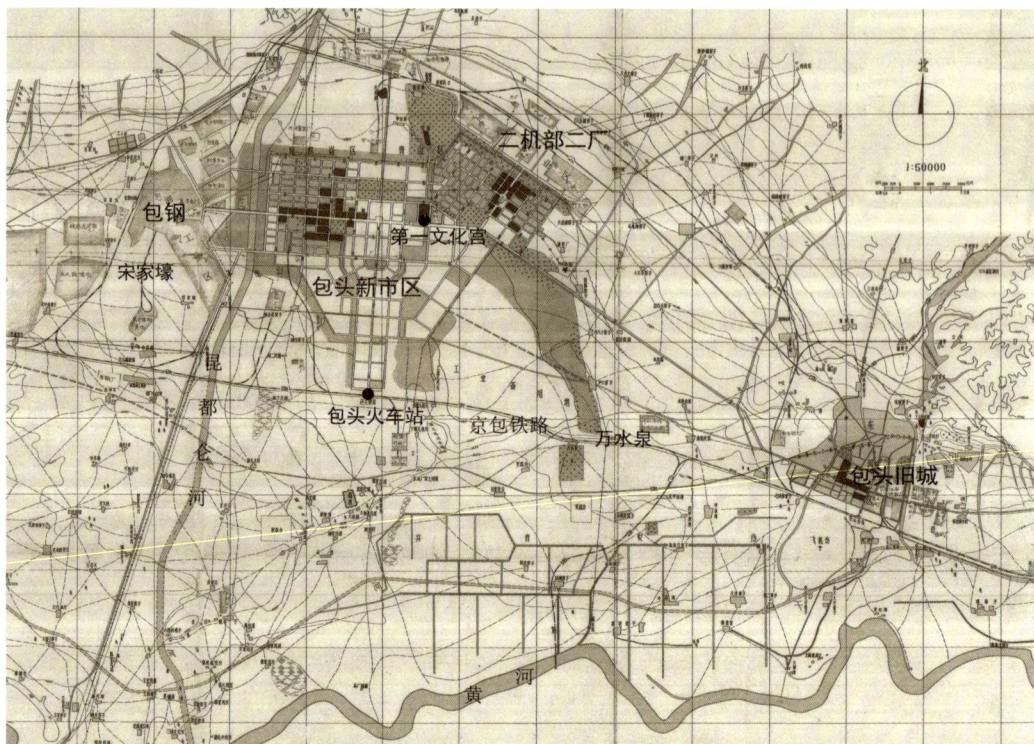

图 6-29　包头市空间布局结构示意图

注：图中部分文字为笔者所加，工作底图为"包头市现状图（1959 年）"。资料来源：包头市城市建设局．包头市现状图 [Z]．中国城市规划设计研究院档案室，案卷号：0509．

市委书记定的位置（图 6-29）。

包头的"三大块"是怎么形成的呢？ 1950 年代，包头新市区即离旧城（东河区）15 公里而建设。这本来是"两大块"的问题。像洛阳的新区，也是离开旧城另外建设的，是很正常的事。问题是新市区又分了两大块。这一点，原本也不是问题，因为中共中央的批件上就指出过，包钢厂区的住宅区和一机厂、二机厂（也叫 617 厂、447 厂），分别从两边向中间发展，最后汇合在一起。

包头的老市区，在包头市东边的山坡上，即东河，原来是皮毛集散地，包头的火车站也在那里。过去斯诺①写的《西行漫记》②，曾经走到了包头旧城的东

① 埃德加·斯诺（Edgar Snow）(1905.07.19～1972.02.15)，美国著名记者。于 1928 年来华，曾任欧美几家报社驻华记者、通讯员。1933 年 4 月至 1935 年 6 月，同时兼任北平燕京大学新闻系讲师。1936 年 6 月，访问陕甘宁边区，写了大量通讯报道，成为第一个采访苏区的西方记者。1937 年卢沟桥事变前夕，完成《西行漫记》的写作。抗日战争爆发后，又任《每日先驱报》（Daily Herald）和美国《星期六晚邮报》（The Saturday Evening Post）驻华战地记者。1942 年去中业和苏联前线采访，离开中国。

② 这是一部文笔优美的纪实性很强的报道性作品，真实记录了自 1936 年 6 月至 10 月在我国西北革命根据地（以延安为中心的陕甘宁边区）进行实地采访的所见所闻。作者通过与中国共产党的领导人毛泽东、周恩来、朱德、刘志丹、贺龙、彭德怀等以及广大红军战士、农民、工人、知识分子的接触交往，了解了革命根据地政治、军事、经济 、文化、生活各方面的真实情况，准确、鲜明、生动地反映了中国共产党和工农红军的斗争业绩。该书绝大部分素材来自作者采访的第一手资料，向全世界真实报道了中国和中国工农红军以及许多红军领袖、红军将领的情况，毛泽东和周恩来是作者埃德加·斯诺笔下最具代表性的人物形象。

图 6-30 "一五"包头市规划人员相聚留影（1994 年）

注：参加中国城市规划设计研究院 40 周年院庆。

左起：刘德涵（左1）、迟顺芝（左2）、夏宗玕（左3）、康树人（右2）、赵师愈（右1）。

资料来源：迟顺芝提供。

图 6-31 参加包头市规划批准 40 周年纪念会留影（1995 年）

左起：迟顺芝（左1）、刘德涵（左2）、赵师愈（右2）、夏宗玕（右1）。

资料来源：迟顺芝提供。

边一点。还有一个宾馆，苏联专家刚到时都住那里。还有一些地方工业，也在建。给人的印象是这里也在大建设。

但是，像包头这么大的一个城市，建设起来，总要有个过程。在当时的政治历史背景下，城市规划又是特别神秘，不能多宣传什么。我记得，当时市政府的秘书长叫我去蛤蟆道小学校，给小学生讲讲包头的发展远景。我仅重点讲了要建多少个中、小学，还要建大学什么的。厂子的事，根本就没提。所以，这也算是规划工作没走好群众路线的缘故。宣传得不够，才会有这么多的问题。

我觉得还是现在这样实施的规划方案比较好。城市规划应该有些前瞻性，它必然要有一个发展的过程（图 6-30、图 6-31）。

访问者：包头新市区的火车站，为什么会离市区比较远呢？

迟顺芝：关于火车站，当时做规划方案的时候，铁路线要从东河区京包线往西走过来，

图 6-32　亲人相聚留影（1959 年）
注：1959 年 7 月 25 日，严仲雄先生的母亲带孙女从
上海来到包头市看望儿子、儿媳。
前排左起：严仲雄先生的母亲（左 1）、大女儿（右
1）。后排：迟顺芝（左 1）、严仲雄（右 1）。
资料来源：迟顺芝提供。

再往西也就是包兰铁路。我们提过这个意见，让铁路拐弯上去走。后来说是铁路方面不干。

访问者：可能铁道部觉得增加了铁路线的长度，投资太大了。

迟顺芝：好几个人都提过这个意见。那时候，我们在北京上下火车，都是在前门，回家挺方便的。他们说这个不行。现在也不远了，下了火车，坐上公交，很快就到市里了，走不了多远。跟北京比起来，近多了。北京前门火车站，新中国成立后不久就拆除了。现在看来，当时的火车站选址也是合理的。铁路的建设，在技术上有铁路方面的一些要求。

九、对包头的深厚感情

迟顺芝：包头的城市规划被批准了以后，建设的过程，我基本上经历了。包头市的一些情况，我们差不多都知道。曾经有一段时间，要建新电厂，没有水，老严给他们提出来了。我们对那儿挺关心的。而且，在荒凉的平地上建起一个城市，我们对那里一直有感情。

前几年老严健在的时候，我和他一起聊过，我问他，如果还有一次机会，咱们俩一块出去的话，去上海，还是去包头？他马上说去包头。老严的老家是上海的，近些年上海也改造了，本来他也是很想去上海再看看的，但第一愿望仍然是包头。

十年前，我从包头坐火车回北京，火车上有一些人是江苏过来的，我说你们江

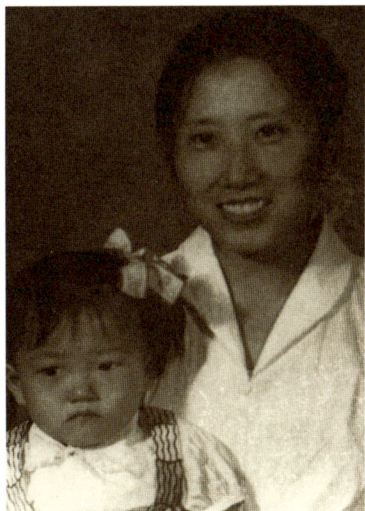

图 6-33　母女相聚（1959 年）
注：从两人表情的差异，可看出女儿（长期由奶奶照顾）对母亲的生疏。
左起：大女儿（左1）、迟顺芝（右1）。
资料来源：迟顺芝提供。

苏人，干嘛不去杭州玩呢？他们说，杭州有什么好玩儿的，包头多好啊。我们听着都非常高兴的。我们意识到，我们这代人，在那儿付出了劳动，克服了许多的困难。

我们这代人，年轻的时候，二十多岁就去了，各地大力支援包头的建设。不少人是带着父母过去的，有的父母是在那儿去世的，最后埋葬在那里。大家的孩子们培养起来了，有不少已经参加工作了，有的考出来，出国的也不少，在北京工作的也有，剩老两口在那儿的也不少。像我和老严这样的也不少，我们自己叫做"生离死别型"的，双方的父母临终前，我们都没能在身边。孩子也因我们经常没带她们而不认我们（图 6-32、图 6-33）。但是，我们在那里度过了 25 年艰辛的岁月，无恨无悔。

有一次，李晓江[①]跟我说，他从兰州坐飞机回北京时，看见底下整整齐齐，干干净净，绿化带一条一条的。我就问他这是那里，他说这是包头，他说真是感觉不错。一想到我们的艰辛付出，有了成果了，就无限的欣慰。同时，想到了已经干了 60 年的规划事业，我们知足了（图 6-34）。

现在，包头市的一些老同学和老同事，都还跟我有联系，有的人让我再回去看看。我想，在我眼睛还能看得见东西，腿还能走得动的时候，一定要回去看看。

2015 年 3 月，包头新闻网发布消息，包头市"2005 年首批进入全国文明城市行列，

---

① 曾任中国城市规划设计研究院院长。

图 6-34　赴加拿大探亲时的留影（1993 年）
注：在加拿大和美国交界地带。
左起：迟顺芝（左 1）、严仲雄（右 1）。
资料来源：迟顺芝提供。

图 6-35　迟顺芝先
生访谈后留影
注：2015 年 11 月 2 日，
迟顺芝先生家中。
资料来源：李浩拍摄。

2014 年连续第四次蝉联全国文明城市称号[1]；全国 20 个最适宜发展工业的城市和全国投资环境 50 优城市之一；国家首批 20 个创新型试点城市之一；2014 年，成功入选'2014 国家节能减排财政政策综合示范城市'，成为内蒙古自治区唯一入选的城市；先后获得联合国人居奖、中国人居环境范例奖、国家森林城市、国家园林城市、国家卫生城市、第三届中华环境奖、全国水土保持与生态环境建设示范城市、中国优秀旅游城市等荣誉"[2]。

我们这些曾经在包头市工作过的人们，都感到挺自豪的。我们也知道，住在包头的人们，也都挺满意的（图 6-35）。

访问者：谢谢您！

（本次谈话结束）

---

[1] 2005 年 10 月，包头从 116 个参选城市中脱颖而出，荣获"首批全国文明城市（区）"荣誉称号，成为 9 个全国首批文明城市之一和中西部地区唯一入选城市。2008 年，包头市以优异成绩蝉联全国文明城市桂冠。2011 年 12 月，包头市被确认继续保留全国文明城市荣誉称号，成为全国连续三届获此殊荣的 8 个城市（区）之一。2015 年 2 月，包头市蝉联第四届全国文明城市荣誉称号。资料来源：再获殊荣，包头市蝉联全国文明城市荣誉称号 [E/OL]. 中国文明网，2015-03-02[2016-07-18]. http://www.wenming.cn/syjj/dfcz/nmg/201503/t20150302_2475382.shtml

[2] http://wribao.php230.com/category/news/517921.html

索引

后记

在各位老专家的大力支持、参与和帮助下，自 2015 年 12 月以来，笔者对近年来规划史研究过程中所拜访的部分老专家谈话进行了整理。经老专家同意，现汇编成册，予以出版。本项工作的开展，纯属"摸着石头过河"，事前毫无任何经验，只能算作城市规划口述历史的一项尝试。

工作过程中，得到诸多领导、专家和同事的支持和帮助，以及不少老专家的家属的协助，在此表示衷心感谢。

在本阶段的专家谈话整理工作即将收尾之际，不能忘记的是，除了本书所收录的谈话之外，尚有更多的老专家，笔者未能登门拜访；部分老专家，尽管笔者也进行了拜访，老专家也进行了谈话，但由于老专家身体抱恙、访谈未能深入展开等原因，不便于作公开出版；还有更多的老专家，早已离开了我们。尽管本访谈录缺少了他们的声音，但是，他们为新中国城市规划事业的开创所做出的巨大贡献，历史不会被抹杀，更不会忘却！

谨以本书的出版，向新中国第一代城市规划工作者，表示崇高的敬意！

李浩

2016 年 7 月 11 日

于北京

按理讲，口述史作品作为口述者与访问者对话的记录，只要谈话双方认可就好，并不需要征求他人的意见。然而，为了尽可能减少书稿内容的一些问题或纰漏，严谨起见，本访谈录在陆续成稿的过程中，仍然分别呈送给院领导以及部分院内外专家审阅，征求意见。各位专家大多与笔者当面交流了看法和意见，官大雨、查克、王亚男等专家提供了书面意见，杨保军院长特别撰写了精彩的序言，在此一并表示诚挚的感谢。同时，还要感谢所在单位中国城市规划设计研究院对本书出版的资助，以及中国建筑工业出版社王莉慧副总编和李鸽、毋婷娴编辑的精心策划和编辑。

再次谢谢所有帮助过的人。有您的陪伴，前进的道路不再孤单。

2016 年 9 月 3 日

增写于台北福华国际文教会馆

拜访 90 多岁的贺雨先生留影

注：2015 年 11 月 26 日，北京市海淀区厂洼街 1 号院，贺雨先生家中。

拜访赵瑾、常颖存和张贤利先生留影

注：2014 年 8 月 21 日，地点为厂洼街 1 号院，中国城市规划设计研究院离退休干部活动室。

左起：张贤利（左 1）、李浩（左 2）、赵瑾（右 2）、常颖存（右 1）。

拜访赵士修先生留影

注：2016 年 5 月 11 日，北京市海淀区百万庄建设部大院，赵士修先生家中。

拜访金经元先生留影

注：2015 年 10 月 19 日，北京市海淀区增光路 8 号楼，金经元先生家中。